数　学

（基础模块）

主　　编　袁卫平
副 主 编　陶春燕
主　　审　林　山
副 主 审　崔豫军
参编人员　唐翊博　武珍平
　　　　　高　升　管学龙

西北工業大學出版社

图书在版编目（CIP）数据

数学：基础模块、职业模块/袁卫平主编．—西安：西北工业大学出版社，2015.8
ISBN 978-7-5612-4575-0

Ⅰ．①数…　Ⅱ．①袁…　Ⅲ．①数学—高等职业教育—教材　Ⅳ．①O1

中国版本图书馆 CIP 数据核字（2015）第 208667 号

出版发行：西北工业大学出版社
通信地址：西安市友谊西路 127 号　　**邮编**：710072
电　　话：(029)88493844　88491757
网　　址：http://www.nwpup.com
印 刷 者：兴平市博闻印务有限公司
开　　本：787 mm×1 092 mm　　1/16
印　　张：28
字　　数：677 千字
版　　次：2015 年 9 月第 1 版　　2015 年 9 月第 1 次印刷
定　　价：72.00 元

前 言

为了适应中等职业教育改革发展的新形势，贯彻以“服务为宗旨，以就业为导向”的职业教育办学方针，坚持以能力为本位、以学生为主体的教学理念，着眼于学生的全面发展和综合素质与职业能力的培养，结合学生的实际情况适当调整了数学教学内容体系，分为“基础模块”和“职业模块”弹性式的教学内容结构，体现了因材施教，为教师针对不同数学基础、不同专业的学生确定教学内容提供了多样化选择.

数学课程是中等职业学校学生必修的公共课程，其任务是使学生掌握必要的数学基础知识，具备必需的相关技能与能力，为学习专业知识、掌握职业技能、继续学习和终身发展尊定基础。为此，调整现代数学逐渐淡化的内容；删除繁复的运算和缺少普遍适应性的技巧，降低学习的难度；强化现代化信息技术工具和计算工具的使用技能要求；突出专业学习及生产、生活中应用数学知识解决问题的内容.

本书遵循学生认知和心智发展规律，准确落实知识点和技能点，注重与生产、生活实际的联系，重视数学文化的渗透，并创设了一定情景，辅以学习方法的点拨，能有效激发学生的学习兴趣，提高学生的数学素养和运用数学方法分析问题和解决问题的能力. 本书主要具有下述特色：

1. 注意与初中数学知识的衔接. 在导入数学新知识时，适当铺垫初中数学的相关内容，体现了知识的循序渐进，便于教师根据学生的基础进行教学，有利于学生自主学习.

2. 淡化数学学科体系.

3. 弱化理论性推导. 尽量加强定性说明，尽可能选择生产、生活中的实例，以提高学生学数学、用数学的意识和能力.

4. 各章开辟“阅读材料”专栏，介绍数学史、数学文化以及数学的新领域等，以开阔学生的数学视野，提高数学素养.

5. 针对中等职业学校学生职业技能训练多，课后学习时间少的情况，知识和技能的巩固采取“练习”的形式，实时学习，实时消化.

本书基础模块的内容安排如下：

第 1 章有理数，第 2 章整式，第 3 章方程，第 4 章根式，第 5 章平面几何，第 6 章集合，第 7 章函数，第 8 章不等式.

在本书的编写过程中，得到了学校的大力支持，在此表示衷心的感谢. 编写本书参阅了相关文献资料，在此，谨向其作者深表谢枕.

由于水平有限，疏漏与不足之处，恳望专家和广大师生批评指正.

编 者

2014 年 12 月

目　　录

第1章 有理数

在生活、生产和科研中，经常遇到数的表示和运算等问题，例如：

(1)怀化冬季里某一天的气温－3℃～3℃，"－3"的含义是什么？这一天怀化的温差是多少？

(2)某年，我市的柑橘生产量比上一年增长10%，大米产量比上一年增长了－1.8%."增长－1.8%"表示什么意思？

(3)李浩同学通过回收废品，既挣了零花钱，又环保.表1－1是他某月的收支情况.

表 1－1

日　期	收入(＋)或支出(－)/元	结余/元	注　释
3日	4.6	6	卖废品
10日	－2.8	3.2	买书
17日	－4	－0.8	买铅笔

这里"结余－0.8"是什么意思？怎么得到的？

上面的例子涉及"3－(－3)＝?"等新问题.本章我们将在把数的范围扩充到有理数，并在这个范围内研究数的表示、大小比较和运算等.有了这些知识，上述问题就能顺利地解决了.

有理数为整数和分数的统称.正整数和正分数合称为正有理数，负整数和负分数合称为负有理数.因而有理数集的数可分为正有理数、负有理数和零.由于任何一个整数或分数都可以化为十进制循环小数，反之，每一个十进制循环小数也能化为整数或分数，因此，有理数也可以定义为十进制循环小数.

有理数集是整数集的扩张.在有理数集内，加法、减法、乘法、除法(除数不为零)4种运算通行无阻.

1.1 数轴、相反数与绝对值

一、数轴

数学上规定:画一条直线(通常把它水平放置),在直线上取一点 O,把它作为原点,用它表示数 0. 我们把这条直线上从原点向右的方向(标上箭头)规定为正方向,向左的方向规定为负方向. 选取适当的长度,从原点往右距原点 1 个单位长度的点 B 表示数 1,2.6 个单位长度的点 A 表示数 2.6,…;从原点往左距离原点 1 个单位长度的点 C 表示数 -1,2.6 个单位长度的点 D 表示数 -2.6,…. 像这样规定了原点,正方向和单位长度的直线叫作数轴. 如图 1-1 所示.

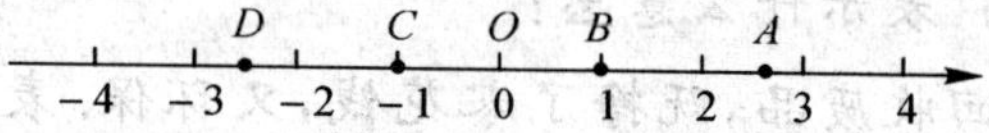

图 1-1

从上面所说的方法知道:任何有理数都可以用数轴上唯一的一个点来表示.

【例 1-1】 如图 1-2 所示,数轴上 A,B,C 分别表示哪个有理数?

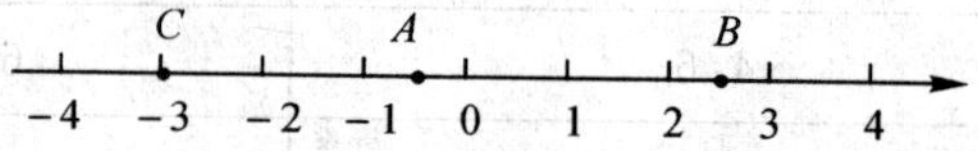

图 1-2

解 A 表示 -0.5;B 表示 2.5;C 表示 -3.

练习 1-1

1. 填空

(1)数轴上在原点右边距原点 3.8 个单位的点表示数________.

(2)数轴上在原点左边距原点 $\frac{3}{8}$ 个单位的点表示数________.

(3)数轴上距原点 2 个单位长度的点表示的数是________.

2. 画一条数轴,标出表示下列个数的点.

A:-3; B:0.7; C:-0.7; D:3

二、相反数

如果两个数只有符号不同,那么其中的一个数叫作另一个数的相反数,或者说它们互为相反数. 例如:2.7 的相反数是 -2.7;-2.7 的相反数是 2.7. 我们把数 a 的相反数记作 $-a$. “-2.7的相反数是 2.7”就可以记作 $-(-2.7)=2.7$.

0 的相反数是 0.

互为相反数的两个点,在数轴上位于原点的两侧,并且到原点距离相等.

练习 1－2

1. 填空

1.2 的相反数是________；　－5 的相反数是________；

$-\frac{1}{4}$的相反数是________；　0.6 与________互为相反数；

5.5 与________互为相反数；$-(-\frac{1}{3})=$________；$-(-5.6)=$________；

$-(-2)=$________；$-(-0.6)=$________；　$-(-\frac{4}{7})=$________.

2. 在数轴上画出表示下列各数的相反数的点.

5，　　－3，　　0，　　7，　　－2.5.

三、绝对值

在数轴上，表示一个数的点到原点的距离叫作这个数的绝对值. 例如－3 的绝对值等于 3，记作$|-3|=3$；3 的绝对值等于 3，记作$|3|=3$.

从绝对值的意义，立即得出：一个正数的绝对值等于它本身；一个负数的绝对值等于它的相反数；0 的绝对值等于 0；互为相反数的两个数的绝对值相等.

【例 1－2】　求下列各数的绝对值：10；$-\frac{2}{5}$；－7.5；0.

解　$|10|=10$；　$\left|-\frac{2}{5}\right|=\frac{2}{5}$；　$|-7.5|=7.5$；　$|0|=0$.

【例 1－3】　绝对值等于 2.5 的有理数有哪些？

解　绝对值等于 2.5 的有理数有 2.5 与－2.5.

练习 1－3

1. 填空

(1) 绝对值是它本身的数是________.

(2) 若$|a|=a$，则 a ________ 0.

(3) 绝对值大于 1 而小于 4 的整数有________个.

(4) $|x|=|y|$，那么 x 和 y 的关系________.

2. 求下列各数的绝对值：3；3.14；$-\frac{3}{5}$；2.7.

3. 在数轴上画出表示绝对值分别为 3.5，0，4.5 的数的点.

习题 1－1

1. 甲、乙、丙三地的海拔高度为 20m，－15m，－10m，那么最高的地方比最低的地方高(　　).

A. 5m　　B. 10m　　C. 25m　　D. 35m

2. －2 的相反数是(　　).

A. 2　　B. －2　　C. $-\frac{1}{2}$　　D. $\frac{1}{2}$

3. 下列说法不正确的是(　　).

A. 有理数的绝对值一定是正数

B. 数轴上的两个有理数,绝对值大的离原点远

C. 一个有理数的绝对值一定不是负数

D. 两个互为相反数的绝对值相等

4. 绝对值最小的数是(　　).

A. 1　　B. −1　　C. 0　　D. 没有

5. 关于数 0,下列几种说法不正确的是(　　).

A. 0 既不是正数,也不是负数

B. 0 的相反数是 0

C. 0 的绝对值是 0

D. 0 是最小的数

6. 填空

(1) $-\left|-\left(-\frac{1}{2}\right)\right|=$________,$-[-(-2)]=$________.

(2) 相反数是它本身的数是________;绝对值是它本身的数是________.

7. 设 a 是最小的自然数,b 是最大的负整数,c 是绝对值最小的有理数。求 $a,b,c,a+b+c$ 的值.

1.2　有理数的加法与减法

一、有理数的加法

1. 数学上规定

(1)同号两数相加,取相同的符号,并且把它们的绝对值相加.

(2)异号两数相加,绝对不相等时,取绝对值较大的加数的符号,并且用较大的绝对值减去较小的绝对值.

(3)互为相反数的两个数相加等于 0.

(4)一个数与 0 相加,仍得这个数.

以上规定就是有理数的加法法则.

从有理数的加法法则可以得出:如果两个数的和等于 0,那么这两个数互为相反数.

【例 1-4】 计算

(1)$(-7)+(-13)$;　(2)$(-3.75)+(-0.25)$;　(3)? $(-5)+8$;

(4)$(-10)+7$;　(5)$0+(-2.5)$;　(6)$(-\frac{3}{4})+\frac{9}{4}$;

(7)$(-4)+4$.

解　(1)$(-7)+(-13)=-(7+13)=-20$

(2)$(-3.75)+(-0.25)=-(3.75+0.25)=-4$

(3)$(-5)+8=8-5=3$

(4)$(-10)+7=-(10-7)=-3$

(5)$0+(-2.5)=-2.5$

(6)$\left(-\frac{3}{4}\right)+\frac{9}{4}=\frac{9}{4}-\frac{3}{4}=\frac{6}{4}=\frac{3}{2}$

(7)$-4+4=0$

练习 1－4

1. 填空

(1)若 $a=3,b=-3$,则 $a+b$ 的值为________;

(2)－3 与－3 的和等于________.

2. 计算

(1)$(-10)+(-8)$;　　(2)$(-6)+0$;　　(3)$(-20)+8$;

(4)$(-7)+7$;　　(5)$0+3$;　　(6)? $(-2)+23$.

2. 加法的运算律

加法交换律:$a+b=b+a$

加法结合律:$(a+b)+c=a+(b+c)$

【例 1－5】 计算

(1)$34+(-33)+8+(-9)$;　　(2)$4.375+(-8)+(-4.375)$.

解 (1)原式$=[34+(-33)]+[8+(-9)]=1+(-1)=0$

(2)原式$=4.375+(-8)+(-4.375)=0+(-8)=-8$

练习 1－5

1. 若 m 是有理数,则 $m+|m|$ 的值(　　).

A. 可能是正数　　B. 一定是正数　　C. 不可能是负数　　D. 可能是负数

2. 若 $|a-2|+|b+3|=0$,则 $a+b$ 的值是(　　).

A. 5　　B. 1　　C. －1　　D. －5

3. 已知 $|x|=6,|y|=3\frac{1}{2}$,那么 $|x+y|$ 的值是________0.

4. 计算

(1)$15+(20)+28+(-10)+(-5)+(-7)$

(2)$2\frac{3}{4}+\left(-1\frac{5}{8}\right)+\left(-\frac{5}{6}\right)+\frac{3}{8}+\left(-4\frac{2}{3}\right)$

(3)$|+5|-|-15|$;

(4)$\frac{1}{1\times2}+\frac{1}{2\times3}+\cdots+\frac{1}{8\times9}+\frac{1}{9\times10}$.

二、有理数的减法

数学上规定有理数的减法法则:减去一个数,等于加上这个数的相反数.

【例 1－6】 计算

(1)$0-\left(-\frac{3}{4}\right)$;　　(2)$(-10)-(-6)$;　　(3)$\frac{2}{5}-\left(-\frac{3}{5}\right)$.

解 (1)原式$=0+\frac{3}{4}=\frac{3}{4}$

(2)原式$=(-10)+6=-4$

(3)原式$=\frac{2}{5}+\frac{3}{5}=1$

【例 1－7】 计算

(1)(－8)－(－3)＋7－2； (2)3.12－3.08－(－4.88).

解 (1)原式＝－8＋3＋5＝－5＋5＝0

(2)原式＝0.04＋4.88＝4.92

练习 1－6

1. 两个数的差为负数，这两个数( ).

A. 都是负数 B. 两个数一正一负 C. 减数大于被减数 D. 减数小于被减数

2. 负数 a 与它相反数的差的绝对值等于( ).

A. 0 B. a 的 2 倍 C. $-a$ 的 2 倍 D. 不能确定

3. 当 $b<0$ 时，$a, a-b, a+b$ 中最大的是________，最小的是________.

4. 若 $b<0$，那么 $|a-(-a)|$ 等于________.

5. 计算

(1)$(-8)-(-7)+2$； (2)$\left(-\frac{1}{4}\right)-\left(-\frac{1}{2}\right)$；

(3)$\left(-3\frac{2}{3}\right)-\left(-2\frac{3}{4}\right)-\left(-1\frac{2}{3}\right)-(+1.75)$；

(4)$\left(-1\frac{1}{2}\right)-\left(+1\frac{1}{4}\right)-\left(-2\frac{1}{2}\right)-\left(-3\frac{3}{4}\right)-\left(+1\frac{1}{4}\right)$.

习题 1－2

1. 若 $m<0$，则 $m-|m|$ 的值为( ).

A. 正数 B. 负数 C. 0 D. 非正数

2. 如果 $|m|-n=0$，则 m 与 n 的关系是( ).

A. 互为相反数 B. $m=\pm n$，且 $n\geqslant 0$

C. 相等且都不小于 0 D. m 是 n 的绝对值

3. 下列等式成立的是( ).

A. $|a|+|-a|=0$ B. $-a-a=0$

C. $|a|-|-a|=0$ D. $-a-|a|=0$

4. 数轴上 a 表示的点在 b 表示的点的右边，$|a|=6$，$|b|=3$，则 $a-b$ 的值为( ).

A. －3 B. －9 C. －3 或－9 D. 3 或 9

5. 3 个连续整数，中间一个数是 a，则这 3 个数的和是________.

6. 计算

(1)$\left(-2\frac{1}{4}\right)+\frac{4}{9}+(-0.75)+\left(-2\frac{4}{9}\right)$；

(2)$-\frac{1}{3}+\frac{3}{4}-\frac{5}{6}+\frac{1}{2}$；

(3)$\left(-4\frac{7}{8}\right)-\left(-5\frac{1}{2}\right)+\left(-4\frac{1}{4}\right)+3\frac{1}{8}$；

(4)$-32\frac{1}{3}-\left[5\frac{1}{4}+\left(-3\frac{1}{7}\right)-5.25-2\frac{6}{7}\right]$.

7. 表 1－2 列出国外几个城市与北京的时差(带正号的数表示同一时刻比北京时间早的时数).

表 1-2

城 市	东 京	巴 黎	纽 约	芝加哥
时差/h	+1	-7	-13	-14

(1)如果现在时间是北京时间上午 8：30，那么现在的纽约时间是多少？东京时间是多少？

(2)小兵现在想给远在巴黎的爸爸打电话，你认为合适吗？

8. 七年级一班某次数学测验的平均成绩为 80 分，数学老师以平均成绩为基准，记作 0，把小龙、小聪、小梅、小莉、小刚这 5 位同学的成绩简记为 +10，-15，0，+20，-2. 问这 5 位同学的实际成绩分别是多少分？

1.3 有理数的乘法与除法

一、有理数的乘法

1. 数学上规定

(1)异号两数相乘得负数，并且绝对值相乘.

(2)同号两数相乘得正数，并且绝对值相乘.

(3)任何数与 0 相乘，都等于 0.

【例 1-8】 计算

(1)$(-5)\times(-4)$；　　(2)$2\times(-3.5)$；

(3)$\left(-\frac{3}{8}\right)\times\frac{2}{3}$；　　(4)$(-0.57)\times 0$.

解 (1)原式 $=5\times4=20$　　(2)原式 $=-(2\times3.5)=-7$

(3)原式 $=-\left(\frac{3}{8}\times\frac{2}{3}\right)=-\frac{1}{4}$　　(4)原式 $=0$

练习 1-7

1. 填空(用“>”，“<”或“=”号连接)

(1) 如果 $a<0, b<0$，那么 ab ________ 0；　(2) 如果 $a<0, b>0$，那么 ab ________ 0；

(3) 如果 $a>0$ 时，那么 a ________ $2a$；　(4) 如果 $a<0$ 时，那么 a ________ $2a$；

(5) 如果 $a=0$ 时，那么 a ________ $2006a$，$-a$ ________ $100a$.

2. 计算

(1) $-5\times(-3)$；　(2) $\frac{1}{3}\times\left(-\frac{1}{4}\right)$；　(3)$(-6)\times 0$；　(4) $-2\frac{1}{3}\times\left(-\frac{2}{7}\right)$.

2. 有理数的乘法有以下的运算律

乘法交换律：$a\times b=b\times a$

乘法结合律：$(a\times b)\times c=a\times(b\times c)$

乘法对于加法的分配律：$a\times(b+c)=a\times b+a\times c$

【例 1-9】 计算

(1) $(-3)\times\left(-\frac{7}{5}\right)\times\left(-\frac{1}{3}\right)\times\frac{4}{7}$; (2) $(-12)\times\left(\frac{1}{4}-\frac{1}{6}+\frac{1}{2}-1\right)$.

解 (1)原式 $=\left[(-3)\times\left(-\frac{1}{3}\right)\right]\times\left[\left(-\frac{7}{5}\right)\times\frac{4}{7}\right]=1\times\left(-\frac{4}{5}\right)=-\frac{4}{5}$

(2)原式 $=(-12)\times\frac{1}{4}+(-12)\times\left(-\frac{1}{6}\right)+(-12)\times\frac{1}{2}+(-12)\times(-1)=$

$-3+2-6+12=5$

【例 1-10】 计算 $29\times36+(-27)\times36+(-21)\times36$.

解 原式 $=29\times36+(-27)\times36+(-21)\times36=36\times[29+(-27)+(-21)]=$

$36\times(-19)=-684$

练习 1-8

1. 计算

(1) $(-5)\times4\times(-2)\times(-3)$; (2) $8\times(-7)\times0\times(-5)$;

(3) $(-125)\times(-2)\times(-8)$; (4) $(-25)\times(-4)\times6$;

(5) $36\times\left(\frac{1}{4}-\frac{2}{3}-\frac{5}{6}\right)$; (6) $\left(\frac{3}{10}-\frac{1}{4}+\frac{4}{5}\right)\times(-20)$.

二、有理数的除法

对于两个有理数 a,b,其中 $b\neq0$,如果有一个有理数 c,使得 $bc=a$,那么规定 $a\div b=c$,把 c 叫作 a 除以 b 的商.

为了使 a 除以 b 的商存在并且唯一,要求除数 b 不等于 0.

有理数的除法是通过乘法来规定的,因此从有理数的乘法法则可以得出:

(1) 同号两数相除得正数,异号两数相除得负数,并且把它们的绝对值相除;

(2) 0 除以任何一个不等于 0 的数都得 0;

(3) 除以一个非零的数等于乘上这个数的倒数.

【例 1-11】 计算

(1) $(-24)\div4$; (2) $(-18)\div(-9)$;

(3) $50\div(-5)$; (4) $0\div(-8.8)$.

解 (1)原式 $=-(24\div6)=-6$ (2)原式 $=18\div9=2$

(3)原式 $=-(50\div5)=-10$ (4)原式 $=0$

【例 1-12】 计算

(1) $(-12)\div\frac{1}{3}$; (2) $15\div\left(-\frac{3}{7}\right)$; (3) $\left(-\frac{2}{15}\right)\div\left(-\frac{2}{3}\right)$.

解 (1)原式 $=(-12)\times3=-36$ (2)原式 $=15\times\left(-\frac{7}{3}\right)=-35$

(3)原式 $=\left(-\frac{2}{15}\right)\times\left(-\frac{3}{2}\right)=\frac{1}{5}$

练习 1－9

1. 填空

(1) 若 $a<0, b>0$，则 $\frac{a}{b}$ ________ 0；

(2) 若 $a>0, b>0$，则 $\frac{a}{b}$ ________ 0；

(3) 若 $a=0, b<0$，则 $\frac{a}{b}$ ________ 0；

(4) 若 $a>0, b<0$，则 $\frac{a}{b}$ ________ 0

(5) $\frac{4}{7}$ 的相反数的倒数是________；

(6) 倒数是它本身的数是________.

2. 计算

(1) $(-56)\div(-2)\div(-8)$________；

(2) $\left(-\frac{8}{5}\right)\times\left(-\frac{1}{4}\right)\div\left(-\frac{2}{3}\right)$；

(3) $\left(-\frac{1}{4}\right)-\left(-\frac{2}{3}\right)\div\left(+\frac{3}{4}\right)$；

(4) $-8\div 4\div(-2)$.

习题 1－3

1. 一个有理数与它的相反数的积(　　).

A. 是正数　　B. 是负数　　C. 一定不大于 0　　D. 一定不小于 0

2. 下列说法中正确的是(　　).

A. 同号两数相乘，符号不变

B. 异号两数相乘，取绝对值较大的因数的符号

C. 两数相乘，积为正数，那么这两个数都为正数

D. 两数相乘，积为负数，那么这两个数异号

3. 若 $ab<0$，必有(　　).

A. $a<0, b>0$　　B. $a>0, b<0$　　C. a, b 同号　　D. a, b 异号

4. 一个有理数与它的倒数相等，这样的有理数是(　　).

A. 1，0　　B. －1、0　　C. 1、－1　　D. －1、0、1

5. 计算

(1) $\left(-\frac{3}{5}\right)\times\left(-3\frac{1}{2}\right)\div\left(-1\frac{1}{4}\right)\div 3$；

(2) $(-125)\div(-5)\times(-8)$；

(3) $\left(-1\frac{1}{4}\right)\div\left(-2\frac{1}{2}\right)\div\frac{1}{2}$；

(4) $\left(\frac{1}{4}+\frac{1}{6}-\frac{1}{2}\right)\times 12$；

(5) $-7\times\left(-\frac{22}{7}\right)+19\times\left(-\frac{22}{7}\right)-5\times\left(-\frac{22}{7}\right)$.

6. 怀化出租车司机小李，一天下午以火车站为出发点，在南北走向的迎丰路上营运，如果规定向北为正，向南为负，他这天下午行车里程(单位：km)如下：

＋15，－2，＋5，－13，＋10，－7，－8，＋12，＋4，－5，＋6

(1)将最后一名乘客送到目的地时，小李距下午出车时的出发白沙客站多远？在火车站的什么方向？

(2)若价格为 3.5 元/km，这天下午小李的营业额是多少？

1.4 有理数的乘方，科学计数法

一、有理数的乘方

问题：(－3)×(－3)×(－3)×(－3)×(－3)×(－3)×(－3)可以简记作什么？

一般地，a 是有理数，n 是正数，则把$\underbrace{a\cdot a\cdot a\cdot a\cdot\cdots\cdot a}_{n个a}$简记作$a^n$，即$\underbrace{a\cdot a\cdot a\cdot a\cdot\cdots\cdot a}_{n个a}=a^n$. 我们把 a^n 读作 a 的 n 次方.

求 n 个相同的因数的乘积的运算叫作乘方，乘方运算的结果叫幂. 在 a^n 中，a 叫作底数，n 叫作指数.

特别地，a^3 也读作 a 的立方，a^2 也读作 a 的平方. a^1 规定为 a.

【例 1－13】 计算

(1)$(-5)^4$； (2)-5^4； (3)$\left(-\frac{2}{3}\right)^3$； (4)$0^8$；

(5)$-\frac{2^2}{3}$； (6)$(-1)^{101}$； (7)$\left(1\frac{1}{2}\right)^3$.

解 (1)$(-5)^4=(-5)\times(-5)\times(-5)\times(-5)=625$

(2)$-5^4=-(5\times5\times5\times5)=-625$

(3)$(-\frac{2}{3})^3=\left(-\frac{2}{3}\right)\times\left(-\frac{2}{3}\right)\times\left(-\frac{2}{3}\right)=-\frac{8}{27}$

(4)$0^8=0\times0\times0\times0\times0\times0\times0\times0=0$

(5)$-\frac{2^2}{3}=-\frac{2\times2\times2}{3}=-\frac{8}{3}$

(6)$(-1)^{101}=-(\underbrace{1\times1\times1\times\cdots\times1}_{101个1})=-1$

(7)$\left(1\frac{1}{2}\right)^3=\left(\frac{3}{2}\right)^3=\frac{27}{8}$

练习 1－10

1. 填空

(1)a 为有理数，$(a+1)^2$，a^2+1，$(a-1)^2$，a^2+1 一定是正数________；

(2)a，b 互为相反数，在 a^2 与 b^2，$(-a)^3$ 与 b^3，a^{2n+1} 与 b^{2n+1}，a^{2n} 与 b^{2n} 中互为相反数的是________.

2. 计算

(1) $\left(2\frac{2}{3}\right)^3$； (2) -4^3； (3) $-(-3)^3$；

(4) $(-4)^5$ (5) $(-1)^2\times(-2^2)$.

二、科学记数法

在生活生产实际和科学技术中，经常用到一些较大的数，如 1 000 000，250 000 000，…，这些数的位数很多，且书写麻烦，为了解决这些问题，采用了一种较为简便的记数方法——科学计数法. 如上述两个数可记作10^6，2.5×10^8.

定义：把一个大于10的数记成$a\times10^n$的形式，其中a是整数数位只有一位的数，即$1\leqslant|a|<10$，像这种记数法叫作科学记数法.

【例1-14】 用科学记数法表示下列各数.

(1)108 000；　　(2)$-3\ 200\ 000$.

解　(1)$108\ 000=1.08\times10^5$　　(2)$-3\ 200\ 000=-3.2\times10^6$

【例1-15】 下列用科学记数法表示的各数，原来各是什么数？

(1)地球的半径约为6.4×10^3km；

(2)赤道长约为4×10^4km；

(3)地球上的海洋面积约为3.6×10^8km.

解　(1)$6.4\times10^3=6\ 400$

(2)$4\times10^4=40\ 000$

(3)$3.6\times10^8=360\ 000\ 000$

练习1-11

1.用科学记数法表示下列各数.

(1)300 000 000；　　(2)15万亿.

2.填空

(1)$-3.7174\times10^5=$________；　　(2)$5.5\times10^4=$________；

(3)2003年6月1日举世瞩目的三峡工程正式下闸蓄水，26台机组发电量将达到84 700 000 000kW/h，用科学记数法应表示为________.

三、有效数字、精度

从一个数的左边第一个非0数字起，到末位数字止，所有的数字都是这个数的有效数字(包括0，科学计数法不计10的n次方).

精度是测量值与真实值的接近程度.

【例1-16】 (1)我国现有总人口约为1 295 330 000，用科学记数法表示(四舍五入保留三个有效数字).

(2)用四舍五入法，对529.144 357 8分别取近似值(精确到0.001).

解　$1\ 295\ 330\ 000\approx1.30\times10^9$

$529.144\ 357\ 8\approx529.144$

练习1-12　近似数3.70所表示的准确值a的范围是(　　).

A. $3.695\leqslant a<3.705$　　B. $3.60\leqslant a<3.80$

C. $3.695<a\leqslant3.705$　　D. $3.700<a\leqslant3.705$

习题1-4

1.下列答案不正确的是(　　).

A. $3.56\times10^4=35\ 600$　　B. $-46.7\times10^5=-4\ 670\ 000$

C. $0.002\times10^5=200$　　D. $3\times10^5=30\ 000$

2. 下列说法不正确的是(　　).

A. $-x^2$ 的底数是 x

B. $(-a)^2=a^2$

C. $(a-b)^3=(b-a)^3$

D. $(a-b)^2=(b-a)^2$

3. 下列各不等式中,正确的是(　　).

A. $-2^4<(-0.7)^2<(-0.8)^3$

B. $(-0.8)3<-2^4<(-0.7)^2$

C. $-2^4<(-0.8)^3<(-0.7)^2$

D. $(-0.7)^2<(-0.8)^3<-2^4$

4. 用四舍五入法按要求分别取近似值.

(1)4.300 24≈________(保留四个有效数字);

(2)234.208 937 346≈________(精确到 0.000 01).

5. 计算

(1)$(-5)^2\times\left(-\frac{1}{5}\right)^2$;

(2)$(-3)^3\times\left(\frac{1}{3}\right)^2$;

(3)$-2^3\times(-3)^2$;

(4)$(-1)^2\times(-2^3)$.

6. 用科学记数法表示下列各数.

(1)180 000;

(2)7 830 000.

第1章复习

一、基础知识归纳总结

1. 数轴的有关概念

(1) 数轴:规定了原点、正方向和单位长度的直线叫作数轴.

(2) 相反数:绝对值相同,符号相反的两个数互为相反数.

零的相反数是零;通常用 a 与 $-a$ 表示一对互为相反数的数;$a-b$ 的相反数是 $b-a$;$a+b$ 的相反数是 $-a-b$;a 与 b 互为相反数,则 $a+b=0$;互为相反数的两个数的绝对值相等,即 $|a|=|-a|$;若 $|a|=|b|$,则 $a=b$ 或 $a=-b$.

(3) 绝对值:一个正数的绝对值是它本身,一个负数的绝对值是它的相反数,零的绝对值是零,即 $|a|=\begin{cases}a & a>0\\0 & a=0\\-a & a>0\end{cases}$.

从数轴上看,一个数的绝对值就是表示这个数到原点的距离.

2. 有理数的运算

(1) 加法法则:同号两数相加,取相同的符号,绝对值相加;异同两数相加,绝对值相等时,和为 0;绝对值不相等时,取绝对值加大的数的符号,并用较大的绝对值的数减去较小的绝对值;一个数同 0 相加仍得这个数.

(2) 减法法则:减去一个数等于加上这个数的相反数.

(3) 乘法法则:两个数相乘,同号得正,异号得负,并把绝对值相乘;几个不等于 0 的数相乘,积得符号由负数的个数决定,当有奇数个负因数时积为负;当有偶数个负因数时,积为正;几个数相乘,一个因数为 0,则积为 0.

(4) 除法法则:除以一个数等于乘以这个数的倒数.

两数相除,同号得正,异号得负,并把绝对值相除;

0 除以任何一个不等于 0 的数,都得 0.

(5) 乘方的意义:求几个相同因数的积的运算,叫作乘方. 乘方运算可根据乘方的意义化为乘方运算进行:$a^n = \underbrace{a \cdot a \cdot a \cdot a \cdot \cdots \cdot a}_{n个a}$.

(6) 乘方法则:正数的任何次幂都是正数;负数的奇次幂是负数,负数的偶次幂是正数;0 的任何正整数次幂都是 0.

(7) 科学记数法:把一个绝对值大于 10 的数记作 $a \times 10^n$ 的形式,其中 a 是整数数位只有一位的数,即 $1 \leqslant |a| < 10$,这种记数法叫作科学记数法.

(8) 运算律:

加法交换律:$a+b=b+a$

加法结合律:$(a+b)+c=a+(b+c)$

乘法交换律:$ab=ba$

乘法结合律:$(ab)c=a(bc)$

分配律:$a(b+c)=ab+ac$

运算排序:先算乘方,再算乘除,最后算加减. 如果有括号就先算括号里的.

二、典型例题

【例 1-17】 有理数 a,b,c 在数轴上对应的点分别是 A,B,C,其位置如图 1-3 所示,试化简 $|c|-|c+b|+|a-c|-|b+a|$.

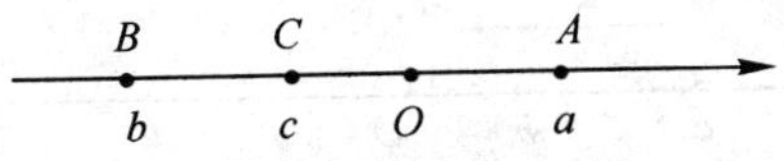

图 1-3

解 由图 1-3 可知 $a>0, b<c<0$ 且 $|a|<|b|$,则 $|c|=-c$

$c+b<0, |c+b|=-(c+b)=-c-b$

$a-c>0, |a-c|=a-c$

$b+a<0, |b+a|=-(b+a)=-b-a$

故

$$|c|-|c+b|+|a-c|-|b+a|=-c-(-c-b)+a-c+(-b-a)=$$
$$-c+c+b+a-c-b-a=-c$$

【例 1-18】 已知 $|-a+8|+|b-5|=0$,求 $a+b$ 的值

解 因为
$$|-a+8|+|b-5|=0$$
所以
$$-a+8=0 \quad 且 \quad b-5=0$$
解之得
$$a=8, \quad b=5$$
故
$$a+b=8+5=13$$

【例 1-19】 计算:$\left|-\frac{1}{2}\right|^2-\frac{1}{2^2}+(-1)^{101}-1\frac{1}{2}\times\left(0.5+\frac{2}{3}\right)\div 1\frac{1}{9}$.

解　原式$=\left(\frac{1}{2}\right)^2-\frac{1}{4}+(-1)-\frac{3}{2}\times\left(\frac{1}{2}-\frac{2}{3}\right)\div\frac{10}{9}=$

$\frac{1}{4}-\frac{1}{4}+(-1)-\frac{27}{20}\times\left(-\frac{1}{6}\right)=-1+\frac{9}{40}=\frac{31}{40}$

【例 1-20】　计算

(1)$\frac{2}{3}-1\frac{6}{7}+\frac{7}{8}+\left(-\frac{1}{7}\right)-\frac{2}{3}$；　　(2)$\left(-\frac{3}{10}\right)\times 82\times\left(6\frac{2}{3}\right)\times\frac{5}{41}$.

解　(1)原式$=\frac{2}{3}-1\frac{6}{7}+\frac{7}{8}-\frac{1}{7}-\frac{2}{3}=\left(\frac{2}{3}-\frac{2}{3}\right)+\left(-1\frac{6}{7}-\frac{1}{7}\right)+\frac{7}{8}=$

$0-2+\frac{7}{8}=-\frac{9}{8}$

(2)原式$=\left(-\frac{3}{10}\right)\times 82\times\left(6\frac{2}{3}\right)\times\frac{5}{41}=-\frac{3}{10}\times 82\times\frac{20}{3}\times\frac{5}{41}=-\left(\frac{3}{10}\times\frac{20}{3}\right)\times\left(82\times\frac{5}{41}\right)=$

$-2\times 10=-20$

复习题一

1. 对于用四舍五入法得到的近似数 3.20×10^5，下列说法正确的是(　　).

A. 有 3 个有效数字，精确到百分位　　B. 有 6 个有效数字，精确到个位

C. 有两个有效数字，精确到万位　　D. 有 3 个有效数字，精确到千位

2. 用"＞"或"＜"号填空：有理数 a,b,c 在数轴上对应的点如图 1-4 所示.

则 $a+b+c$ ________ 0；　$|a|$ ________ $|b|$；　$a-b+c$ ________ 0；

$a+c$ ________ b；　$c-b$ ________ a.

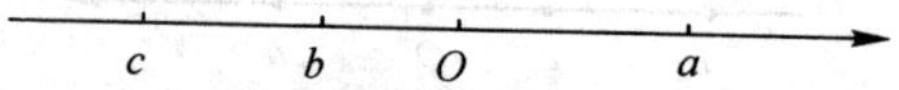

图　1-4

2. 计算

(1)$(-2)^4\div\left(-2\frac{2}{3}\right)^2+\left(5\frac{1}{2}\right)\times\left(-\frac{2}{11}\right)-\frac{1}{4}\times\left(-\frac{1}{2}\right)$；

(2)$\left(-\frac{3}{19}\right)\times(-17)-\frac{4}{19}\div(-17)+\frac{10}{19}\div 17$；

(3)$\left(-2+1\frac{1}{3}\right)\times\left(-1\frac{7}{8}\right)\div\left(-3\frac{3}{4}\right)$；

(4)$\left(\frac{7}{11}-\frac{1}{10}\right)\times\left(-\frac{3}{5}\right)+\left(\frac{1}{10}-\frac{7}{11}\right)\div\left(-\frac{5}{3}\right)$.

3. 有理数 a,b,c 在数轴上的对应点如图 1-4 所示.

(1) 在数轴上标出 $-a,-b,-c$；

(2) $|c-b|+|a-b|-|c|$.

4. 若 $|3a+47|$ 与 $|2a-3b-4|$ 互为相反数，求 $5a-3b-7$ 的值.

5. 若 a,b 互为相反数，c,d 互为倒数，且 $|m|=3$，试计算$\frac{(a+b)^{10}}{2m}-3(mcd)^2$ 的值.

第2章　整　　式

日常生活中，很多数据并不是一成不变的，它们常常随着时间或其他因素的改变而改变，不利于人们计算，为了方便起见人们常用字母代替具体数据．因而整式应运而生．

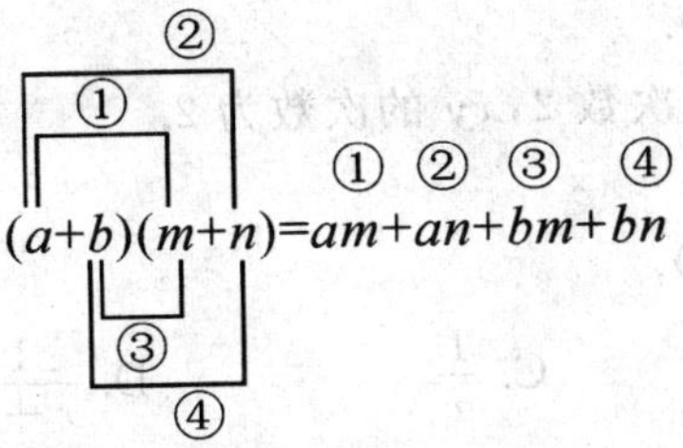

单项式和多项式都统称为整式．整式是有理式的一部分，在有理式中可以包含加、减、乘、除、乘方5种运算，但在整式中除数不能含有字母．把一个多项式化为几个最简整式的乘积的形式，这种变形叫作把这个多项式因式分解(也叫作分解因式)．分解因式与整式乘法互逆．

2.1　整　　式

一、单项式

① 小明买了 6 支钢笔，钢笔 x 元一支，小明一共花了________元.

② 正方形的边长为 a，则面积为________.

③ 半径为 r 的圆面积为________.

④ 长方形长为 x，宽为 y，则面积为________.

像 $6x$，a^2，πr^2，xy 由数与字母的积或字母与字母的积组成的代数式叫作单项式. 单独的一个数或一个字母也叫作单项式. 我们把单项式的常数叫作单项式的系数. 例如：$6x$ 的系数为 6；a^2 的系数为 1；xy 的系数是 1；2 是单项式，它的系数是 2.

一个单项式中，所有字母的指数之和叫作这个单项式的次数.

单独一个非零数的次数是 0.

例如：$6x$ 的次数是 1，πr^2 的次数 2，xy 的次数为 2.

练习 2－1

1. 下列是单项式的是(　　).

A. $\frac{1}{\pi}$　　　B. $x+7$　　　C. $\frac{1}{x}$　　　D. $\frac{1}{x+y}$

2. 指出下列代数式哪些是单项式，如果是单项式指出其系数和次数.

1，　$(4+y)x$，　$\frac{4}{3}\pi r^3$，　$(x+y)x^2$，　3^2x^3.

3. 请写出一个系数为 2 004，含有 x，y 的 3 次单项式________.

二、多项式

如图 2－1 所示，一个广场是由长方形和半圆组成，长方形的长为 ym，宽为 xm，半圆直径为 x 米. 广场的面积：$s=xy+\frac{1}{2}\pi\left(\frac{1}{2}x\right)^2=xy+\frac{1}{8}\pi x^2$

像 $xy+\frac{1}{8}\pi x^2$，$2x^2-5x^2y+3xy-1$ 由几个单项式的代数和组成的式子叫作多项式，其中的每一个单项式叫作多项式的项，不含字母的项叫作常数项. 含有两个项的多项式叫作二项式；含有 3 个项的多项式叫作三项式；依次类推. 多项式的次数最高的项的次数，叫作这个多项式的次数.

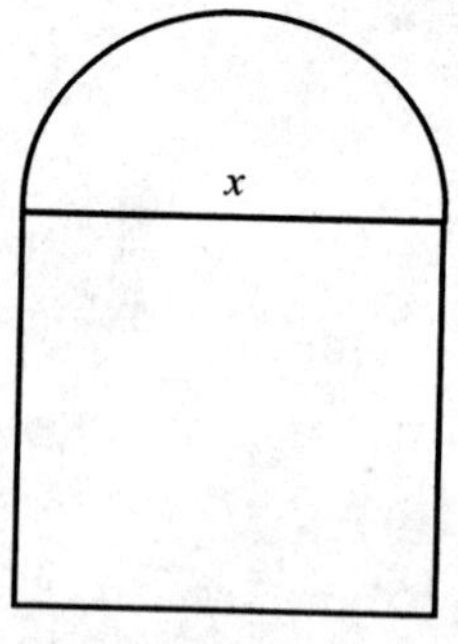

图　2－1

我们把单项式和多项式统称为整式.

【例 2－1】　说出下列多项式的次数.

$2x-3$；　　x^3+7x-4；　　$3x^2-5xy-4x+6y-9$.

解　$2x-3$ 的次数是 1；

x^3+7x-4 的次数是 3；

$3x^2-5xy-4x+6y-9$ 的次数 2.

练习 2－2

1. 写出下列整式是单项式还是多项式并指出其指数.

(1) $\frac{2}{5}xy^3$；　(2) $\frac{\pi r^3}{180}$；　(3) $-3x+11$；　(4) $5x^2-3x+7$.

2. 请写出一个含有 x,y 的次数为 4 的多项式________.

三、同类项

如图 2－2 所示，在长为 a；宽为 b 的长方形空地的中间，有一块长为 $\frac{1}{2}a$，宽为 $\frac{1}{2}b$ 的长方形花圃，而长方形空地的其余地方种上草，问：草地的面积是多少？

解　长方形的面积为 ab，长方形花圃的面积为 $\frac{1}{2}a\cdot\frac{1}{2}b=\frac{1}{2}ab$，因此，草地的面积 $ab-\frac{1}{4}ab$. 利用乘法对加法的分配律，得 $ab-\frac{1}{4}ab=(1-\frac{1}{4})ab=\frac{3}{4}ab$. 因此草地的面积是 $\frac{5}{6}ab$.

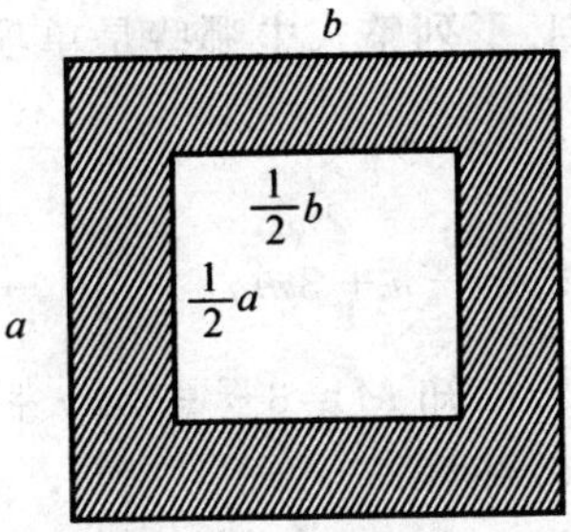

图　2－2

像多项式 $ab-\frac{1}{4}ab$ 中项 ab，$-\frac{1}{4}ab$ 这样，它们含有的字母相同，并且相同字母的指数也分别相同，称它们为同类项.

运用加法交换律结合以及乘法对于加法的分配律，同类项可以合并成为一项，只要把它们的系数相加，字母和它的指数不变，这称为合并同类项.

【例 2－2】　对于下列多项式，合并同类项.

(1) $3x^4-5x^2+8x+7x^2-4x+10$；

(2) $3m^2n-2mn^2-1\frac{1}{5}mn+mn^2-0.8mn-3m^2n$.

解　(1) 原式 $=3x^4-5x^2+7x^2+8x-4x+10=3x^4+2x^2+4x+10$

(2) 原式 $=3m^2n-3m^2n+mn^2-2mn^2-1.2mn-0.8mn=-mn^2-2mn$

两个多项式分别经过合并同类项后，如果它们的对应项的系数都相等，那么称这两个多项式相等.

例如：多项式 $x^3-4x^2+7x^2-2x-5$ 与多项式 $x^3+3x^2-6x+4x-5$ 相等.

四. 整式的加减

【例 2－3】　计算：(1) $(2x^2-7)+3x^2$；　(2) $(9x^4-4x)-(8x-3)$.

解　(1) 原式 $=2x^2-7+3x^2=5x^2-7$

(2) 原式 $=9x^4-4x-8x+3=9x^4-12x+3$

思考：整式的加减的关键是什么？

整式加减的一般步骤：① 有括号，先去括号. ② 有同类项，那么合并同类项.

练习 2-3

1. 求多项式 $5x^2-3x+4$ 与 $4x^2+2x-12$ 的差.
2. 求 x^2+5x-8 与 $-2x^2+3x-3$ 的和与差.
3. 先化简下式,再求值:$2xy^2-x^2y-\frac{1}{3}(-3x^2y-6xy^2)$,其中 $x=-2,y=\frac{1}{2}$.
4. 若多项式$(2x^2+ax-5y+b)-(2bx^2-3x+5y-1)$的值与字母无关,求 a,b 的值.

习题 2-1

1. 若 $3x^2y^{n-1}$ 与 $-\frac{2}{5}x^my$ 是同类项,则 m,m 的值分别为(　　).

A. 2,1　　B. 3,2　　C. 2,0　　D. 2,2

2. 将按 $5x^2y+4y^3-3xy^2-2x^3$ 按 y 的降幂排列是________.
3. 欲使 $x^2y^{\frac{n}{2}+2}$ 和 $-x^2y^{n-1}$ 是同类项,则 n 应取________.
4. 下列整式中哪些是单项式?哪是多项式?指出它们的系数和次数.

$\frac{3}{4}x-y$;　　$2x^2-3y^2-1$;　　$\frac{2}{3}ab^2$;

$2m^2-n+3mn^3+4n^4-1$;　　$\frac{1}{3}\pi r^2h$.

5. 已知 $M=3x^2-2xy+y^2$,$N=2x^2+xy-3y^2$,求(1)$M+N$,(2)$M-2N$
6. 计算

(1)$5x-2+\frac{1}{2}x+1$;　　(2)$x^3-2x+5+7x-3$;

(3)$3x-[-2x-(-5x)]$;　　(4)$2x+(-x+3x-1)$.

7. 先化简,再求值.

(1)$(3x-5y)+(-3x+y)$,其中 $x=5,y=3$;

(2)$7x^2-[-2x-(8x^2-1)]$,其中 $x=-2$;

(3)$4(2a^2b-ab^2)-5(ab^2+2a^2b)$,其中 $a=-\frac{1}{2},b=\frac{1}{3}$.

8. 若多项式$(2x^2+bx-5y+b)-(2ax^2-3x+5y-1)$的值与字母无关,求 a,b 的值.

2.2 整式的乘法

一、幂的乘法运算法则

同底数的幂乘法,底数不变,指数相加:$a^m\times a^n=a^{m+n}$　(m,n 为正整数)

幂的乘方,底数不变,指数相乘:$(a^m)^n=a^{mn}$　(m,n 为正整数)

积的乘方等于把积的每一个因式分别乘方,再把所得的幂相乘:$(a\times b)^n=a^n\times b^n$

练习 2-4

1. $3x^{3m+3}$ 可以写成(　　).

A. $3x^{m-1}$　　B. $3x^{3m}+x^3$　　C. $x^3\times x^{3+1}$　　D. $3x^{3m}\times x^3$

2. 填空

$a^2 \times a^4 =$________； $b^{0.3} \times b^{1.2} =$________； $(a^2)^3 =$________；

$(2^5)^2 =$________； $(a^2b)^4 =$________； $(3^2 \times 2)^3 =$________.

3. $a^m = 2, a^n = 3$，则 $a^{m+n} =$________.

4. 已知 n 为整数，试计算 $(-a)^{2n+1} \times (-a)^{2n+2} \times (-a)$.

二、单项式的乘法

为支持北京申办2008年奥运会，一位画家设计了一幅长6000m，名为“奥运会”的宣传画. 受他启发，京京用两张同样大小的纸，精心制作了两幅画，第一幅画面大小与纸张的大小相同，第二副画的画面在纸的上、下方各留有 $\frac{1}{8}x$ 的空白.

(1) 第一幅画画面面积________ m^2；

(2) 第二幅画画面面积________ m^2；

思考：式子 $x \times (mx)$ 与 $(mx) \times \left(\frac{3}{4}x\right)$ 如何计算呢？

1. 单项式乘以单项式

单项式与单项式相乘，利用乘法交换律和结合律，把它们的系数，相同字母的幂分别相乘，其余的字母连同它的指数不变，一起作为积的因式.

【例2-4】 计算 $\left(\frac{1}{3}ab^2\right) \times \left(\frac{3}{2}a^2c\right)$.

解 $\left(\frac{1}{3}ab^2\right) \times \left(\frac{3}{2}a^2c\right) = \left(\frac{1}{3} \times \frac{3}{2}\right)a^{1+2}b^2c = \frac{1}{2}a^3b^2c$

练习2-5

计算(1) $(3x) \times (7xy)$； (2) $(-2mn) \times (6m^2n)$.

2. 单项式乘以多项式

单项式与多项式相乘，就是根据乘法分配律用单项式去乘多项式的每一项，转化为单项式的乘法，然后在把所得的积相加.

【例2-5】 计算(1) $(9+6y) \times (7xy)$； (2) $(-mn) \times (2m^2n - 7mn^2)$.

解 (1) $(9+6y) \times (7xy) = 9 \times (7xy) + (6y) \times (7xy) = 63xy + 42xy^2$

(2) $(-mn) \times (2m^2n - 7mn^2) = (-mn) \times (2m^2n) + (-mn) \times (-7mn^2) =$

$$-2m^3n^2 + 7m^2n^3$$

单项式与多项式相乘法，因注意(1)“不漏乘”；(2) 注意“符号”。

练习2-6 计算(1) $-2ab \times (a-3b)$； (2) $6mn^2\left(2 - \frac{1}{3}mn^4\right) + \left(-\frac{1}{2}mn^3\right)^2$.

3. 多项式的乘法

【例2-6】 (1) $(1-x) \times (0.6-x)$； (2) $(2x+y) \times (x-y)$.

解 (1) 原式 $= 1 \times (0.6-x) - x(0.6-x) = 0.6 - x - 0.6x + x^2 = 0.6 - 1.6x + x^2$

(2) 原式 $=2x(x-y)+y(x-y)=2x^2-2xy+xy-y^2=2x^2-xy-y^2$

在探究多项式乘以多项式时，是把某一个多项式看成一个整体利用分配律进行计算、相乘时，要依次进行，不重复，不漏乘，注意符号的确定。

练习 2-7 计算

(1) $(x+2)(y+3)-(x+1)(y-2)$；

(2) $(2ab+4a)(3+ab)+(3+ab)(ab+b)$.

三、平方差公式与完全平方公式

平方差公式：$a^2-b^2=(a+b)(a-b)$

【例 2-7】 计算 $(x-y)(x+y)$.

解 $(x-y)(x+y)=x(x+y)-y(x+y)=x^2+xy-xy-y^2=x^2-y^2$

算一算 你能快速计算出 103×97 吗？

练习 2-8

1. $(x+2)(x-2)(x^2+4)$ 的计算结果是________.

2. 计算

(1) $(2a+3b)(2a-3b)$；

(2) $(-13x+9)(9-13x)$；

(3) 9997×1003；

(4) $(5-6x)(-5-6x)$.

【例 2-8】 计算 (1) $(x+y)^2$； (2) $(x-y)^2$.

解 (1) $(x+y)^2=(x+y)(x+y)=x(x+y)+y(x+y)=x^2+xy+xy+y^2=x^2+2xy+y^2$

(2) $(x-y)^2=(x-y)(x-y)=x(x-y)-y(x-y)=x^2-xy-xy+y^2=x^2-2xy+y^2$

观察 例 2-8 中两个式子有何异同？

完全平方公式：$(a\pm b)^2=a^2\pm2ab+b^2$

练习 2-9

1. 计算

(1) $(2x-3y)^2$；

(2) $(a-b)(b-a)$

(3) $1\,999\times1\,999+3\,998+1$；

(4) $(3a^2-2a+1)(3a^2+2a+1)$

2. 化简求值. $(x^2+2)^2-2(x+2)(x-2)(x^4+4)-(x^2-2)^2$，其中 $x=\frac{1}{2}$.

3. 证明：$(m-9)^2-(m+5)^2$ 是 28 的倍数，其中 m 为整数(提示：只要将原式化简后各项均能被 28 整除).

习题 2-2

1. 判断

(1) 单项式乘以单项式，结果一定是单项式. ( )

(2) 两个单项式相乘，积的系数是两个单项式系数的积. ( )

(3) 两个多项式相乘，多项式所含的字母都在结果里出现. ( )

(4) 两个多项式相乘，积的次数是两个多项式次数的积. ( )

(5) 和的平方与平方和是一个意思. ( )

2. 填空

(1)$(-3x-4)(3x-4)(9x^2+16)$ 的计算结果是________;

(2)$1\ 992^2-1\ 991\times1\ 993$ 的计算结果是________.

3. 计算

(1)$2a^3bc^2\times(-2ab^2)$;

(2)$(-2xy^2)(-3x^2y^3)\left(-\frac{1}{4}xy\right)$;

(3)$(a+b)(a-2b)-(a+2b)(a-b)$;

(4)$\left(\frac{2}{3}x^2y^3-16xy\right)\times\left(\frac{1}{2}xy^2\right)$;

(5)$5x(x^2+2x+1)-(2x+3)(x-5)$;

(6)$5x^2\times(2x^2-3x^3+8)$;

(7)$(a+b+c)(a-b+c)$;

(8) $\left(x-\frac{1}{x}\right)^2$.

4. 已知$10^m=5,10^n=5$,求10^{2m+3n} 的值.

5. 求证 $5^2\times3^{2n+1}\times2^n-3^n\times(6^{n+2}$ 能被 13 整除.

6. 证明$(2n+1)^2-25$ 能被 4 整除.

7. 一个自然数a恰等于另一自然数b的平方,则称自然数a为完全平方数(如$64=8^2$,64 就是一个完全平方数). 若 $a=1\ 995^2+1\ 995^2\times1996^2+1\ 996^2$. 求证:$a$ 是一个完全平方数.

2.3 整式的除法

一、幂的除法运算

同底数的幂相除,指数相减,即 $a^m\div a^n=a^{m-n}$ (m,n 正整数).

另外,我们规定:$a^0=1(a\neq0)$;$a^{-n}=\frac{1}{a^n}$(n 是正整数).

练习 2-10

1. x^{-m+3} 可以写成( ).

A. $x^{-m}+x^3$　　B. $x^{-m}-x^3$　　C. $x^m\div x^3$　　D. $\frac{1}{x^m}\times x^3$

2. 填空

$2.356^0=$________;　$(-2)^{-2}=$________;　$11^7\div11^{-5}=$________;

$(-2)^5\div(2)^6=$________;　$a^{2m+1}\div a^{m-1}=$________;　$2^7\div(-2)^{-5}=$________.

二、单项式的除法

一种数码照片的文件大小是 2^8K,一个存储量为 2^6M($1\text{M}=2^{10}$K) 的移动存储器能储存多少张这样的数码照片?

$$2^6\text{M}=(2^6)^{10}\text{K}=2^{60}K$$

$$2^{60}\div2^8=2^{52}$$

【例 2-9】 计算(1)$8x^4y\div xy$; (2)$9x^5y^2\div3x^3$; (3)$4a^2b\div2ac$.

解　(1)$8x^4y\div xy=8x^{4-1}\cdot y^{1-1}=8x^3\cdot 1=8x^3$

(2)$9x^5y^2\div 3x^3=(9\div 3)x^{5-3}y^2=3x^2y^2$

(3)$4a^2b\div 2ac=(4\div 2)a^{2-1}bc^{-1}=\frac{2ab}{c}$

单项式相除，把它们的系数相除，同底数幂的指数相减，作为商的一个因式；对于只在被除式里含有字母，则连同它的指数作为商的一个因式.

练习 2－11

1. 计算(1) $(ab)^5\div(ba)^2$；　(2) $\left(-\frac{1}{2}a\right)^5\div\left(-\frac{1}{2}a\right)^{-4}$；　(3) $(25a^5x^3y)^2\div(5a^2x^2y^2)$.

2. 已知 $y^{-3}=4$，求$\left(\frac{2}{y}\right)^6=$________.

三、多项式除以单项式

多项式除以单项式，先把这个多项式的每一项除以这个单项式，再把所得的商相加.

【例 2－10】　$(12x^5y^3z-3x^2y^4)\div(-xy)$.

解　原式$=12x^5y^3z\div(-xy)-3x^2y^4\div(-xy)=$

$$-12x^{5-1}y^{3-1}z+3x^{2-1}y^{4-1}=-12x^4y^2z+3xy^3$$

练习 2－12

1. 计算　$(-6x+18x^2-8x^3)\div 6x$.

2. 已知 $x=3^{2m+2}$，$y=5+9^m$，请你用含 x 的代数式表示 y.

习题 2－3

1. 判断题

(1) $\frac{x+1}{3}$ 是关于 x 的一次两项式.　(　　)

(2) -3 不是单项式.　(　　)

(3) 单项式 xy 的系数是 0.　(　　)

(4) x^3+y^3 是 6 次多项式.　(　　)

(5) 多项式是整式.　(　　)

2. 填空(用代数式表示)

(1) 5 除以 a 的商加上 $3\frac{2}{3}$ 的和是________；

(2) m 与 n 的平方和________；

(3) x 与 y 的和的倒数________；

(4) x 与 y 的差的平方除以 a 与 b 的和，商是________.

3. 若$(x+2)^2+|3-y|=0$，求：$3(x-7)-4(x+y)$ 的值.

4. 化简求值：$[4(xy-1)^2-(xy+2)(2-xy)]\div\frac{1}{4}xy$，其中 $x=-2$，$y=\frac{1}{5}$.

5. 已知 $x^n=5$，$y^n=3$. 求$(x^2y)^{2n}$ 的值.

6. 已知 $9^m\cdot 27^{m-1}\div 3^{2m}$ 的值为 27，求 m 的值.

7. 一种被污染的液体每升含有 2.4×10^{13} 个有害细菌，为了试验某种杀菌剂的效果，科学家们进行了实验，发现1滴杀菌剂可以杀死 4×10^{10} 个有害细菌，要将1升液体中的有害细菌全部杀死，需要这种杀菌剂多少毫升？（注：15 滴 =1 毫升）

2.4 因式分解

大家都知道，6 与 18 的最大公约数是 6. 那么请问单项式 $6x^2y$ 与 xy 的公因式是________？

我们把一个多项式化为几个最简整式的积的形式，这种变形叫作因式分解，也叫作分解因式. 常用的分解因式的方法有提公因式法、公式法和十字相乘法.

一、提公因式法

一个多项式中每一项都含有的因式叫作这个多项式的公因式. 公因式可以是单项式，也可以是多项式.

注意：把 $2a+\frac{1}{2}$ 变成 $2\left(a+\frac{1}{4}\right)$ 不叫提公因式.

【例 2 - 11】 $ax+bx+cx=$________.

(2)$(x+3)(x-5)-(x+3)(x+2)=$________.

解 (1)$ax+bx+cx=(a+b+c)x$

(2)$(x+3)(x-5)-(x+3)(x+2)=(x+3)(x-5+x+2)=(x+3)(2x-3)$

练习 2 - 13

1. 多项式 $6xy^2-18x^2y^2z+12x^3y^3z$ 的公因式是________.

2. 如 $x+y=10$，$xy=7$，则 $x^2y+xy^2=$________.

3. 若 $a^2+a+1=0$，那么 $x^2+ax-1=$________.

4. 因式分解

(1)$x^4-2x^3-35x^2$； (2)$25(x-2y)^2-4(2y-x)$；

(3)$2x^2y-8xy+8y$； (4)$a(x-y)+4b(y-x)$.

二、公式法

根据因式分解与整式乘法的关系，我们可以利用乘法公式把某些多项式因式分解，这种因式分解的方法叫作公式法. 常用公式有平方差公式和完全平方公式.

(1) 平方差公式：$a^2-b^2=(a+b)(a-b)$

(2) 完全平方公式：$a^2\pm2ab+b^2=(a\pm b)^2$

常用的公式还有：$a^3-b^3=(a-b)(a^2+ab+b^2)$

【例 2 - 12】 运用公式法分解因式(1)$-25x^2+9y^2$； (2)$-4a^2+4ab-b^2$.

解 (1)$-25x^2+9y^2=(5x+3y)(-5x+3y)$

(2)$-4a^2+4ab-b^2=-(4a^2-4ab+b^2)=-(2a-b)^2$

练习 2-14

1. 分解因式：(1)$x^2-4xy-1+4y$；　(2)x^5-x；　(3)x^4-18x^2+81.

2. 计算 $1998\times2002=$________.

3. 等式 $(a-b)^2+M=(a+b)^2$ 成立，则 M 是________.

4. $x^2+2kx+16$ 是完全平方公式，则 k 的值等于________.

5. 若 $a^2+a+1=0$，那么 $x^2+ax-1=$________.

三、十字相乘法

十字相乘法（见图 2-3）简单来说就是：十字左边相乘等于二次项，右边相乘等于常数项，交叉相乘再相加等于一次项. 其实就是运用 $(x+a)(x+b)=x^2+(a+b)x+ab$ 乘法公式的逆运算来进行因式分解.

【例 2-13】　分解因式：(1)$2x^2+3x+1$；

(2)$5x^2+6xy-8y^2$.

解　(1)$2x^2+3x+1=(2x+1)(x+1)$

(2)$5x^2+6xy-8y^2=(5x-4y)(x+2y)$

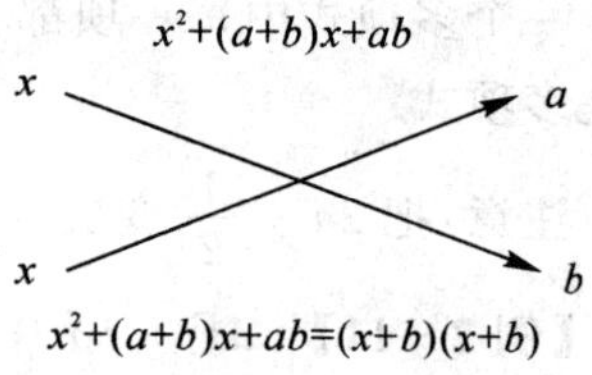

图　2-3

注意：并不是所有的二项式都可以用十字相乘法进行因式分解.

练习 2-15

1. 因式分解：$x^2-7xy-18$；　$x^2-7x+10$；　$2x^2y-8xy+8y$.

2. 如果 $(x-2)(x+3)=x^2+px+q$ 恒成立，那么 p,q 的值为________.

3. 如果二次三项式 x^2+ax-1 可分解为 $(x-2)(x+b)$，则 $a+b$ 的值为________.

习题 2-4

1. 已知 $A=x^3+x^2+x+1$，$B=x+x^2$，计算：①$A+2B$；②$2B-3A$.

2. 因式分解

(1) $(x+y)^2-10(x+y)+25$；　　(2)$a^2+b^2+c^2-ab-bc-ac=0$；

(3)$a^2+b^2+c^2-ab-bc-ac=0$.

阅读材料

因式分解

因式分解的定义和主要方法：

定义：把一个多项式化为几个最简整式的乘积的形式，这种变形叫作把这个多项式因式分解（也叫作分解因式）. 例如：$m^2-n^2=(m+n)(m-n)$

意义：它是中学数学中最重要的恒等变形之一，它被广泛地应用于初等数学之中，是我们解决许多数学问题的有力工具. 因式分解方法灵活，技巧性强，学习这些方法与技巧，不仅是掌握因式分解内容所必需的，而且对于培养学生的解题技能，发展学生的思维能力，都有着十分独特的作用. 学习它，既可以复习整式的四则运算，又为学习分式打好基础；学好它，既可以培养学生的观察、思维发展性、运算能力，又可以提高学生综合分析和解决问题的能力.

在高等数学上因式分解有一些重要结论，在初等数学层面上证明很困难，但是理解很容易.

(1) 因式分解与解高次方程有密切的关系. 对于一元一次方程和一元二次方程，初中已有相对固定和容易的方法. 在数学上可以证明，对于一元三次方程和一元四次方程，也有固定的公式可以求解. 只是因为公式过于复杂，在非专业领域没有介绍. 对于分解因式，三次多项式和四次多项式也有固定的分解方法，只是比较复杂. 对于五次以上的一般多项式，已经证明不能找到固定的因式分解法，五次以上的一元方程也没有固定解法.

(2) 所有的三次和三次以上的一元多项式在实数范围内都可以因式分解，所有的二次或二次以上的一元多项式在复数范围内都可以因式分解. 这看起来或许有点不可思议. 比如 X^4+1，这是一个一元四次多项式，看起来似乎不能因式分解. 但是它的次数高于 3，所以一定可以因式分解. 如果有兴趣，你也可以用待定系数法将其分解，只是分解出来的式子并不整洁. 这是因为，由代数基本定理可知 n 次一元多项式总是有 n 个根，也就是说，n 次一元多项式总是可以分解为 n 个一次因式的乘积. 并且还有一条定理：实系数多项式的虚数根是两两共轭的，将每对共轭的虚数根对应的一次因式相乘，可以得到二次的实系数因式，从而这条结论也就成立了.

(3) 因式分解虽然没有固定方法，但是求两个多项式的公因式却有固定方法. 因式分解很多时候就是用来提公因式的. 寻找公因式可以用辗转相除法来求得. 标准的辗转相除技能对于中学生来说难度颇高，但是中学有时候要处理的多项式次数并不太高，所以反复利用多项式的除法也可以但比较笨，不过能有效地解决找公因式的问题.

(4) 因式分解是很困难的，但初中所接触的只是因式分解很简单的一部分，真正的因式分解需要研究生的水准，抽象代数在因式分解上有重要的应用，大家可以尝试因式分解 x^n-1，这是一道经典的考题曾经在 1978 年全国奥数竞赛中出现.

第 2 章复习

整式：单式和多项式统称为整式.

整式的运算：加法、减法、乘法和除法.

因式分解：提公因式法、公式法、十字相乘法.

复习题二

一、填空

(1) $2a^2-a\cdot a=$________.　　(2) $(a^3b^4)^2\div(ab^2)^3=$________.

(3) $(x+5y)(2x-y)=$________.　　(4) 任写一个二次单项式：________.

(5) 分解因式：$m^2-4n^2=$________.　　(6) 若 $a^{2n}=5$，则 $2a^{6n}-4=$________.

(7) 若 $m+n=10$，$mn=24$，则 $m^2+n^2=$________.

(8) 如图 2-4 所示，阴影部分的面积为________.

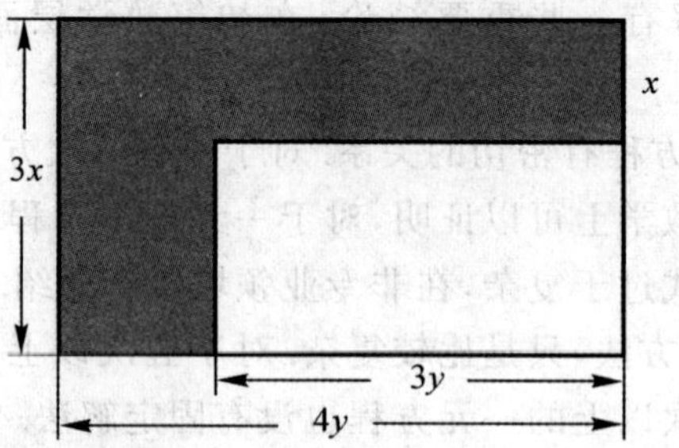

图　2-4

(9) 观察下列顺序排列的等式：

$9\times0+1=1$,

$9\times1+2=11$,

$9\times2+3=21$,

$9\times3+4=31$,

……

猜想：第 n 个等式应为________.（n 为正整数）

二、选择

1. 下列运算正确的是（　　）.

A. $a^3\cdot a^4=a^{12}$　　B. $a^3+a^3=2a^6$　　C. $a^3\div a^3=0$　　D. $3x^2\cdot5x^3=15x^5$

2. $(-a)^3(-a)^2(-a^5)=$（　　）.

A. a^{10}　　B. $-a^{10}$　　C. a^{30}　　D. $-a^{30}$

3. 一种计算机每秒可做 4×10^8 次运算，它工作 3×10^3 s 运算的次数为（　　）.

A. 12×10^{24}　　B. 1.2×10^{12}　　C. 12×10^{12}　　D. 12×10^8

4. 计算 $(-a-b)^2$ 等于（　　）.

A. a^2+b^2　　B. a^2-b^2　　C. $a^2+2ab+b^2$　　D. $a^2-2ab+b^2$

5. 下列各式中，计算结果是 $x^2+7x-18$ 的是（　　）.

A. $(x-1)(x+18)$　　B. $(x+2)(x+9)$　　C. $(x-3)(x+6)$　　D. $(x-2)(x+9)$

6. 下列多项式因式分解正确的是（　　）.

A. $4-4a+a^2=(a-2)^2$　　B. $1+4a-4a^2=(1-2a)^2$

C. $1+4x^2=(1+2x)^2$　　D. $x^2+xy+y^2=(x+y)^2$

7. (a^4-b^4) 除以 (a^2-b^2) 的商为（　　）.

A. a^2-b^2　　B. $(a-b)^2$　　C. a^2+b^2　　D. $(a+b)^2$

8. 已知 $2x-y=10$，则 $2y-4x$ 的值为（　　）.

A. 10　　B. 20　　C. -10　　D. -20

9. 我们约定 $a\otimes b=10^a\times10^b$，如 $2\otimes3=10^2\times10^3=10^5$，那么 $4\otimes8$ 为（　　）.

A. 32　　B. 10^{32}　　C. 10^{12}　　D. 12^{10}

10. a^{3m+1} 可写成（　　）.

A. $(a^3)^{m+1}$　　B. $(a^m)^{3+1}$　　C. $a\cdot a^{3m}$　　D. $(a^m)^{2m+1}$

三、解答题

1. 计算

(1) $(a^2)^3 \cdot (a^2)^4 \div (a^2)^5$；

(2) $(-2)^0 - (-\frac{1}{2})^2$；

(3) $(x-y+9)(x+y-9)$；

(4) $[(3x+4y)^2 - 3x(3x+4y)] \div (-4y)$.

2. 因式分解：

(1) $x^2 - x + \frac{1}{4}$；

(2) $(3a-2b)^2 - (2a+3b)^2$；

(3) $x^2 - 2xy + y^2 - z^2$；

(4) $1 + x + x(1+x)$.

3. 小明在进行两个多项式的乘法运算时，不小心把乘以 $(x-2y)$ 错抄成除以 $(x-2y)$，结果得到 $(3x-y)$，则第一个多项式是多少？

第3章　方　　程

数学中方程可以简单地理解为含有未知数的等式.在日常生活中我们常常会用到方程,例如:

(1)怀化工业学校组织一年级师生春游,如果单租45座客车若干辆,则刚好坐满;如果单租60座的客车,可少租一辆,且余15个座位.已知45座客车的租金为每天250元,60座客车的租金为每天300元,怎么样租车最省钱?

(2)一块长和宽分别为60cm和40cm的长方形铁皮,要在它的四角截去4个相等的小正方形,折成一个无盖的长方体水槽,使它的底面积为$800cm^2$.求截去正方形的边长.

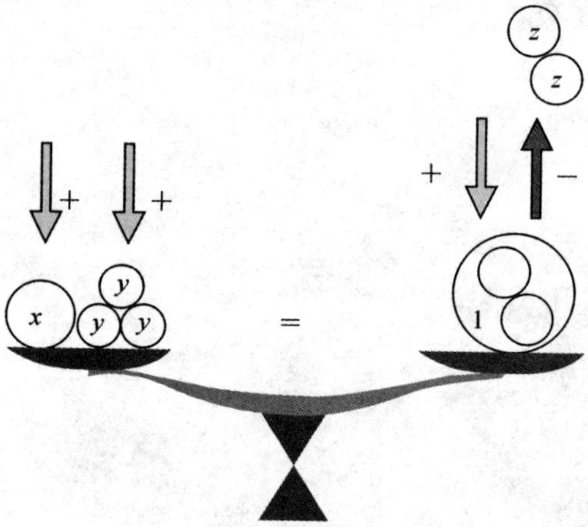

$x+3y=1-2z$

方程(Equation)是指含有未知数的等式,是表示两个数学式(如两个数、函数、量、运算)之间相等关系的一种等式(通常设未知数为x),通常在两者之间有一个等号"=".方程不用按逆向思维思考,可直接列出等式并含有未知数.它具有多种形式,如一元一次方程、二元一次方程等.它广泛应用于数学、物理等理科的运算;适合于解决实际问题,如比例等.

3.1　一元一次方程

1. 一元一次方程的概念

问题：一个圆柱体的底面半径为5cm，且体积为628cm^3，你能算出这个圆柱体的高吗？

如果设圆柱体的高为x（cm），则有$\pi\times 5x^2=628$，等式$\pi\times 5x^2=628$中，π，5，628叫已知数，字母x表示的数，在解决问题之前不知道，把它叫作未知数. 我们把含有未知数的等式叫作方程.

像问题那样，先把所要求的量用字母x(或y等）表示，然后根据问题中的等量关系，列出含有所要求的量的等式，叫作建方程. 像$252x=628$，$y+5=8$，只含有一个未知数，并且未知数的次数(即指数）是1，把这样的方程叫作一元一次方程.

能使方程左右两边的值相等的未知数的值叫作方程的解. 求方程的解的过程叫作解方程.

【例3-1】　检验下列各数是不是方程$x-4=3x-8$的解.

(1)$x=5$；　　　(2)$x=2$.

解　(1) 把$x=5$代入方程左右两边得

$$\text{左边}=5-4=1,\quad \text{右边}=15-8=7,\quad \text{左边}\neq\text{右边}$$

则$x=5$不是方程$x-4=3x-8$的解.

(2) 把$x=2$代入方程左右两边得

$$\text{左边}=2-4=-2,\quad \text{右边}=3\times 2-8=-2,\quad \text{左边}=\text{右边}$$

则$x=2$是方程$x-4=3x-8$的解.

练习3-1

1. 判断下列方程是否一元一次方程?

(1)$11x+5=5(4x-4)$；　　(2)$x+y=3$；

(3) $\dfrac{2}{x+3}=5$；　　(4)$3x+4y=7$.

2. 检验下列各数是不是方程$2x=x+4$的解.

(1)$x=3$；　　(2)$x=4$.

3. 建立下列各问题的方程.

(1) 某厂今年平均每月生产机器90台，比去年平均每月生产的机器的2倍少10台，那么去年平均每月生产机器多少台?

(2) 一个长方形的长是宽的2倍少1cm，且周长为28cm，这个长方形的宽是多少厘米?

2. 一元一次方程的解法

解一元一次方程，一般要通过去分母、去括号、移项、合并同类项，未知数的系数化为1等步骤，把一个一元一次方程“转化”成$x=a$的形式.

【例3-2】　解下列方程：(1)$12x+1=5(2x+1)$；　(2)$\dfrac{1}{6}(x+15)=\dfrac{1}{2}-\dfrac{1}{3}(x-7)$.

解　(1) 去括号,得　$12x+1=10x+5$

移项,得　$12x-10x=5-1$

合并同类项,得　$2x=4$

系数化 1,得　$x=2$

(2) 去分母,得　$x+15=3-2(x-7)$

去括号,得　$x+15=3-2x+14$

移项,得　$x+2x=3+14-15$

合并同类项,得　$3x=2$

系数化为 1,得　$x=\frac{2}{3}$

练习 3-2　解下列方程:(1) $\frac{x+2}{4}-\frac{2x-3}{6}=1$;　(2)$2(3y-4)+7(4-y)=4y$.

习题 3-1

1. 已知 $4x^{2n-5}+5=0$ 是关于 x 的一元一次方程,则 $n=$________.
2. 若 $x=-1$ 是方程 $2x-3a=7$ 的解,则 $a=$________.
3. 当 $x=$________时,代数式 $x-1$ 和 $2-x$ 的值互为相反数.
4. 已知 x 的与 x 的 3 倍的和比 x 的 2 倍少 6,列出方程为________.
5. 在方程 $4x+3y=1$ 中,用 x 的代数式表示 y,则 $y=$________.
6. 某商品的进价为 300 元,按标价的六折销售时,利润率为 5%,则商品的标价为________元.
7. 已知 3 个连续的偶数的和为 60,则这三个数是________.
8. 一件工作,甲单独做需 6 天完成,乙单独做需 12 天完成,若甲、乙一起做,则需________天完成.
9. 解下列方程:(1)$1\frac{4}{5}x-2-2.5x=-2\frac{1}{3}x-\frac{1}{6}-\frac{1}{5}$;　(2)$2=\frac{1-3t}{5}-2$.
10. 若方程 $3x+4=0$ 与方程 $3x+4k=8$ 的解相同,求 k 的值.

3.2　二元一次方程组

1. 二元一次方程组的概念

小英家今年 5 月份的电费和水费共计 160 元,其中电费比水费多 40 元. 你能算出 5 月份小英家的电费与水费分别是多少吗?

可以设小英 5 月份的电费为 x 元,水费为 y 元. 由题意得

$$x+y=160 \quad ①$$

$$x-y=40 \quad ②$$

经过观察,我们发现方程 ① 和 ② 各含有两个未知数,且含未知数的每一项的次数都是 1.

像 $x+y=160$,$x-y=40$ 这样,含有两个未知数,并且未知数的每一项都是 1 次的方程称为二元一次方程.

方程 ①② 中的 x,y 都必须同时满足方程 ① 和 ②,因此把方程 ① 和方程 ② 用大括号联立

起来，得

$$\begin{cases}x+y=160 & ①\\ x-y=40 & ②\end{cases}$$

像这样把两个含有未知数的二元一方程联立起来，组成的方程组，叫作二元一次方程组.

使二元一次方程两边的值相等的两个未知数的值叫作二元一次方程的解.

求方程组的所求解的过程叫作解方程组.

2. 二元一次方程组的解法

(1) 代入消元法. 把其中一个方程的某一个未知数用含有一个未知数的代数式表示，然后把它代入到另一个方程中，便得到一个一元一次程，这种解方程组的方法叫作代入消元法.

【例 3-3】 解方程 $\begin{cases}2x+3y=16 & ①\\ x+4y=13 & ②\end{cases}$.

解 由 ② 得 $x=13-4y$ ③

将 ③ 代入 ①，得 $2(13-4y)+3y=16$ 解得 $y=2$，将 $y=2$ 代入 ③，得 $x=5$，所以原方程的解为 $\begin{cases}x=5\\ y=2\end{cases}$

【例 3-4】 解方程组 $\begin{cases}2x-3y=0 & ①\\ 5x-7y=1 & ②\end{cases}$.

解 由 ① 得 $x=\dfrac{3}{2}y$

把 ③ 代入 ②，得 $5\left(\dfrac{3}{2}y\right)-7y=1$，解 $y=2$，把 $y=2$ 代入 ③，得 $x=3$.

故原方程组的一个解为 $\begin{cases}x=3\\ y=2\end{cases}$

练习 3-3

用代入消元解下列方程组.

(1) $\begin{cases}2x+y=128\\ x-y=4\end{cases}$； (2) $\begin{cases}3x-y+1=0\\ 2x+3y-3=0\end{cases}$

(2) 加减消元法。在一个二元一次方程组中，通过将两式相加或相减，从而消去其中一个未知数，化二元一次方程组为一元一次方程. 这种解方程组的方法称为加减消元法.

【例 3-5】 解方程组 $\begin{cases}2x-5y=7 & ①\\ 2x+3y=-1 & ②\end{cases}$.

解 ② − ① 得 $8y=-8$，$y=-1$，将 $y=-1$ 代入 ①，得 $x=1$

所以原方程组的解为 $\begin{cases}x=1\\ y=-1\end{cases}$

【例 3-6】 解方程组 $\begin{cases}2x+3y=12 & ①\\ 3x+4y=17 & ②\end{cases}$.

解 ① × 3 得 $6x+9y=36$ ③

②×2 得　　　　　　　　$6x+8y=34$　　　　　　　　④

③－④ 得 $y=2$，将 $y=2$ 代入 ① 得 $x=3$

故原方程组的解为 $\begin{cases}x=3\\y=2\end{cases}$

练习 3－4

用加减消元法解下列方程：

(1) $\begin{cases}2x+y=2\\-2x+3y=18\end{cases}$；　　(2) $\begin{cases}2x-5y=24\\5x+2y=31\end{cases}$；

(3) $\begin{cases}4a+b=6\\6b+2a=-5\end{cases}$；　　(4) $\begin{cases}4a-7b=21\\9a+6b=4\end{cases}$.

习题 3－2

1. 解方程组：

(1) $\begin{cases}3x+4y=-14\\5x-3y=25\end{cases}$；　　(2) $\begin{cases}m-n=5\\3m-n=-1\end{cases}$.

2. 若 $|3x+2|+|5y-4|=0$，则 $x=$______　$y=$______.

3. 当 $x=2$ 与 $x=-2$ 时，代数式 $kx+b$ 的值分别是 -2，-4，求 k，b 的值.

4. 小梅买了 80 分与 60 分的邮票共 17 枚，花了 12.2 元，试问 80 分与 60 分邮票各买了多少枚？

5. 表 3－1 是某一周 A，B 两种股票每天的收盘价.

表 3－1

	星期一	星期二	星期三	星期四	星期五
A	12	12.5	12.9	12.45	12.75
B	13.5	13.3	13.9	13.4	13.15

某人在一周内持有 A，B 两种股票，若按照两种股票每天收盘计算（不计手续费、税费等），此人账户上星期二比星期一获利 200 元，星期三比星期二获利 1300 元，则该人持有 A，B 两种股票各多少股？

6. 给定方程组 $\begin{cases}\dfrac{1}{x}+\dfrac{1}{y}=1,\\\dfrac{1}{y}+\dfrac{1}{z}=2,\\\dfrac{1}{z}+\dfrac{1}{x}=5,\end{cases}$ 如果令 $\dfrac{1}{x}=A$，$\dfrac{1}{y}=B$，$\dfrac{1}{z}=C$，则方程组变成 $\begin{cases}A+B=1,\\B+C=2,\\A+C=5,\end{cases}$ 由此

解得 $\begin{cases}x=2,\\y=-1,\\z=3,\end{cases}$，对不对，为什么？

3.3　一元二次方程

1.一元二次方程的概念

占地为一边长为 40m 的正方形，使其四周留出的人行道的宽度相等，并在其中间铺上面积为 1 000m^2 的正方形草坪.问人行道的宽度为多少米？

分析：设人行道的宽度为 x(m)，则草坪的边长为 $40-2x$(m). 根据题意，可以列出方程：$(40-2x)^2=1000$，移项可以写成 $(40-2x)^2-1\,000=0$.

如果一个方程通过移项可以使右边为0，而左边是只含有一个未知数的二次多项式，那么这样的方程叫作一元二次方程.它的一般形式是

$$ax^2+bx+c=0\quad(a,b,c\text{ 是常数},a\neq 0)$$

式中，a 叫作二次项系数，b 叫作一次项系数，c 叫作常数项.

【例 3-7】　将方程 $3x(x-1)=5(x+2)$ 化成一元二次方程的一般形式，并写出其中的二次项系数，一次项系数和常数项.

解　去括号，得 $3x^2-3x=5x+10$，移项，合并同类项，得一元二次的方程一般形式 $3x^2-8x-10=0$ 其中二次项系数为 3，一次项系数为 -8，常数项为 -10.

练习 3-5

1.把下列方程写成一般形式，并且分别指出它们的二次项系数、一次项系数和常数项.

(1)$5x^2+5x=6$；　　　(2)$3x-4=x^2$.

2.下列方程中，哪些是一元二次方程？

(1)$4(2+x)^2=6$；　　(2)$8(1+x)^2=2x(3x+7)$；　　(3)$ax^2+2x-4=x(ax-1)$.

2.一元二次方程的解法

1.因式分解法

【例 3-8】　解方程 $(40-2x)^2=10\,000$.

解　先把方程写成 $(40-2x)^2-10000=0$，把此方程左边因式分解为

$$(40-2x+100)(40-2x-100)=$$

即

$$(140-2x)(-2x-60)=0$$

因此 $140-2x=0$ 或 $-2x-60=0$，所以 $x=70$ 或 $x=-30$，即方程有两个解，通常把它们记作 $x_1=70$ 或 $x_2=-30$.

上述解一元二次方程的方法叫作因式分解法.

练习 3-6　用因式分解法解下列方程

(1)$x^2-5x=0$；　　　(2)$4x^2=25$.

2.直接开平方法

【例 3-9】　解方程 $(x+1)^2-2=0$.

解　原方程可以写成 $(x+1)^2=2$

直接开平方，得　　$x+1=\sqrt{2}$　或　$x+1=-\sqrt{2}$

解得　　$x_1=\sqrt{2}-1$　或　$x_2=-\sqrt{2}-1$

练习 3－7

1. 用直接开平方法解下列方程.

(1) $(1-2x)^2-9=0$；　　　　(2) $2(x-3)^2=8$.

2. 现有长方形纸片一张，长 19cm，宽 15cm，需要剪去边长多少的小正方形才能做成底面积为 77cm^2 的无盖长方形的纸盒？

3. 配方法

【例 3－10】 解下列方程：

(1) $x^2+10x+9=0$ ________；　　(2) $2x^2-4x-6=0$.

解 (1) 把原方程的左边配方，得

$$x^2+10x+5^2-5^2+9=0$$

即

$$(x+5)^2-16=0$$

则

$$(x+5)^2=16 \Rightarrow x+5=\pm 4$$

解之得

$$x_1=-1 \quad 或 \quad x_2=-9$$

(2) 原方程两边同除以 2，得到 $x^2-2x-3=0$

把方程的左边配方，得

$$x^2-2x+1^2-1^2-3=0$$

即

$$(x-1)^2-4=0$$

把方程的左边因式分解，得 $(x-1+2)(x-1-2)=0$

由此得出 $x+1=0$ 或 $x-3=0$

解之得

$$x_1=-1 \quad 或 \quad x_2=3$$

练习 3－8

1. 配方法解下列方程：

(1) $x^2+3x+2=0$；　　　　(2) $-3x^2+4x+1=0$.

2. 造一个池底为正方形深度为 2.5m 的长方体无盖蓄水池，池壁的造价为 120 元 /m^2，池底的造价为 240 元 /m^2，总造价为 8 640 元. 求池底的边长.

4. 公式法

用配方法解一元二次方程：$ax^2+bx+c=0(a\neq 0)$

由于 $a\neq 0$，因此可以在方程的两边同除以 a，得 $x^2+\frac{b}{a}x+\frac{c}{a}=0$，把方程的左边配方，得

$$x^2+\frac{b}{a}x+\left(\frac{b}{2a}\right)^2-\left(\frac{b}{2a}\right)^2+\frac{c}{a}=0$$

即

$$\left(x+\frac{b}{2a}\right)^2-\frac{b^2-4ac}{4a^2}=0$$

当 $b^2-4ac\geqslant 0$ 时，方程可以写成

$$\left(x+\frac{b}{2a}\right)^2-\left(\frac{\sqrt{b^2-4ac}}{2a}\right)^2=0$$

把方程左边因式分解，得

$$\left(x+\frac{b}{2a}-\frac{\sqrt{b^2-4ac}}{2a}\right)\left(x+\frac{b}{2a}+\frac{\sqrt{b^2-4ac}}{2a}\right)=0$$

由此得出　$x+\dfrac{b-\sqrt{b^2-4ac}}{2a}=0$　或　$x+\dfrac{b+\sqrt{b^2-4ac}}{2a}=0$

解得　$x_1=\dfrac{-b+\sqrt{b^2-4ac}}{2a}$　或　$x_2=\dfrac{-b-\sqrt{b^2-4ac}}{2a}$

于是我们得到一元二次方程 $ax^2+bx+c=0(a\neq 0)$，当 $b^2-4ac\geqslant 0$ 的解为 $x=\dfrac{-b\pm\sqrt{b^2-4ac}}{2a}$，通常把这个公式叫作一元二次方程的求根公式.

【例 3-11】　解下列方程.

(1)$x^2-x-2=0$；　　(2)$x^2-2x=1$.

解　(1)$a=1,b=-1,c=-2b^2-4ac=(-1)^2-4\times1\times(-2)=1+8=9$，因此 $x=\dfrac{1\pm\sqrt{9}}{2\times1}=\dfrac{1\pm3}{2}$，从而 $x_1=2,x_2=-1$

(2) 移项，得 $x^2-2x-1=0$，则 $a=1,b=-2,c=-1$，所以 $b^2-4ac=8$.

因此 $x=\dfrac{2\pm\sqrt{8}}{2\times1}$，从而 $x_1=1-\sqrt{2}$ 或 $x_2=1+\sqrt{2}$.

习题 3-3

1. 解下列方程

(1)$4x^2+12x=-5$；　　(2)$12x+4=-9x^2$；

(2) $(x-2)^2=(2x+3)^2$；　　(4)$y^2+2\sqrt{2}y+2=0$.

2. 已知 $y_1=x^2-2x+3,y_1=3x-1$，当 x 为什么值时，y_1 与 y_2 相等

3. 一个矩形草地的长比宽多 6m，面积为 500m²，求这个草地的长和宽各是多少？

4. 西北某地区为改造沙漠，决定从 2002 年起进行"治沙种草"，把沙漠地变为草地，并出台了一项激励措施：在"治沙种草" 过程中，每一年新增草地面积达到 10 亩的农户，当年都可得到生活补贴费 1 500 元，且每超出一亩，政府还给予每亩 a 元的奖励. 另外，经治沙种草后的土地从下一年起，平均每亩每年可有 b 元的种草收入. 表 3-2 是某农户在头两年通过"治沙种草" 每年获得的总收入情况：(注：年总收入 = 生活补贴费 + 政府奖励费 + 种草收入).

表　3-2

年　份	新增草地 / 亩	年总收入 / 元
2002	20	2 600
2003	26	5 060

(1) 试根据以上提供的资料确定 a,b 的值；

(2) 从 2003 年起，如果该农户每年新增草地的亩数均能比前一年按相同的增长率增长，那么 2005 年该农户通过"治沙种草" 获得的年总收入将达到多少元？

3.4 分式及分式方程

1. 分式的概念

一般地，如果 A,B 表示两个整式，并且 B 中含有字母，那么式子$\frac{A}{B}$叫作分式，A 是分式的分子，B 分式的分母，$B\neq 0$，这样$\frac{A}{B}$才有意义，例如：$\frac{5}{a+b}$，$\frac{3x^2+2}{x}$，… 都是分式.

【例 3-12】 下列式子中，哪些是分式？

$\frac{x}{3}$； $\frac{3}{x+1}$； $2y$； $\frac{-1}{ac}$； $x+y^2$； $\frac{1}{7}m+n^2$； $-\frac{3}{\pi}$； $\frac{3a-b}{a+b}$.

解 分式有：$\frac{3}{x+1}$，$\frac{-1}{ac}$，$\frac{3a-b}{a+b}$.

【例 3-13】 当 x 取什么值时，分式$\frac{x+2}{4x-2}$：(1) 分式有意义；(2) 值等于 0？

解 (1) 当 $4x-2\neq 0$ 即 $x\neq\frac{1}{2}$ 时，分式$\frac{x+2}{4x-2}$有意义；

(2) 由$\frac{x+2}{4x-2}=0$ 得 $x+2=0$，即当 $x=-2$ 时，分式的值等于 0.

练习 3-9

1. 判断下列式子是否是分式？

$\frac{1}{4}$； $\frac{1}{2\pi}$； $\frac{x^2}{3}$； $\frac{x-1}{x^2-1}$； $\frac{1}{y}$.

2. 当 x 为何值时，下列分式的有意义；当 x 为何值时，分式的值为 0.

(1) $\frac{|x|-3}{x-3}$； (2) $\frac{x^2-4}{x^2+2x}$.

2. 分式的基本性质

分式的分子和分母同乘一个非零的整式，所得分式与原分式相等.

若 $h\neq 0$，则$\frac{A}{B}=\frac{A\times h}{B\times h}$

分式的分子与分母同时约去公因式，所得分式与原分式相等.

【例 3-14】 写出下列各等式中未知的分子或分母.

(1) $\frac{9-x^2}{(x+3)^2}=\frac{?}{x+3}$； (2) $\frac{?}{m^2+11m}=\frac{1}{m+11}$.

解 (1) $\frac{9-x^2}{(x+3)^2}=\frac{(3+x)(3-x)}{(x+3)^2}=\frac{3-x}{x+3}$

(2) $\frac{1}{m+11}=\frac{m}{m(m+11)}=\frac{m}{m^2+11m}$

练习 3-10

1. 写出下列各等式中未知的分子或分母.

(1) $\frac{x-7}{?}=\frac{1}{x+7}$;　　(2) $\frac{4x}{3x+4}=\frac{16x^2-12x}{?}$.

2. 化简分式 $\frac{x-4}{x^2-6x+8}$.

3. 分式的乘、除法

分式的乘法法则：$\frac{A}{B}\times\frac{u}{v}=\frac{A\times u}{B\times v}$，即：分式乘分式，把分子乘分子，分母乘分母分别作为积的分子、分母，然后约去分子与分母的公因式.

分式的除法法则：如果 $u\neq 0$，则规定 $\frac{A}{B}\div\frac{u}{v}=\frac{A}{B}\cdot\frac{v}{u}=\frac{Av}{Bu}$. 即分式除以分式，把除式的分子、分母颠倒位置后，与被除式相乘.

【例 3-15】 计算

(1) $\frac{xy}{-2z^2}\times\frac{-8yz}{9x^3y}$;　　(2) $\frac{1}{x^2-y^2}\div\frac{x+y}{(x-y)^2}\times\frac{x-y}{x+y}$;

(3) $\frac{-3x^2}{7y}\div\frac{6x^3y^2}{-xy}$;　　(4) $\frac{x-3}{x^2+3x+2}\times\frac{x^2-4}{x^2-4x+3}$.

解　(1) 原式 $=\frac{-8xy^2z}{-18x^3yz^2}=\frac{-2xyz\times 4y}{-2xyz\times 9x^2z}=\frac{4y}{9x^2z}$

(2 原式 $=\frac{1}{(x+y)(x-y)}\times\frac{(x-y)^2}{x+y}\times\frac{x-y}{x+y}=\frac{(x-y)^2}{(x+y)^3}$

(3) 原式 $=\frac{-3x^2}{7y}\times\frac{-xy}{6x^3y^2}=\frac{3x^3y}{3x^3y\times 14y^2}=\frac{1}{14y^2}$

(4) 原式 $=\frac{x-3}{(x+2)(x+1)}\times\frac{(x-2)(x+2)}{(x-3)(x-1)}=\frac{x-2}{x^2-1}$

练习 3-11

1. 计算

(1) $\frac{x^2-4}{x+1}\times\frac{1}{x-2}$;　　(2) $\frac{x^2-2xy+y^2}{y^2-x^2}$;　　(3) $(x+2)\div(x^2+4x+4)$.

2. 计算：$\frac{b+1}{a}\times\frac{a+1}{b}-\frac{b-1}{a}\times\frac{a-1}{b}=$________.

4. 分式的乘方

一般地，当 n 是正整数时，$\left(\frac{a}{b}\right)^n=\frac{a^n}{b^n}$，即把分子、分母分别乘方.

【例 3-16】 计算 $\left(-\frac{a}{b}\right)^2\times\left(-\frac{b}{a}\right)^3\div(-ab^4)$

解　原式 $=\frac{a^2}{b^2}\times\left(-\frac{b^3}{a^3}\right)\times\left(-\frac{1}{ab^4}\right)=\frac{a^2\cdot b^3}{b^2\cdot a^3\cdot ab^4}=\frac{1}{a^2b^3}$

练习 3-12

1.计算

(1) $\left(\frac{2a^2b}{-c^3}\right)^3$；　　(2) $\left(\frac{-x^3}{y^2}\right)\times\left(\frac{-y}{x^2}\right)^3\div\left(\frac{-z}{xy}\right)^4$.

2.已知$\frac{x+y}{x-y}=\frac{3}{2}$,那么$\frac{x^2+y^2}{xy}=$________.

3.已知 $x+\frac{1}{x}=3$,则 $x^2+\frac{1}{x^2}=$________.

5.分式的加减

(1) 同分母分式相加减,分母不变,把分子相加减　$\frac{A}{g}\pm\frac{h}{g}=\frac{A\pm h}{g}$

注意:把同分母分式的分子相加减后,要进行因式分解,通过约分把所得结果化成最简分式.

【例 3-17】 计算$\frac{ac}{a-b}+\frac{bc}{b-a}$.

解 $\frac{ac}{a-b}+\frac{bc}{b-a}=\frac{ac}{a-b}+\frac{bc}{-(a-b)}=\frac{ac}{a-b}-\frac{bc}{a-b}=\frac{ac-bc}{a-b}=\frac{c(a-b)}{a-b}=c$

练习 3-13 计算(1) $\frac{x^2}{x+y}-\frac{y^2}{x+y}$；(2) $\frac{ac}{a^2-b^2}+\frac{bc}{a^2-b^2}$.

异分母的分式相加减,要先通分,即把各个分式的分子与分母同乘以一个适当的非零多项式,化成同分母的分式,然后再加减.

【例 3-18】 计算$\frac{1}{x+1}-\frac{1}{x-1}$.

解 原式$=\frac{x-1}{(x+1)(x-1)}-\frac{x+1}{(x+1)(x-1)}=\frac{(x-1)-(x+1)}{(x+1)(x-1)}=-\frac{2}{x^2-1}$

练习 3-14

1.计算

(1) $x+1+\frac{1}{1-x}$；　　(2) $\frac{2x}{x^2-1}-\frac{1}{x-1}$；　　(3) $\frac{1}{1+x}+\frac{1}{1-x}$.

2.化简求值:$\left(1+\frac{1}{x-1}\right)\div\left(1-\frac{1}{x-1}\right)$,其中 $x=-\frac{1}{2}$.

6.分式方程

分母里含有未知数的方程叫作分式方程.

【例 3-19】 解方程　$\frac{5}{x-2}=\frac{3}{x}$.

解　方程两边同乘最简公因式 $x(x-2)$,

得

$$5x=3(x-2)$$

解这个一元一次方程,得 $x=-3$

检验:把 $x=-3$ 代入原方程的左边和右边,得

$$左边=\frac{5}{-3-2}=-1,\quad 右边=\frac{3}{-3}=-1$$

因此 $x=-3$ 的原方程的一个解.

【例 3－20】 解方程 $\frac{1}{x-2}=\frac{4}{x^2-4}$.

解　方程两边同乘最简公因式 $(x+2)(x-2)$，得 $x+2=4$，解这个一元一次方程，得 $x=2$.

检验：把 $x=2$ 代入原方程的左边，得左边 $=\frac{1}{2-2}=\frac{1}{0}$，而 $\frac{1}{0}$ 不存在，这说明 $x=2$ 不是原方程的根，从而原分式方程没有根，而 $x=2$ 称为原方程的增根.

练习 3－15

1. 解方程

(1) $\frac{7}{x-1}+3=\frac{x}{x-1}$；　(2) $\frac{1}{2x-4}+\frac{1}{2}=\frac{3}{2-x}$；　(3) $1-\frac{1}{x-5}=\frac{x}{x+5}$；

(4) $1-\frac{1}{x-5}=\frac{x}{x+5}$；　(5) $\frac{1}{x+3}-\frac{2}{3-x}=\frac{12}{x^2-9}$；　(6) $\frac{1}{x}+\frac{1}{x+1}=\frac{5}{2x+2}$.

2. 当 $x=$________时，$\frac{x}{x-5}$ 与 $\frac{x-2}{x-6}$ 相等.

3. 当 $x>$________时，分式 $\frac{-2}{1-3x}$ 的值为正数.

4. 当 $a=$________时，关于 x 的方程 $\frac{2ax+3}{a-x}=\frac{5}{4}$ 的解是 $x=1$.

5. 若关于 x 的方程 $\frac{x+1}{x}-\frac{1}{3x}=\frac{x+k}{3x}$ 有增根，求增根和 k 的值.

习题 3－4

1. $\frac{1}{x}=\frac{x-1}{x}$，　$\frac{1}{x}(x-1)+x=1$，　$\frac{1-x}{10+x}+\frac{x}{2-x}=1$，　$\frac{1}{3}\left[\frac{1}{2}(x-1)-1\right]=1$ 中，不是分式方程的是________.

2. 当分式 $\frac{x+2}{x-1}$ 与分式 $\frac{x^2+3x+2}{x^2-1}$ 的值相等时，x 须满足________.

3. 全路全长 m(km)，骑自行车 b(h) 到达，为了提前 1h 到达，自行车每小时应多走________km.

4. 求试下列分式有意义的 x 的取值范围

(1) $\frac{x+1}{4x-5}$；　(2) $\frac{2x+1}{x^2-9}$.

5. 计算

(1) $\frac{3x}{4x-3}\div\frac{2}{16x^2-9}\times\frac{x}{4x+3}$；　(2) $a+b-\frac{a^2}{a-b}-\frac{b^2}{b-a}$；

(3) $\frac{a+1}{a-1}-\frac{a^2+a}{a^2-1}$；　(4) $\frac{a}{a-1}\div\frac{a^2-a}{a^2-1}-\frac{1}{a-1}$.

6. 解下列方程

(1) $\frac{1}{x}+\frac{1}{1.5x}=\frac{5}{6}$；　(2) $\frac{1}{x+1}+\frac{1}{x^2+x}=0$.

7. 甲、乙两人加工一批零件，每人加工1500个，已知甲比乙少用18h，甲每小时的加工零件数是乙每小时加工零件数的2.5倍，求甲每小时加工多少个零件？

8. 某校师生到距学校20km的公路旁植树，甲班师生骑自行车先走45min后，乙班的师生乘汽车出发，结果两班师生同时到达. 已知汽车的速度是自行车速度的2.5倍，求两种车的速度各是多少？

阅读材料

一元二次方程

一元二次方程(Quadratic equation of one variable)是指含有一个未知数且未知数的最高次项是二次的整式方程.

在公元前2000年左右，一元二次方程及其解法已出现于古巴比伦人的泥板文书中：求出一个数使它与它的倒数之和等于一个已给数. 可见巴比伦人已知道一元二次方程并知道了求根公式. 但他们当时并不接受负数，所以负根是略而不提的.

埃及的纸草文书中也涉及到最简单的二次方程. 在公元前4～5世纪时，古中国也已掌握了一元二次方程的求根公式.

希腊的丢番图(246—330年)却只取二次方程的一个正根，即使遇到两个都是正根的情况，他亦只取其中之一.

628年，从印度的婆罗摩笈多写成的《婆罗摩修正体系》中，得到二次方程二次项系数为一的一个求根公式.

在阿拉伯阿尔·花拉子米的《代数学》中讨论到方程的解法，解出了一次、二次方程，其中涉及到6种不同的形式，令 a,b,c 为正数. 把二次方程分成不同形式作讨论，是依照丢番图的做法. 阿尔·花拉子米除了给出二次方程的几种特殊解法外，还第一次给出二次方程的一般解法，承认方程有两个根，并有无理根存在，但却未有虚根的认识. 16世纪意大利的数学家们为了解3次方程而开始应用复数根.

法国数学家韦达(FrancisVieta 1540－1603年)在数学研究方面有杰出的贡献和深远的影响，他常常在工作之余致力于数学研究. 当韦达被奇异的数学吸引住时，就会一连数日闭门不出，进行思考与研究. 当时，他和好几位数学家都研究并发现了方程的根与系数的关系. 因为韦达的论文发表得较早，影响也大，因此后人习惯上把一元二次(n 为正整数)方程的根与系数的关系定理称为韦达定理，教科书中，一元二次方程的根与系数的关系是韦达定理的特例. 韦达在数学研究中另一重大的贡献是第一个有意识地使用字母来表示已知数、未知数及乘方，改进了数学的符号. 数学能够成为如今这样有力的工具，与它使用了像“？”“？”及“＝”等符号语言是分不开的. 这些符号，使数学具有简洁的表达，也使方程和代数恒等式有了简洁、清楚的形式. 如方程就比书写“一个数的平方与这个数的3倍的差等于0”要简便得多. 不难想象，如果不使用数学符号，数学发展将会多么缓慢. 这些数学符号的使用使人便于思考. 通过符号的演算和推导，我们能够十分容易地证明某些数学关系式、某些规律是成立的. 例如，一元二次方程的实根的判别式定理、一元二次方程的根与系数的关系定理，都是通过数学表示式进行推导的. 因此，人们称韦达是数学符号的改革家.

我国《九章算术·勾股》章中的第二十题是通过求相当于的正根而解决的.

第3章复习

1. 一元一次方程

只含一个未知数,并且未知数的次数是1.

2. 二元一次方程

含有两个未知数,并且含未知数的每一项的次数都是1.

几个二元一次方程联立起来叫作二元一次方程组.

二元一次方程的解法有代入消元法与加减消元法.

3. 一元二次方程

含有一个未知数,未知数的次数为1的整式方程叫作一元二次方程.

一般形式:$ax^2+bx+c=0\quad(a\neq 0)$

一元二次方程的解法有因式分解,直接开平方、配方法及公式法.

4. 分式及方程

分式:如果 A,B 分别表示两个整式,并且 B 中含有字母,那么代数式$\dfrac{A}{B}$叫分式.

分式的基本性质:若 $h\neq 0$,则$\dfrac{A}{B}=\dfrac{A\times h}{B\times h}$

分式的运算

分式的乘除法:$\dfrac{A}{B}\times\dfrac{u}{v}=\dfrac{A\times u}{B\times v}\quad \dfrac{A}{B}\div\dfrac{u}{v}=\dfrac{A}{B}\times\dfrac{v}{u}=\dfrac{A\times v}{B\times u}$

分式的乘方:$\left(\dfrac{A}{B}\right)^n=\dfrac{A^n}{B^n}$　(n 为正整数)

分式的加减:

同分母的分式相加减$\dfrac{f}{g}\pm\dfrac{h}{g}=\dfrac{f\pm h}{g}$

异分母的分式相加减,要先通分,化成同分母的分式,然后再加减,通分是取的公分母是最简公因式.

分式方程:分母中含有未知数的方程叫分式方程.

解分式方程的关键是,方程的两边同乘各个分式的最简公因式,把含未知数的分母约掉.

解分式方程,可能产生增根,因此必须检验.

复习题三

1. 如果分式$\dfrac{|x|-5}{x^2+5x}$的值为0,那么 y 的值是________.

2. 把分式$\frac{2x+2y}{x-y}$中的x,y都扩大2倍,则分式的值________.

3. 下列分式中,最简分式有________.

$$\frac{a^3}{3x^2},\frac{x-y}{x^2+y^2},\frac{m^2+n^2}{m^2-n},\frac{m+1}{m^2-1},\frac{a^2-2ab+b^2}{a^2-2ab-b^2}$$

4. 分式方程$\frac{1}{x-3}+\frac{1}{x+3}=\frac{4}{x^2-9}$的解是________.

5. 如分式$\frac{x^2-4}{2x-4}$的值为0,求x的值.

6. 计算

(1) $\frac{3x}{4x-3}\div\frac{2}{16x^2-9}\cdot\frac{x}{4x+3}$;

(2) $12a^3b\cdot\left(\frac{-3b}{4a}\right)$;

(3) $(-24x^8y^7)\div(36x^4y^3)$;

(4) $\frac{8a}{a^2-b^2}+\frac{b}{ab+b^2}$;

(5) $\frac{x+1}{x^2-2x+1}-\frac{x-1}{x^2-1}$;

(6) $\frac{x-3}{x^4-1}\cdot\frac{x^2+1}{x^2-6x+9}\div\left(\frac{1}{-2\times2}\right)$.

7. 解下列方程

(1) $\frac{2x+1}{x-3}=1$;

(2) $\frac{2}{x+1}+\frac{3}{x-1}=\frac{6}{x^2-1}$.

8. 甲、乙两人每小时一共能做90个零件,现在甲、乙人同时开始工作,为甲做100个零件时,乙做了125个,试问:甲、乙两个每小时各做多少个零件?

第4章　根　　式

若 $x^n=a$，则 x 叫作 a 的 n 次方根，记作 $x=\sqrt[n]{a}$，叫作根式. 在根式中，n 叫作根指数，a 叫作被开方数，$\sqrt{}$ 叫作根号.

本章将学习平方根、立方根和二次根式.

4.1 平　方　根

正方形的面积为 81m^2，它的边长是多少米？

在实际问题中我们常常遇到，要找一个数，是它的平方等于给定的数. 由此我们抽象出以下概念：

如果一个数 x，使得 $x^2=a$，那么我们把 x 叫作 a 的平方根.

若 $x^2=a$，则 x 是 a 一个平方根.

例如，由于 $2^2=4$，因此 2 是 4 的一个平方根. -2 也是 4 的一个平方根.

如果 x 是正数 a 的一个平方根，那么 a 的平方根有且只有两个，且它们互为相反数：x 与 $-x$.

我们把 a 的正平方根叫作 a 的算术平方根，记作$\sqrt{a}$，读作"根号 a"；把负的平方根记作 $-\sqrt{a}$，读作"负根号 a". 这样正数 a 的平方根可以用符号 $\pm\sqrt{a}$ 来表示.

由于 $0^2=0$，而非零数的平方不等于 0，因此零的平方根就是 0 本身. 我们把 0 的平方根记作$\sqrt{0}$，即$\sqrt{0}=0$.

由于同号两数相乘得正数，且 $0^2=0$，因此负数没有平方根.

求一个非负数的平方根的运算，叫作开平方.

【例 4-1】 分别求下列各数的平方根：81； $1\frac{16}{9}$； 1.21.

解 由于 $9^2=81$，因此 81 的平方根是 ± 9；

由于 $\left(\frac{5}{3}\right)^2=\frac{25}{9}=1\frac{16}{9}$，因此 $1\frac{16}{9}$ 的平方根是 $\pm\frac{5}{3}$；

由于 $(1.1)^2=1.21$，因此 1.21 的平方根是 ± 1.1.

【例 4-2】 分别求下列各数的算术平方根：100； $\frac{16}{25}$； 0.49.

解 由于$10^2=100$，因此$\sqrt{100}=10$.

由于 $\left(\frac{4}{5}\right)^2=\frac{16}{25}$，因此$\sqrt{\frac{16}{25}}=\frac{4}{5}$.

由于$0.7^2=0.49$，因此$\sqrt{0.49}=0.7$.

练习 4-1

1. 分别求下列各数的平方根：36； 6.25； $\sqrt{81}$； $\frac{25}{144}$.

2. 分别求下列各数的算术平方根：6； $8+\left(-\frac{1}{6}\right)^2$； $\sqrt{81}$.

【例 4-3】 求下列各式的值：(1) $-\sqrt{9}$； (2) $\sqrt{1.44}$； (3) $\sqrt{(-3)^2}$.

解 (1) 因为 $3^2=9$　　所以 $-\sqrt{9}=-3$.

(2) 因为$1.2^2=1.44$，　所以$\sqrt{1.44}=1.2$.

(3) 因为 $3^2=9$，　所以$\sqrt{9}=3$.

练习 4－2　求下列各式的值：(1) $\sqrt{144}-\sqrt{49}$；　(2) $\sqrt{1\frac{7}{9}\times 1\frac{24}{25}}$.

习题 4－1

1. 下列各数中没有平方根的是(　　).

A. $(-3)^2$　　B. 0　　C. $\frac{1}{3}$　　D. $-(-2)^2$

2. 一个自然数的算术平方根是 a，则下一个自然数的算术平方根是(　　).

A. $\sqrt{a^2+1}$　　B. $\sqrt{a}+1$　　C. $a+1$　　D. $\sqrt{a+1}$

3. 下列说法正确的是(　　).

A. 任何数的平方根都有两个　　B. 一个正数的平方根的平方等于这个数

C. 只有正数才有平方根　　D. 不是正数就没有平方根

4. 下列说法错误的是(　　).

A. 0 的算术平方根是 0　　B. -4 的算术平方根是 -2

C. 36 的平方根为 ± 6　　D. $\sqrt{(5)2}=5$

5. 已知一个数的算术平方根是它本身，则这个数是(　　).

A. 0　　B. 1　　C. 0 和 1　　D. 0，± 1

6. 平方等于 $\frac{25}{4}$ 的数是________，$(-6)^2$ 的算术平方根为________.

7. 若 $x^2=4$，则 x 叫作 4 的________，$x=$________.

8. (1) 正方形的面积是 256cm^2，则正方形的边长是________ cm.

(2) 直角三角形两直角边分别为 9cm 和 40cm，则斜边长为________ cm.

(3) 一个圆的面积为 $169\pi\ \text{cm}^2$，则它的半径为________ cm.

9. (1) 如果 $\sqrt{a}$ 有意义，则 a ________ 0.　(2) 若 $\sqrt{x3}$ 有意义，则 x ________.

10. 若一个正数的平方根为和，则 $2a-1$ 和 $4-a$，则 $a=$________，这个正数为________.

11. 求下列各数的平方根及算术平方根：(1)0.81；　(2) $\frac{49}{64}$；　(3)$7\frac{1}{9}$.

4.2　立　方　根

一个正方体的体积为 8cm^3，它的棱长是多少？

在实际问题中我们常常遇到，要找一个数，使它的立方根等于给定的数.

如果一个数 x，使得 $x^3=a$，那么我们把 x 叫作 a 的立方根. a 的立方根记作 $\sqrt[3]{a}$，读作“立方根号 a”或“三次根号 a”.

由上可知，2 是 8 的一个立方根，即 $\sqrt[3]{8}=2$.

由于 $(-2)^3=-8$，因此 -2 是 -8 的立方根，我们可以把 -8 的这个立方根记作 $\sqrt[3]{-8}$，即 $\sqrt[3]{-8}=-2$.

求立方根号 a 的运算叫作开立方，是立方的逆运算.

【例 4－4】　求下列各数的立方根.

(1) -27；　　(2) $-15\frac{5}{8}$；　　(3) 0.008.

解　(1) 因为 $(-3)^3=-27$，所以 -27 的立方根是 -3，即 $\sqrt[3]{-27}=-3$.

(2) 因为 $-15\frac{5}{8}=-\frac{125}{8}$ 且 $\left(-\frac{5}{2}\right)^3=-\frac{125}{8}$，

所以 $-15\frac{5}{8}$ 的立方根是 $-\frac{5}{2}$，即 $\sqrt[3]{-15\frac{5}{8}}=-\frac{5}{2}$.

(3) 因为 $(0.2)^3=0.008$，所以 0.008 的立方根是 0.2，

所以 0.008 的立方根是 0.2，即 $\sqrt[3]{0.008}=0.2$.

练习 4-3

1. 如果一个数的立方根等于它本身，那么这个数是________.

2. 求下列各数的立方根 125；　0；　1000；　-216.

3. 已知第一个正方体纸盒的棱长为 6 cm，第二个正方体纸盒的体积比第一个纸盒的体积大 127 cm^3，求第二个纸盒的棱长.

【例 4-5】　求下列各式中的 x.

(1) $64x^3+27=0$；　　(2) $\sqrt[3]{x}+1=6$.

解　(1) 由 $64x^3+27=0$，得 $x^3=-\frac{27}{64}$；则 $x=\sqrt[3]{-\frac{27}{64}}=\frac{3}{4}$.

(2) 由 $\sqrt[3]{x}+1=6$，得 $\sqrt[3]{x}=5$；则 $x=5^3=125$.

【例 4-6】　求下列各式的值.

(1) $\sqrt[3]{-\frac{125}{216}}$；　　(2) $-\sqrt[3]{\frac{19}{17}-1}$；　　(3) $-\sqrt[3]{(x-1)^3}$.

解　(1) $\sqrt[3]{-\frac{125}{216}}=\sqrt[3]{-\left(\frac{5}{6}\right)^3}=-\frac{5}{6}$

(2) $-\sqrt[3]{\frac{19}{27}-1}=-\sqrt[3]{-\frac{8}{27}}=-\sqrt[3]{\left(-\frac{2}{3}\right)^3}=-\left(-\frac{2}{3}\right)=\frac{2}{3}$

(3) $-\sqrt[3]{(x-1)^3}=-(x-1)=1-x$

练习 4-4

1. 计算：(1) $\sqrt[3]{0.125}$；　(2) $\sqrt[3]{-\frac{27}{64}}$.

2. $8x^3+125=0$，求 x.

习题 4-2

1. 判断题

(1) 如果 b 是 a 的 3 次幂，那么 b 的立方根是 a.　（　）

(2) 任何正数都有两个立方根，它们互为相反数.　（　）

(3) 负数没有立方根.　（　）

(4) 如果 a 是 b 的立方根，那么 $ab\geqslant 0$.　（　）

(5) $(-2)^{-3}$ 的立方根是 $-\frac{1}{2}$.　（　）

(6) $\sqrt[3]{a}$ 一定是 a 的3次算术根. (　　)

(7) 若一个数的立方根是这个数本身,那么这个数一定是零. (　　)

(8) $\sqrt[3]{3^{-1}} > \sqrt[4]{3^{-1}}$. (　　)

2. 填空

(1) $\sqrt[3]{64}$ 的平方根是________.　　(2) $\sqrt{64}$ 的立方根是________.

(3) $(3x-2)^3=0.343$,则 $x=$________.

(4). 若$\sqrt{x-\frac{1}{8}}+\sqrt{\frac{1}{8}-x}$ 有意义,则$\sqrt[3]{x}=$________.

(5). 若 $x<0$,则$\sqrt{x^2}=$________,$\sqrt[3]{x^3}=$________.

2. 计算

(1) $-\sqrt[3]{729}$;　　(2) $-\sqrt[3]{-512}$;　　(3) $-\sqrt[3]{0.000^3}$;　　(4) $-\sqrt[3]{5-\frac{10}{27}}$.

3. 如果 $3x+16$ 的立方根是4,求 $2x+4$ 的平方根.

4. 已知$(x-15)^2=169$,$(y-1)^3=-0.125$,求$\sqrt{x}-\sqrt{2xy}-\sqrt[3]{2y-x}$ 的值.

5. 一个正方体的体积为 64cm^3,它的边长是多少?如果它的棱长扩大1倍,它的体积是原正方体体积的多少倍?

4.3　二次根式

一、二次根式的概念

我们把形如$\sqrt{a}$ $(a\geqslant 0)$ 的式子叫作二次根式,符号"$\sqrt{\ \ }$"叫作二次根号,根号下的数叫被开方数. 由于实数范围内,负数没有平方根,因此只有当被开方数是非负数时,二次根式才会在实数范围内有意义.

【例4-7】　当 x 是怎样的实数时,二次根式$\sqrt{3x-2}$ 在实数范围内有意义?

解　由于 $3x-2\geqslant 0$,解得 $x\geqslant\frac{2}{3}$

因此,当 $x\geqslant\frac{2}{3}$ 时,$\sqrt{3x-2}$ 在实数范围内有意义.

对于非负实数 a,由于$\sqrt{a}$ 是 a 的一个平方根,因此$(\sqrt{a})^2=a$　$(a\geqslant 0)$.

【例4-8】　计算:(1) $(\sqrt{7})^2$;　(2) $(4\sqrt{3})^2$.

解　(1) $(\sqrt{7})^2=7$

(2) $(4\sqrt{3})^2=4^2\cdot(\sqrt{3})^2=16\times 3=48$

由于 $2^2=4$,因此$\sqrt{4}=2$,即$\sqrt{2^2}=$________;

由于 $2^2=4$,因此$\sqrt{4}=$________,即$\sqrt{(-2)^2}=$________;

由于 $3^2=9$,因此$\sqrt{9}=3$,即$\sqrt{3^2}=$________;

由于$(-3)^2=9$,因此$\sqrt{9}=$________,即$\sqrt{(-3)^2}=$________;

……

根据上述结果，得出：$\sqrt{a^2}=|a|$

练习 4－5

1. 当 x 是怎样的实数时，下列二次根式有意义？

(1) $\sqrt{3-x}$；　　(2) $\sqrt{4x-3}$.

2. 若 $\sqrt{x+1}+\sqrt{y-3}=0$，则 $(x-1)^2+(y+3)^2=$______.

3. 化简：$(7-5)^{2000}\cdot(-7-5)^{2001}=$______.

4. 计算

(1) $(\sqrt{5})^2$；　　(2) $(4\sqrt{6})^2$；　　(3) $\sqrt{\left(-\frac{3}{5}\right)^2}$；　　(4) $\sqrt{(\pi-3)^2}$.

二、二次根式的化简

一般地，当 $a\geqslant 0, b\geqslant 0$ 时，由于 $(\sqrt{a}\cdot\sqrt{b})^2=(\sqrt{a})^2\cdot(\sqrt{b})^2=a\cdot b$ 因此可得

$$\sqrt{a\cdot b}=\sqrt{a}\cdot\sqrt{b}\quad(a\geqslant 0, b\geqslant 0)$$

【例 4－9】 化简下列二次根式

(1) $\sqrt{18}$；　　(2) $\sqrt{20}$；　　(3) $\sqrt{9a^3b}\,(a\geqslant 0, b\geqslant 0)$；

(4) $\sqrt{4b^2+12ab^2}\quad(a\geqslant 0, b\geqslant 0)$.

解 (1) $\sqrt{18}=\sqrt{9\times 2}=\sqrt{9}\times\sqrt{2}=3\sqrt{2}$

(2) $\sqrt{20}=\sqrt{4\times 5}=\sqrt{4}\times\sqrt{5}=2\sqrt{5}$

(3) $\sqrt{9a^3b}=\sqrt{3^2\cdot a^2\cdot ab}=\sqrt{3^2}\cdot\sqrt{a^2}\cdot\sqrt{ab}=3a\sqrt{ab}$

(4) $\sqrt{4b^2+12ab^2}=\sqrt{4b^2(1+3a)}=\sqrt{4}\cdot\sqrt{b^2}\cdot\sqrt{1+3a}=2b\sqrt{1+3a}$

最简二次根式：

① 被开方数中不含能开得尽方的因数或因式；

② 被开方数不含分母.

一般地，在二次根式的运算中，最后结果通常要求化成最简二次根式.

【例 4－10】 化简下列二次根式

(1) $\sqrt{\frac{81}{5}}$；　　(2) $\sqrt{\frac{27}{8}}$；　　(3) $\sqrt{\frac{b^3}{8a^2}}$；　　(4) $\sqrt{3a^2+6a+3}\,(a>0)$.

解 (1) $\sqrt{\frac{81}{5}}=\sqrt{\frac{9^2}{5}}=\sqrt{9^2\times\frac{1}{5}}=9\sqrt{\frac{1}{5}}=9\sqrt{\frac{1\times 5}{5\times 5}}=9\sqrt{\left(\frac{1}{5}\right)^2\times 5}=\frac{9}{5}\sqrt{5}$

(2) $\sqrt{\frac{27}{8}}=\sqrt{\frac{3^2\times 3}{2^2\times 2}}=\sqrt{\left(\frac{3}{2}\right)^2\times\frac{3}{2}}=\frac{3}{2}\sqrt{\frac{3}{2}}=\frac{3\sqrt{6}}{4}$

(3) $\sqrt{\frac{b^3}{8a^2}}=\sqrt{\frac{b\times b^2}{2\times 2^2\times a^2}}=\sqrt{\left(\frac{b}{2a}\right)^2\times\frac{b}{2}}=\frac{b}{2a}\sqrt{\frac{b}{2}}=\frac{b}{2a}\sqrt{\frac{b\times 2}{2\times 2}}=\frac{b}{2a}\sqrt{\left(\frac{1}{2}\right)^2\times 2b}=\frac{b}{4a}\sqrt{2b}$

(4) $\sqrt{3a^2+6a+3}=\sqrt{3(a^2+2a+1)}=\sqrt{3(a+1)^2}=\sqrt{3}(a+1)$

练习 4－6　化简下列二次根式

(1) $\sqrt{32}$；　(2) $\sqrt{27a^5b^3}(a\geqslant 0,b\geqslant 0)$；　(3) $\sqrt{(-3)\times(-8)}$；

(4) $\sqrt{14^2-11^2}$；　(5) $\sqrt{\frac{8}{3}}$；　(6) $\sqrt{\frac{49}{18}}$.

三、二次根式的乘、除法

1. 二次根式的乘法.

若 $a\geqslant 0,b\geqslant 0$，则$\sqrt{a}\cdot\sqrt{b}=\sqrt{a\cdot b}$.

【例 4－11】　计算：(1)$2\sqrt{3}\times 5\sqrt{21}$；　(2) $\sqrt{3a}\cdot\sqrt{6ab}$.

解　(1)$2\sqrt{3}\times 5\sqrt{21}=2\times 5\sqrt{3\times 21}=10\sqrt{3\times 3\times 7}=10\times 3\sqrt{7}=30\sqrt{7}$

(2) $\sqrt{3a}\cdot\sqrt{6ab}=\sqrt{3a\times 6ab}=\sqrt{3\times 3\times 2a^2b}=3a\sqrt{2b}$

2. 二次根式的除法

一般地，如果 $a>0$，则$\sqrt{a}\cdot\sqrt{\frac{1}{a}}=\sqrt{a\cdot\frac{1}{a}}=\sqrt{1}=1$，因此$\sqrt{\frac{1}{a}}=\frac{1}{\sqrt{a}}$　$(a>0)$. 设 $a>0$，$b\geqslant 0$，则$\sqrt{\frac{b}{a}}=\sqrt{b\cdot\frac{1}{a}}=\sqrt{b}\cdot\sqrt{\frac{1}{a}}=\sqrt{b}\cdot\frac{1}{\sqrt{a}}=\frac{\sqrt{b}}{\sqrt{a}}$；因此得出：$\sqrt{\frac{b}{a}}=\frac{\sqrt{b}}{\sqrt{a}}$　$(a>0,b\geqslant 0)$

【例 4－12】　计算(1) $\frac{\sqrt{15}}{\sqrt{3}}$；　(2) $\frac{3\sqrt{40}}{5\sqrt{2}}$；　(3) $\frac{\sqrt{18a^3b}}{\sqrt{2}a}(a>0,b>0)$.

解　(1) $\frac{\sqrt{15}}{\sqrt{3}}=\sqrt{\frac{15}{3}}=\sqrt{5}$

(2) $\frac{3\sqrt{40}}{5\sqrt{2}}=\frac{3}{5}\sqrt{\frac{40}{2}}=\frac{3}{5}\sqrt{20}=\frac{3}{5}\sqrt{2^2\times 5}=\frac{3}{5}\times 2\sqrt{5}=\frac{6}{5}\sqrt{5}$

(3) $\frac{\sqrt{18a^3b}}{\sqrt{2}a}=\sqrt{\frac{18a^3b}{2a}}=\sqrt{9a^2b}=3a\sqrt{b}$

练习 4－7　计算

(1) $\sqrt{6}\times\sqrt{14}$；　(2)$4\sqrt{3}\times 2\sqrt{10}$；　(3)$4\sqrt{6ab}\times 2\sqrt{10ab^2}$；

(4) $\frac{7\sqrt{60}}{2\sqrt{5}}$；　(5) $\frac{\sqrt{20ab}}{\sqrt{5a^5}}$；　(6) $\frac{\sqrt{84}}{2\sqrt{15}}$.

四、二次根式的加、减法

二次根式的加减运算，首先要把每个根式化简，成最简二次根式然后再把被开方数相同的二次根式的系数相加、减，被开方数不变.

二次根式的加减运算仍满足实数的加法交换律，结合律，以及乘法对加法的分配律.

【例 4－13】　计算

(1)$5\sqrt{2}-2\sqrt{3}+\sqrt{2}$；　(2)$17\sqrt{12}-9\sqrt{48}$；　(3)$2\sqrt{18}-\sqrt{50}+\frac{1}{3}\sqrt{45}$.

解　(1) 原式 $=5\sqrt{2}+\sqrt{2}-2\sqrt{3}=(5+1)\sqrt{2}-2\sqrt{3}=6\sqrt{2}-2\sqrt{3}$

(2) 原式 $=17\sqrt{2^2\times 3}-9\sqrt{4^2\times 3}=17\times 2\sqrt{3}-9\times 4\sqrt{3}=34\sqrt{3}-36\sqrt{3}=-2\sqrt{3}$

(3) 原式 $=2\sqrt{3^2\times 2}-\sqrt{5^2\times 2}+\dfrac{1}{3}\sqrt{3^2\times 5}=$

$$2\times 3\sqrt{2}-5\sqrt{2}+\frac{1}{3}\times 3\sqrt{5}=6\sqrt{2}-5\sqrt{2}+\sqrt{5}=\sqrt{2}+\sqrt{5}$$

【例 4－14】　计算(1)$(2+3\sqrt{2})(1-\sqrt{2})$；　(2) $(\sqrt{2}-\sqrt{3})^2$；　(3) $\dfrac{1-\sqrt{5}}{1+\sqrt{5}}$.

解　(1) 原式 $=2-2\sqrt{2}+3\sqrt{2}-3\sqrt{2}\times\sqrt{2}=2-2\sqrt{2}+3\sqrt{2}-6=\sqrt{2}-4$

(2) 原式 $=(\sqrt{2})^2-2\sqrt{2}\times\sqrt{3}+(\sqrt{3})^2=2-2\sqrt{6}+3=5-2\sqrt{6}$

(3) 原式 $=\dfrac{(1-\sqrt{5})(1-\sqrt{5})}{(1+\sqrt{5})(1-\sqrt{5})}=\dfrac{1-2\sqrt{5}+(\sqrt{5})^2}{1^2-(\sqrt{5})^2}=\dfrac{6-2\sqrt{5}}{-4}=-\dfrac{3}{2}+\dfrac{1}{2}\sqrt{5}$

练习 4－8

1. 填空

(1) 化简 $-\dfrac{15}{8}\sqrt{2\dfrac{10}{27}}\div\sqrt{\dfrac{25}{12a^3}}=$________.

(2) $a-\sqrt{a^2-1}$ 的有理化因式是________.

(3) 当 $1<x<4$ 时，$|x-4|+=$________.

(4) 方程 $\sqrt{2}(x-1)=x+1$ 的解是________.

(5) 已知 a,b,c 为正数，d 为负数，化简 $\dfrac{ab-c^2d^2}{\sqrt{ab}+\sqrt{c^2d^2}}=$________.

2. 计算

(1) $3\sqrt{20}-2\sqrt{45}+9\sqrt{5}$；　　(2) $(2\sqrt{3}-5\sqrt{8})-(\sqrt{75}-\sqrt{18})$；

(3) $\dfrac{\sqrt{2}}{\sqrt{3}-1}$；　　(4) $(5+3\sqrt{2})^2$.

习题 4－3

1. 判断题

(1) $\sqrt{(-2)^2ab}=-2\sqrt{ab}$.　(　　)

(2) $\sqrt{3}-2$ 的倒数是 $+2$.　(　　)

(3) $\sqrt{(x-1)^2}=(\sqrt{x-1})^2$　(　　)

(4) $\sqrt{ab}$，$\dfrac{1}{3}\sqrt{a^3b}$，$-\dfrac{2}{x}\sqrt{\dfrac{a}{b}}$ 是同类二次根式.　(　　)

(5) $\sqrt{8x}$，$\sqrt{\dfrac{1}{3}}$，$\sqrt{9+x^2}$ 都不是最简二次根式.　(　　)

2. 计算

(1) $(5+2\sqrt{7})-(4+\sqrt{7})$；　　(2) $(3+2\sqrt{3})^2$；

(3) $\dfrac{1+\sqrt{5}}{2-\sqrt{5}}$；　　(4) $\left(\dfrac{\sqrt{3}-1}{2}\right)^2$；

(5)$(a+b\sqrt{2})+(c+d\sqrt{2})$；　　(6)$(a+b\sqrt{5})+(a-b\sqrt{5})$；

(7) $\frac{5}{4-\sqrt{11}}-\frac{4}{\sqrt{11}-\sqrt{7}}-\frac{2}{3+\sqrt{7}}$.

3. 设 $a=-1+\sqrt{2}$，$b=-1-\sqrt{2}$，(1) 求 $a+b$，ab；(2) 求 a^2+2a-1，b^2+2b-1.

4. 已知 $x=\frac{\sqrt{3}+\sqrt{2}}{\sqrt{3}-\sqrt{2}}$，$y=\frac{\sqrt{3}-\sqrt{2}}{\sqrt{3}+\sqrt{2}}$，求$\frac{x^3-xy^2}{x^4y+2x^3y^2+x^2y^3}$ 的值.

5. 当 $x=1-\sqrt{2}$ 时，求$\frac{x}{x^2+a^2-x\sqrt{x^2+a^2}}+\frac{2x-\sqrt{x^2+a^2}}{x^2-x\sqrt{x^2+a^2}}+\frac{1}{\sqrt{x^2+a^2}}$.

第 4 章复习

1. 平方根

(1) 若 $x^2=a(a\geqslant 0)$，则 x 叫 a 的平方根，记作 $x=\pm\sqrt{a}$.

(2) 正数有两个平方根，且它们互为相反数；0 的平方根是 0；负数没有平方根.

(3) 求一个数的平方根的运算叫开平方，开平方与平方互为逆运算.

2. 立方根

(1) 若 $x^3=a$，则 x 叫 a 的立方根，记作 $x=\sqrt[3]{a}$.

(2) 正数的立方根是正数；0 的立方根是 0；负数的立方根是负数.

(3) 求一个数的立方根运算叫开立方，立方与开立方互为逆运算.

3. 二次根式

(1) 形如$\sqrt{a}\,(a\geqslant 0)$ 的式子叫二次根式.

(2) 二次根式的性质：

① $(\sqrt{a})^2=a(a\geqslant 0)$；　　② $\sqrt{a^2}=|a|$；

③ $\sqrt{ab}=\sqrt{a}\cdot\sqrt{b}\,(a\geqslant 0,b\geqslant 0)$；　　④ $\sqrt{\frac{b}{a}}=\frac{\sqrt{b}}{\sqrt{a}}\,(a>0,b\geqslant 0)$.

(3) 二次根式的加、减运算，需先把二次根式化简，然后把被开方数相同的二次根式的系数相加减，被开方数不变.

(4) 二次根式的乘除法可利用 $\sqrt{ab}=\sqrt{a}\cdot\sqrt{b}$，$\sqrt{\frac{b}{a}}=\frac{\sqrt{b}}{\sqrt{a}}$ 计算.

复习题四

1. 填空

(1) 设 $a>0$，则$(\sqrt{a})^2=$________.

(2) 设 a 是任一实数；则 $\sqrt{a^2}=$________，$(\sqrt[3]{a})^3=$________.

2. 求下列各数的平方根：0.64；　$\frac{49}{81}$；　$\sqrt{81}$.

3. 求下列各数的立方根：0.027；　8000.

4. 当 x 是怎样的实数时，下列二次根式有意义.

(1) $\sqrt{x^2+5}$；　(2) $\sqrt{3-2x}$；　(3) $\sqrt{(x-5)^2}$.

5. 计算

(1) $\sqrt{30}\times\sqrt{10}$；　(2) $\frac{\sqrt{100}}{\sqrt{3}}$；　(3) $\sqrt{50}-3\sqrt{8}+\sqrt{18}$；

(4) $(3+2\sqrt{11})-(2-5\sqrt{11})$；　(5) $(\sqrt{2}-\sqrt{5})^2$；　(6) $\frac{1-\sqrt{11}}{1+\sqrt{11}}$.

6. 解下列二元一次方程组

(1) $\begin{cases}x+\sqrt{5}y=3\sqrt{2}\\x-\sqrt{5}y=\sqrt{2}\end{cases}$；　(2) $\begin{cases}\sqrt{2}x+\sqrt{3}y=3\sqrt{2}\\\sqrt{3}x-\sqrt{2}y=2\sqrt{3}\end{cases}$

7. 设 $a=-2+\sqrt{5}$，$b=-2-\sqrt{5}$，求(1) $a+b$，ab；(2) a^2+4a-1，(3) b^2+4b-1.

8. 在实数范围内分解因式

(1) x^2-13；　(2) x^4-14x^2+49.

第5章 平面几何

几何学起源于土地测量，数千年来，人们对几何学进行了深入的研究，现已发展成为一门具有严密的逻辑体系的数学分支.人们从少量的公理出发，经过演绎推理得到不少结论，这些结论一般就称为定理.平面几何中有不少定理，除了教科书中所阐述的一些定理外，还有许多著名的定理，以这些定理为基础，可以推出不少几何事实，得到完美的结论，以至巧妙而简捷地解决不少问题.

欧几里得几何指按照欧几里得的《几何原本》构造的几何学.欧几里得几何有时就指平面上的几何，即平面几何.本文主要介绍角、三角形、四边形、圆.

5.1　角

1. 角与角大小比较

我校购买一台数控设备，包装箱上标明：搬运过程中，倾斜角不能超过 30°.

什么是角？什么叫作角的度数呢？

一条射线绕它的端点旋转到另一个位置时所成的图形叫作角.

射线的端点叫作角的顶点，射线原来所在的位置叫作角的始边，旋转后的位置叫作角的终边，统称角的边. 从始边到终边所扫过的区域，叫作角的内部.

当射线绕端点旋转到与原来位置在同一直线上但方向相反时，所成的角叫作平角. 当射线绕端点旋转一周，又重新回到原来的位置时，所成的角叫作周角.

角的大小由角的始边绕顶点旋转至终边位置时旋转量的大小决定.

以一个角的顶点为端点的一条射线，如果把这个角分成两个相等的角，这条射线叫作该角的平分线.

2. 角的度量

角的大小指角的始边绕顶点旋转到终边位置的旋转量，旋转量是用“度”来表示的. 把一个周角（即旋转的量）分为 360 等份，每一等份叫作 1 度，记作：1°。1 度的$\frac{1}{60}$叫作 1 分，记作 1′；1 分的$\frac{1}{60}$叫作 1 秒，记作：1″。

$1°=60'=3600''$

(1)因为平角中恰好是周角的一半，所以一平角等于 180°.

(2)平角的一半（即 90°）的角叫作直角.

(3)小于直角（大于 0°小于 90°）的角叫作锐角.

(4)大于直角（大于 90°小于 180°）的角叫作钝角.

(5)如果两个角的度数之和等于一个平角（即等于 180°），这两个角互为补角，或者说其中一个角是另一个角的补角.

(6)如果两个角的度数之和等于一个直角（即等于 90°），那么称这两个角“互为余角”，简称“互余”，或者说其中一个角是另一个角的余角.

例如 49°的角与 131°的角互为补角，而 35°的角与 55°的角互为余角.

因此，由定义我们可以得出如下结论：

同角或等角的补角相等，同角或等角的余角相等.

【例 5-1】　如图 5-1 所示，已知 $\angle AOB$ 与 $\angle BOD$ 互为余角，OC 是 $\angle BOD$ 的角平分线 $\angle AOB=29.66°$，求 $\angle COD$ 的度数（用度、分、秒表示）.

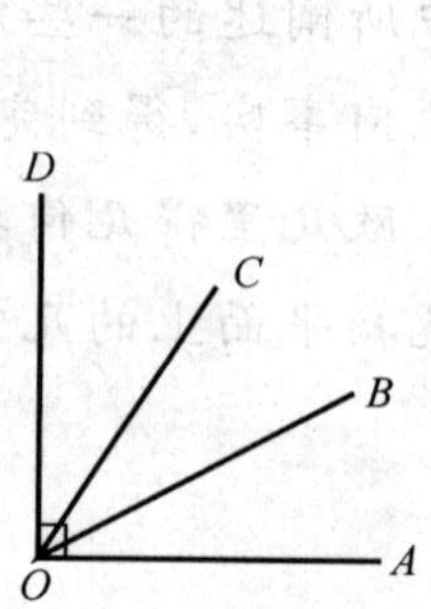

图　5-1

解　因为 $\angle AOB$ 与 $\angle BOD$ 互为余角，所以

$$\angle BOD=90°-\angle AOB=90°-29.66°=60.34°$$

又因为 OC 是 $\angle BOD$ 的角平分线，所以

$$\angle COD=\frac{1}{2}\angle BOD=\frac{1}{2}\times 60.34^\circ=30.17^\circ$$

因为　$0.17^\circ=60'\times 0.17=10.2'\quad 0.2'=60''\times 0.2=12''$

所以　$\angle COD=30^\circ10'12''$

练习 5－1

1. 判断

(1)由一点出发的两条线叫角.　(　)

(2)角的大小与角的两边张开的程度有关，与边长无关.　(　)

(3)直线就是平角.　(　)

(4)12:30 整，时针与分针组成的角是平角.　(　)

2. 填空

(1)$75^\circ42'$的角的补角等于________度________分；锐角的补角一定是________.

(2)$105^\circ26'$的角的补角等于________度________分；钝角的补角一定是________.

(3)90°的角的补角等于________度________分；直角的补角一定是________.

【例 5－2】　(1)把 57.32°分别用度、分、秒来表示；　(2)把 $12^\circ23'42''$化成度.

解　(1)$0.32^\circ=0.32\times60'=19.2'$，　$0.2'=0.2\times60''=12''$，　$57.32^\circ=57^\circ19'12''$

(2)$42''=42\times\left(\frac{1}{60}\right)'=0.7'$，　$23.7'=23.7\times\left(\frac{1}{60}\right)^\circ=0.395^\circ$，　$12^\circ23'42''=12.395^\circ$

【例 5－3】　计算下列各题

(1)$23^\circ29'+58^\circ37''$；　(2)$51^\circ39'-32^\circ5'32''$；　(3)$13^\circ53'\times3+157^\circ43'\div5$.

解　(1)原式$=81^\circ29'37''$

(2)原式$=51^\circ38'60''-32^\circ5'32''=19^\circ33'28''$

(3)原式$=39^\circ159'+(155^\circ+2^\circ43')\div5=41^\circ39'+(155^\circ+160'+180'')\div5=$

$41^\circ39'+31^\circ+32'+36''=73^\circ11'36''$

练习 5－2

1. 计算：(1)$36^\circ54'+143^\circ6'$；　(2) $90^\circ-25^\circ41'$.

2. 用度分秒表示：(1)159.34°；　(2)81.07°.

3. 用度表示：(1)$12^\circ32'42''$；　(2)$26^\circ12'18''$.

习题 5－1

1. 填空

(1) 如图 5－2 所示，因为 $\angle AOD=\angle COB$，所以 $\angle AOD+\angle$ ________ $=\angle$ ________ $+\angle COB$.

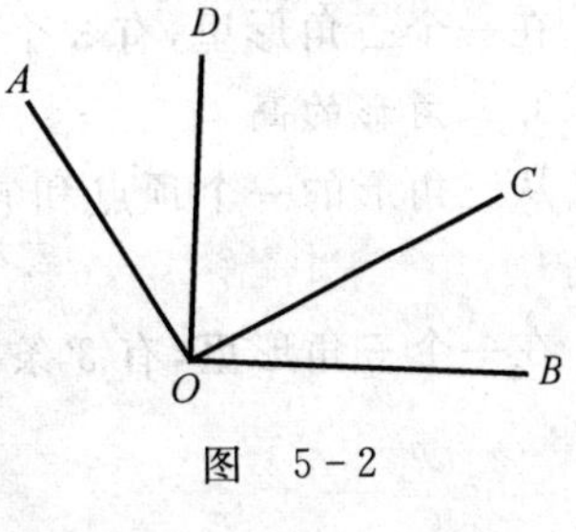

图　5－2

(2) 一个角的补角与它的余角的 2 倍的差是平角的$\frac{1}{3}$，求这个角.

(3) 一个角是 $32^\circ27'$，它的余角是________，补角是________.

(4)$25.36^\circ=$________度________分________秒.

2. 若时钟由 2:30 走到 2:50，问时针、分针各转过多大的角度？

3. 求时钟表面 3:25 时，时针与分针所夹角的度数.

5.2 三 角 形

一、三角形的概念

如图 5-3 所示，用线段连接不在同一直线上的 3 点 A，B，C 所成的图形叫作三角形，记作 $\triangle ABC$，点 A，B，C 叫作三角形的顶点，$\angle ABC$，$\angle BCA$，$\angle CAB$ 叫作三角形的内角，简称三角形的角.

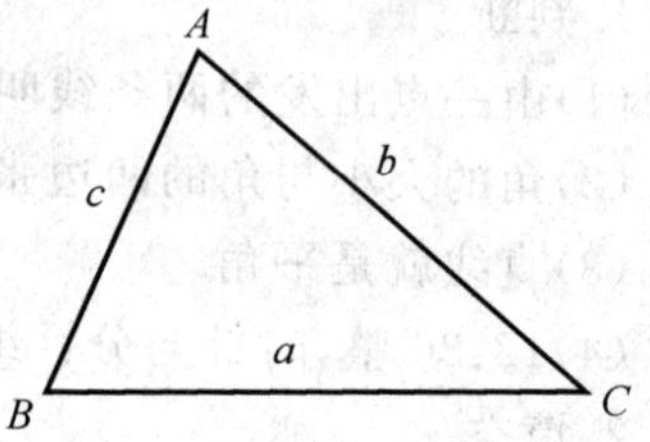

图 5-3

$\triangle ABC$ 的三边有时也用 a，b，c 表示，如图 5-3 所示，顶点 A 所对的边 BC 用 a 表示；顶点 B 所对的边 AC 用 b 表示；顶点 C 所对的边 AB 用 c 表示.

二、几种重要的线段的概念和性质

1. 三角形的角平分线

三角形一个角的平分线与这个角的对应边相交，这个角的顶点和交点之间的线段叫作三角形的角平分线.

三角形的角平分线有以下性质：

(1) 在角平分线上的点到这个角两边的距离相等.

(2) 到一个角的两边的距离相等的点在这个角的角平分线上.

(3) 在一个三角形里，有 3 条角平分线，这 3 条角平分线相交于一点，称这一点为三角形的内心，是三角形内切圆的圆心.

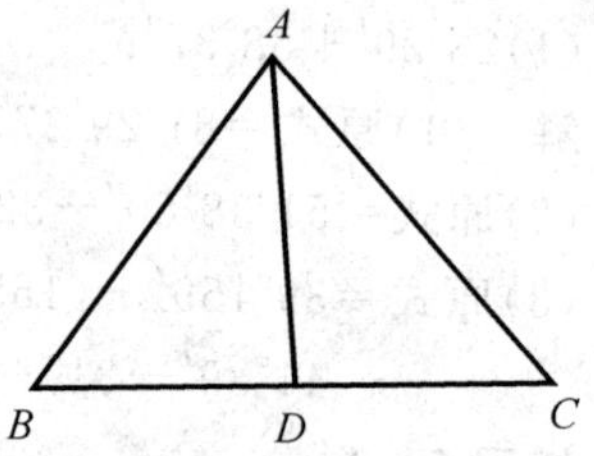

图 5-4

2. 三角形的中线

在三角形中，连接一个顶点与它对边中点的线段，叫作这个三角形的中线.

如图 5-4 所示，D 是 BC 的中点，线段 AD 就是 $\triangle ABC$ 的一条中线，并且由定义得，$BD=DC=\frac{1}{2}BC$.

在一个三角形里，有 3 个中线，这 3 条中线相交于一点.

3. 三角形的高

从三角形的一个顶点和它的对边所在直线作垂线，顶点和垂足之间的线段叫作三角形的高.

在一个三角形里，有 3 条高，这 3 条高所在的直线相交于一点.

三、三角形的分类

(1) 三角形按边分类：三边都不相等的三角形叫作不等边三角形，有两条边相等的三角形的等腰三角形，三边都相等的三角形叫作等边三角形.

(2) 三角形按角分类：3 个内角都是锐角的三角形叫作锐角三角形，有一个是直角的三角行叫作直角三角形，有一个钝角的三角形叫作钝角三角形.

锐角三角形和钝角三角形合称斜三角形.

四、三角形边角的关系

1. 三角形边之间的关系

(1) 在一个任意的三角形中，它的两条边之和大于第三边，两边之差小于第三边.

(2) 在直角三角形中，两条直角边 a，b 的平方和等于斜边 c 的平方，即 $a^2+b^2=c^2$.

【例 5 - 4】　如图 5 - 5 所示 $\triangle ABC$，$\angle C=60°$，$AB=70$，$AC=30$，求 BC 的长.

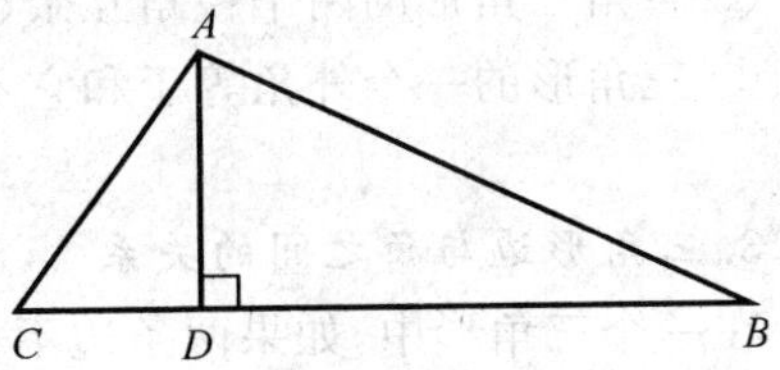

图　5 - 5

解　过 A 作 BC 的垂线，垂足为于 D，则

$$\angle CAD+\angle C=90°$$

因为 $\angle C=60°$，有 $\angle CAD=30°$

所以　$CD=\frac{1}{2}AC=15$

由勾股定理得

$$AD^2=AC^2-CD^2$$

则

$$AD^2=302-152=675$$

在 $\mathrm{Rt}\triangle ABD$ 中：$BD^2=AB^2-AD^2=70^2-675=4225$

故 $BD=65$(负值舍去)

故 $BC=CD+BD=15=65=80$

【例 5 - 5】　一个等腰三角形的周长为 180cm.

(1) 已知等腰是底边长的 2 倍，求各边长.

(2) 已知其中一边长 40cm，求其他两边长.

解　(1) 设底边长为 x，则腰长为 $2x$，则

$$x+2x+2x=180\text{cm}$$

解得

$$x=36\text{cm}$$

故三边长分别是 36cm，72cm，72cm.

(2) 因为长为 40cm 的边可能是腰，也可能是底，所以要分两种情况计算.

① 当 40cm 长的边为底. 设腰长为 x，由已知条件，有 $2x+40=180$，解得 $x=70$cm.

② 当 40cm 长的边为腰. 设底边为 x，由已知条件，有 $x+2\times 40=180$，解得 $x=100$cm.

由于 $40+40<100$，即发生两边的和小于第三边的情况，所以以 40cm 为腰不能组成三角形，从而可得这个三角形其他两边都是 70cm.

练习 5 - 3

1. 已知三角形的三边长分别是 3，8，x；若 x 的值为偶数，求 x 的值.

2. 如图 5 - 6 所示，在 $\triangle ABC$ 中，AD，CE 是 $\triangle ABC$ 的两条边，$BC=5$cm，$AD=3$cm，$CE=$

4cm，求 AB 的长.

3. 如图 5-7 所示，已知等边 $\triangle ABC$ 的边长是 60cm，求高 AD 的长和 $\triangle ABC$ 的面积.

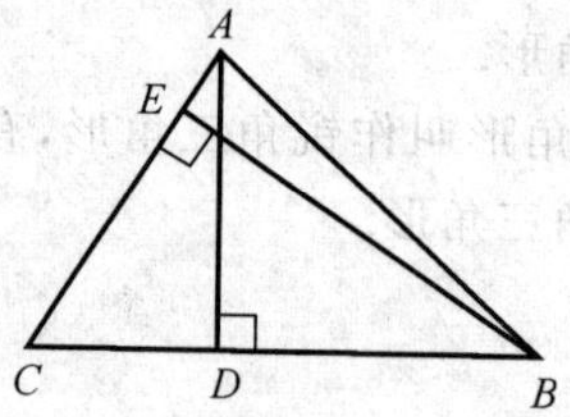

图 5-6

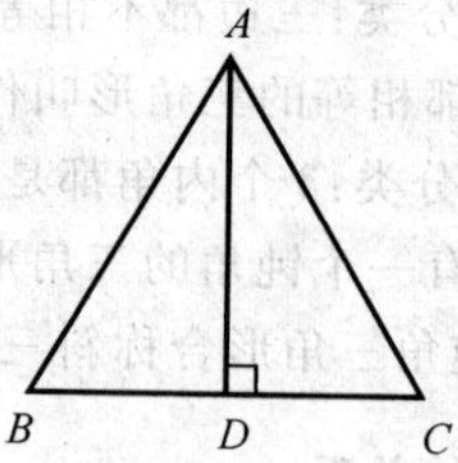

图 5-7

2. 三角形角之间的关系

① 三角形内角和定理：三角形 3 个内角的和等于 180°.

② 直角三角形的两个锐角互余（即两个锐角之间之和为 90°）.

③ 三角形的一个外角等于和它不相邻的两个内角的和.

3. 三角形边与角之间的关系

在一个三角形中，如果两条边不相等，那么它们所对的角也不相等，大边所对的角较大.

【例 5-6】 解答下列各题

(1) Rt$\triangle ABC$ 中，$\angle C=90°$，$\angle A=4\angle B$，求 $\angle A$ 的度数.

(2) 在 $\triangle ABC$ 中，$\angle A:\angle B:\angle C=2:3:4$ 各内角的度数，并判断 $\triangle ABC$ 的形状.

解 (1) 因为 $\angle C=90°$，所以 $\angle A+\angle B=90°$

因为 $\angle A=4\angle B$，设 $\angle B=x$，则 $\angle A=4x$.

得 $x+4x=90°$，有 $x=18°$.

故
$$\angle A=4\angle B=4\times 18°=72°$$

(2) 因为 $\angle A:\angle B:\angle C=2:3:4$，设 $\angle A=2x$，$\angle B=3x$，$\angle C=4x$，

则 $2x+3x+4x=180°$，得 $x=20°$

即
$$\angle A=40°,\quad \angle B=60°,\quad \angle C=80°$$

故 $\triangle ABC$ 为锐角三角形.

练习 5-4

1. 如图 5-8 所示，D 是 AB 上的一点，E 是 AC 上的一点，BE，CD 相交于点 F，$\angle A=62°$，$\angle ACD=35°$，$\angle ABE=20°$，求 $\angle BDC$ 和 $\angle BFD$ 的度数.

2. 如图 5-9 所示，在 $\triangle ABC$ 的平分线交 AB 于 D，$DE \parallel BC$ 交 AC 于 E，求 $\angle BDC$ 和 $\angle EDC$ 的度数.

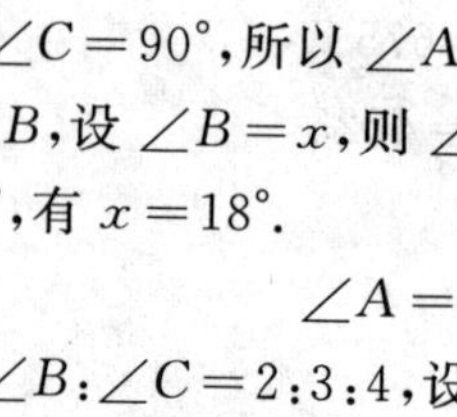

图 5-8

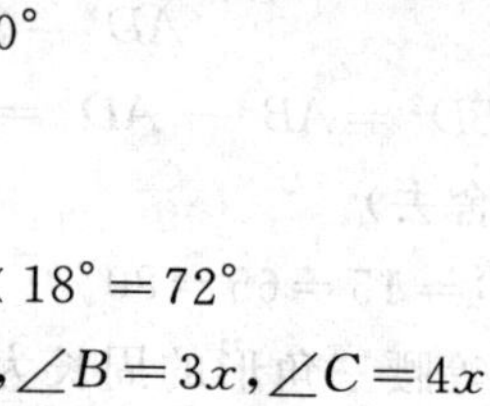

图 5-9

3. 三角形的一个内角是第二个内角的$\frac{3}{2}$倍，第三个内角比这两个内角和大30°，求这个三角形各内角的度数.

五、等腰三角形的性质和判定

等腰三角形是一种特殊的三角形，它除了具有一般三角形的性质外，还有一些特殊的性质.

等腰三角形的性质定理：等腰三角形的两个底角相等(简称"等边对等角").

推理1 等腰三角形顶角的平分线平分底边并且垂直底边. 这个推论常说为"三线合一"，即等腰三角形的顶角平分线，底边上的中线，底边上的高互相重合.

推论2 等边三角形的各角都相等，并且每一角都等于60°.

等腰三角形的判定定理：如果一个三角形有两个角相等，那么这两个角所对的边也相等(简称等角对等边).

推论1 3个角都相等的三角形是等边三角形.

推论2 有一个角等于60°的等腰三角形是等边三角形.

推论3 在直角三角形中，如果有一个锐角等于30°，那么它所对的直角边等于斜边的一半.

【例5-7】 如图5-10所示，已知点D,E在$\triangle ABC$的边BC上，$AB=AC$,$AD=AE$. 求证：$BD=CE$.

证明 过A点作BC的垂线，垂足为F，则$AF\perp DE$.

因为$AB=AC$,$AD=AE$,$AF\perp BC$,$AF\perp DE$.

所以$BF=CF$,$DF=EF$(等腰三角线三角形三线合一).

故$BD=CE$.

【例5-8】 如图5-11所示，在等边三角形ABC中，D是AC的中点，延长BC到点E，使$CE=CD$,$AB=10$.

(1) 求BE的长；(2) 求$\angle DBE$与$\angle DEB$的度数.

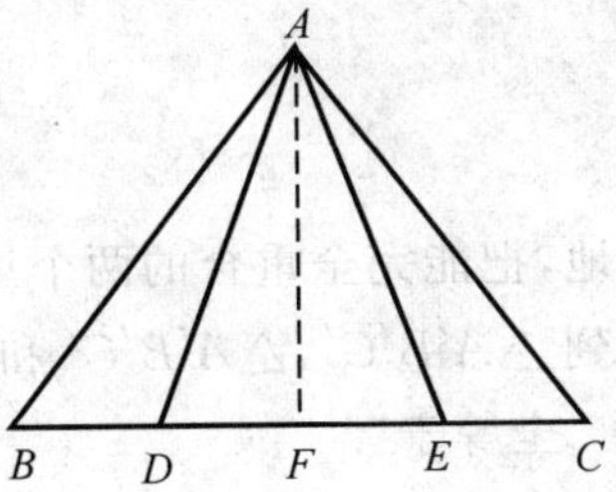

图 5-10

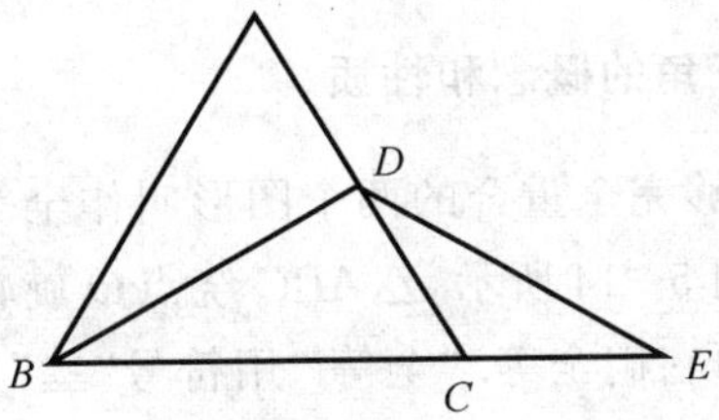

图 5-11

解 (1) 因为$\triangle ABC$为等边三角形，所以$AB=AC=BC=10$.

D是AC的中点，有$CD=\frac{1}{2}AC=5$.

又因为$CD=CE$，有$CE=5$，所以$BE=BC+CE=10+5=15$.

(2)$\triangle ABC$为等边三角形，则$\angle ABC=\angle ACB=60°$.

又因为 D 为 AC 的中点，则 BD 平分 $\angle ABC$，所以 $\angle DBE=\frac{1}{2}\angle ABC=30°$.

因为 $CD=CE$，所以 $\angle CDE=\angle CED$.

而 $\angle ACB=\angle CDE+\angle CED=60°$，故得 $\angle CED=\angle CDE=30°$，即 $\angle DEB=30°$.

练习 5-5

1. 等腰三角形的周长为 26cm，以一腰为边作等边三角形，其周长为 30cm，那么等腰三角形的底边长为多少 cm？

2. 如图 5-12 所示，已知 $\triangle ABC$，$AB=AC$，$BD=BC$，$AD=DE=EB$，求 $\angle A$ 的度数.

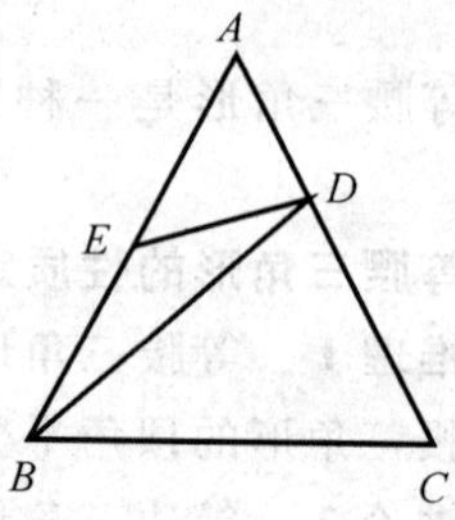

图　5-12

习题 5-2

1. 判断下列长度的 3 条线段能否组成三角形，

(1)3cm，4cm，8cm；　　(2)5cm，6cm，11cm；

(3)5cm，6cm，10cm；　　(4)8cm，6cm，14cm.

2. 等腰三角形的周长是 16cm，腰比底边长 2cm，求这个三角形各边的长.

3. 在 $\triangle ABC$ 中，$\angle A:\angle B:\angle C=1:5:4$，那么它是________三角形.

4. 如图 5-13 所示，$\angle A=70°$，$\angle B=30°$，$\angle C=20°$，求 $\angle BOC$ 的度数.

5. 如果三角形的三边长分别为 $a-2$，a，$a+1$，则 a 的取值范围是________.

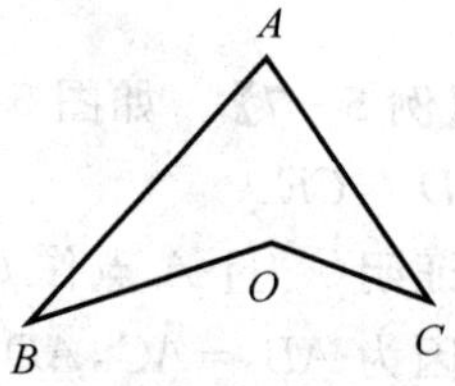

图　5-13

6. 两个互补的角的差等于 40°28′ 求着两个角.

7. 已知等腰三角形的周长是 16cm.

(1) 若其中一边长为 4cm，求另外两边的长；

(2) 若其中一边长为 6cm，求另外两边的长；

(3) 若三边长都是整数，求三角形各边的长.

8. 花园里有个等边三角形花坛，花坛的每边长为 6 m，求花坛的周长.

5.3　全等三角形

一、全等三角的概念和性质

我们把能够完全重合的两个图形叫作全等形，特别地，把能完全重合的两个三角形叫作全等三角形. 如图 5-14 所示，$\triangle ABC$ 绕点 O 旋转 180°，得到 $\triangle A'B'C'$，$\triangle A'B'C'$ 和 $\triangle ABC$ 可以完全重合，从而它们全等. “全等”用符号“≌”表示，读作“全等于”.

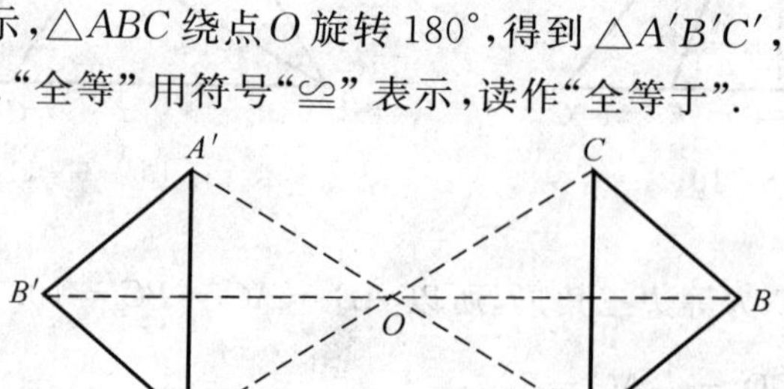

图　5-14

例如图中的$\triangle ABC$和$\triangle A'B'C'$全等，就可以记作$\triangle ABC \cong \triangle A'B'C'$；两个全等三角形重合时，互相重合的顶点，叫作对应点，互相重合的边叫作对应边，互相重合的角叫作对应角，如图A与A'，B与B'，C与C'是对应点，AB与$A'B'$，AC与$A'C'$，BC与$B'C'$是对应边，$\angle A$与$\angle A'$，$\angle B$与$\angle B'$，$\angle C$与$\angle C'$是对应角.

我们知道，能够完成重合的两条线段是相等线段，能够完全重合的两个角是相等的角，由此得：

(1) 全等三角形的对应边相等；

(2) 全等三角形的对应角相等.

例如，在图中，$\triangle ABC \cong \triangle A'B'C'$，则在$AB = A'B'$，$AC = A'C'$，$BC = B'C'$；$\angle A = \angle A'$，$\angle B = \angle B'$，$\angle C = \angle C'$.

注意：在写三角形全等时，要将对应的点写在对应的位置，例如$\triangle ABC \cong \triangle DEF$，就表示$A$与$D$是对应点，$B$与$E$是对应点，$C$与$F$是对应点.

练习 5-6

1. 如果$\triangle ABC$和$\triangle DEF$全等，$\triangle DEF$和$\triangle GHI$全等，则$\triangle ABC$和$\triangle GHI$是否全等？

2. 如图 5-15 所示，$\triangle ABO \cong \triangle AOC$，$BO$和$CO$，$AB$和$AC$是对应边；

(1) 试找出它们的对应角及另一组对应边；

(2) 你能说出找对应边、对应角的规律吗？

3. 在图 5-16 中，$\triangle ABC \cong \triangle AED$，$\angle D = \angle C$，找出相等的边与其他两对应相等的角.

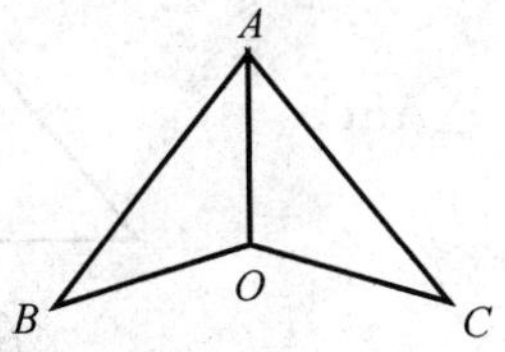

图　5-15

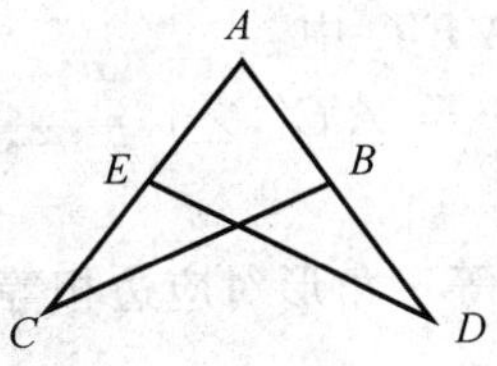

图　5-16

二、三角形全等的判定

1. 边角边定理

有两边和它们的夹角对应相等的两个三角形全等(可简写成“边角边”或“SAS”).

【例 5-9】　在图 5-17 中，AB和CD相交于O，且$AO = BO$，$CO = DO$，求证：$\triangle ACD \cong \triangle BDO$.

证明　在$\triangle ACO$和$\triangle BDO$中，因为$AO = BO$，$\angle AOC = \angle BOD$(对顶角相等)

$CO = DO$，所以$\triangle ACO \cong \triangle BDO$(SAS)

练习 5-7　在图 5-18 中，已知$AB = AC$，其中E，F分别是AC，AB的中点，小明说：“线段BE和CF相等”. 你认为他说的对吗？

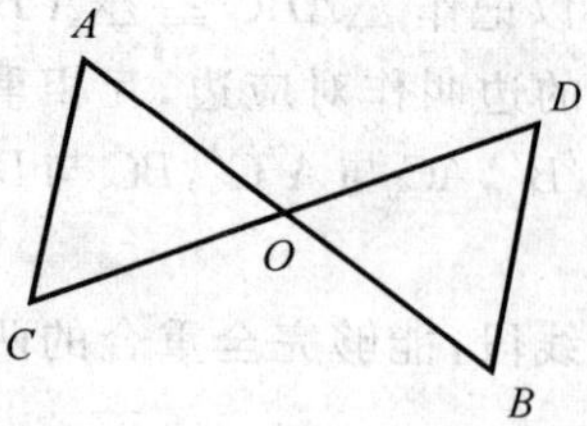

图　5-17

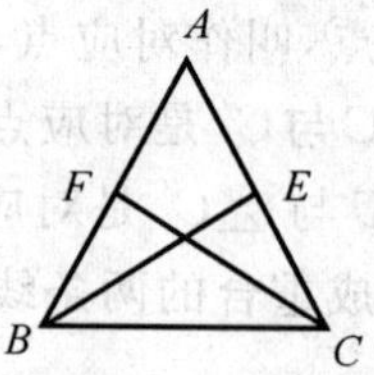

图　5-18

2.角边角定理

有两角和它们的夹边对应相等的两个三角形全等(可简写成"角边角"或"ASA").

【例5-10】　在图5-19中,已知$\triangle ABC \cong \triangle A'B'C'$,$CF$,$C'F'$分别是$\angle C$和$\angle C'$的角平分线,求证:$CF = C'F'$.

证明　因为$\triangle ABC \cong \triangle A'B'C'$

所以$AC = A'C'$(全等三角形对应边相等)

$\angle A = \angle A'$

$\angle ACB = \angle A'C'B'$(全等三角形对应角相等)

又因为$\angle 1 = \frac{1}{2}\angle ACB$,　$\angle 2 = \frac{1}{2}\angle A'C'B'$

所以$\angle 1 = \angle 2$

在$\triangle AFC$和$\triangle A'F'C$中:

$\angle A = \angle A'$,$AC = A'C'$,$\angle 1 = \angle 2$,所以$\triangle AFC \cong \triangle A'F'C'$(ASA)

故$CF = C'F'$(全等三角形对应边相等)

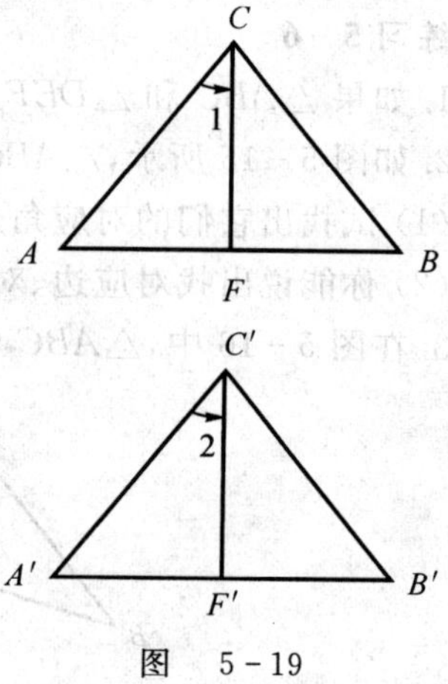

图　5-19

3.角角边定理

有两角和一条边对应相等的两个三角形全等(可简写成"角角边"或"AAS")

【例5-11】　在图5-20中,已知$BE \parallel DF$,$\angle B = \angle D$,$AE = CF$,求证:$\triangle ADF \cong \triangle CBE$.

证明　因为$BE \parallel DF$,有$\angle 1 = \angle 2$,(两直线平行,内错角相等)

$AE = CF$,所以$AE + EF = CF + FE$,即$AF = CE$.

在$\triangle ADF$和$\triangle CBE$中,因为$\angle B = \angle D$,$\angle 1 = \angle 2$,$AF = CE$

所以$\triangle ADF \cong \triangle CBE$.

练习5-8　等腰三角形两腰上的高相等吗?为什么?

4.边边边定理

有三边对应相等的两个三角形全等(可简写成"边边边"或"SSS")

【例5-12】　如图5-21所示,已知$AB = DC$,$AD = BC$,求证:$\angle B = \angle D$.

证明　在$\triangle ABC$和$\triangle CDA$中,因为$AB = CD$,$AD = CB$,$AC = AC$(公共边)

所以$\triangle ABC \cong \triangle CDA$(SSS)

于是得$\angle B = \angle D$(全等三角形对应角相等)

练习 5－9

如图 5－22 所示，已知 $AD=BE$，$AE=BD$，那么 $\angle 1$ 和 $\angle 2$ 相等吗？

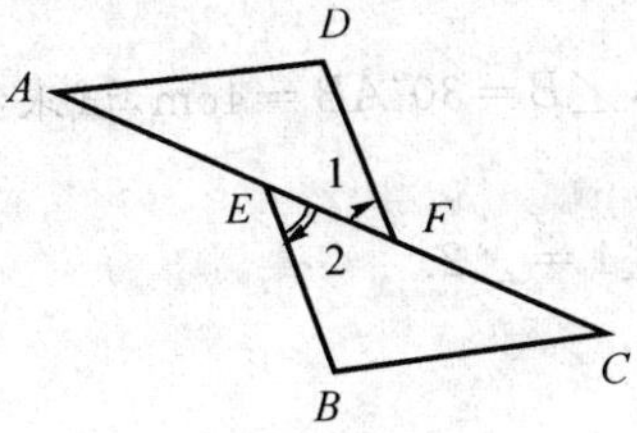

图　5－20

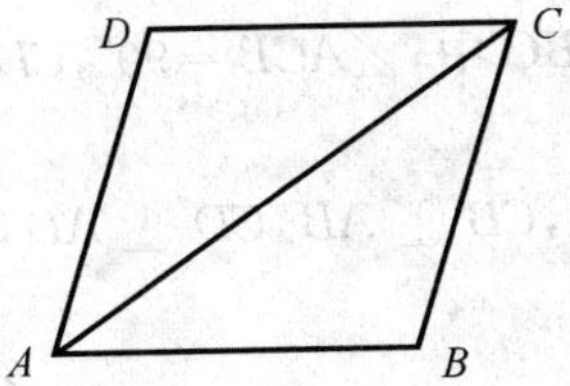

图　5－21

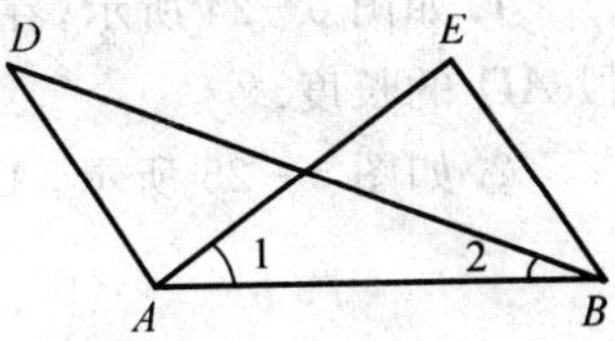

图　5－22

三、直角三角形性质全等的判定

1. 直角三角形的判断定理

(1) 有两个角互余的三角形是直角三角形.

(2) 利用勾股定理的逆定理：如果一个三角形三边满足 $c^2=a^2+b^2$，则该三角形为直角三角形，C 边所对的角为直角.

(3) 如果一个三角形一边的中线等于这条边的一半，则这个三角形为直角三角形，该边所对的角为直角.

2. 直角三角形的性质

(1) 在直角三角形中，斜边上的中线等于斜边的一半.

(2) 在直角三角形中，如果一个锐角等于 $30°$，那么它所对的直角边等于斜边的一半.

(3). 在直角三角形中，如果一条直角边等于斜边的一半，那么这条直角边所对的角等于 $30°$.

3. 直角三角形全等的判定

判定两个直角三角形全等，除了全等三角形判定的几个定理外，还有一个专用的定理：在斜边和一条直角边对应相等的两个直角三角形全等（可以简写成“斜边、直角边”或“HL”）.

【例 5－13】　如图 5－23 所示，已知在 $\triangle ABC$ 和 $\triangle A'B'C'$ 中 CD 和 $C'D'$ 分别是高，并且 $AC=A'C'$，$CD=C'D'$，$\angle ACB=\angle A'C'B'$. 求证：$\triangle ABC\cong\triangle A'B'C'$.

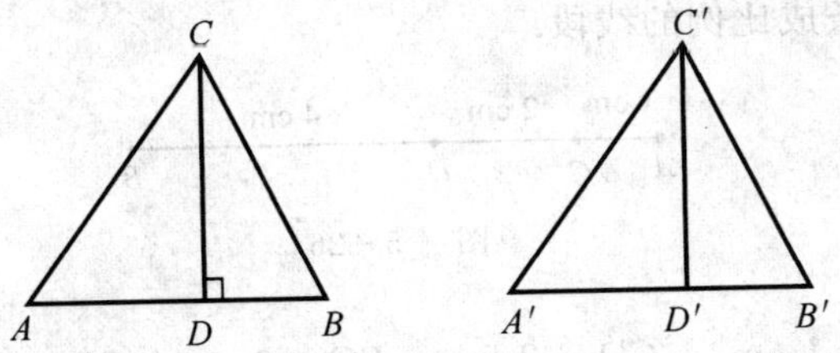

图　5－23

证明　因为 CD，$C'D'$ 分别是 $\triangle ABC$，$\triangle A'B'C'$ 的高，有 $\angle ADC=\angle A'D'C'=90°$.

在 Rt$\triangle ADC$ 和 Rt$\triangle A'D'C'$ 中，因为 $AC=A'C'$，$CD=C'D'$，则 $\triangle ADC\cong\triangle A'C'B'(HL)$，得 $\angle A=\angle A'$

在三角形 $\triangle ABC$ 和 $\triangle A'B'C'$ 中，

$$\angle A=\angle A',\quad AC=A'C',\quad \angle ACB=\angle A'C'B'$$

故以 $\triangle ABC \cong \triangle A'B'C'$.

练习 5－10

1. 如图 5－24 所示，在 Rt$\triangle ABC$ 中，$\angle ACB=90^\circ$，$CD\perp AB$，$\angle B=30^\circ AB=4\text{cm}$，试求线段 AD 的长度.

2. 如图 5－25 所示，$AB=AD$，$CB\perp AB$，$CD\perp AD$，求证：$\angle 1=\angle 2$.

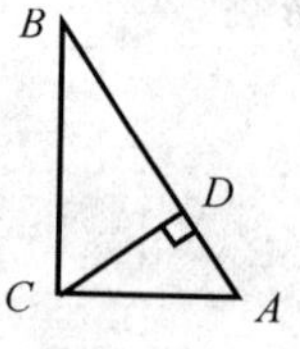

图　5－24

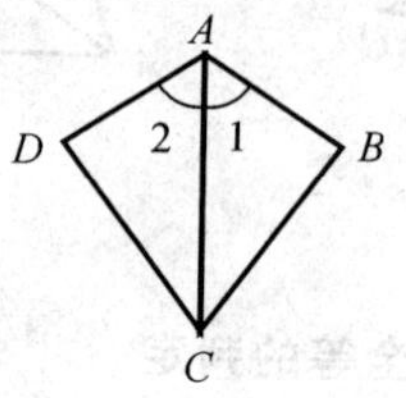

图　5－25

四、相似三角形

1. 比例线段的概念

一般地，如果选用同一长度单位量得两条线段 PQ，$P'Q'$ 的长度分为 m，n. 把长度的比 $\frac{n}{m}$ 叫作这两条线段 $P'Q'$ 与 PQ 的比，记作 $\frac{P'Q'}{PQ}=\frac{n}{m}$，式 $P'Q':PQ=n:m$，其中 $P'Q'$，PQ 分别叫作比的前项，后项.

对于 4 条线段 a,b,c,d，如果 a 与 b 的比等于 c 与 d 的比，即 $\frac{a}{b}=\frac{c}{d}$ 或 $a:b=c:d$，那么这 4 条线段 a,b,c,d 叫作比例线段简称比例线段. 其中 a,b,c,d 叫作组成比例的项，线段 a,d 叫作比例外项，线段 b,c 叫作比例内项，线段 d 叫 a,b,c 的第四比例项. 如果作为比例内项的两条的线段相等，即 $\frac{a}{b}=\frac{b}{c}$ 或 $a:b=b:c$，那么线段 b 叫作线段的比例中项.

【例 5－14】 (1) 根据图 5－26 求线段比：$\frac{AC}{CD}$，$\frac{AC}{CB}$，$\frac{CD}{DB}$.

(2) 试指出图中 4 条成比例的线段.

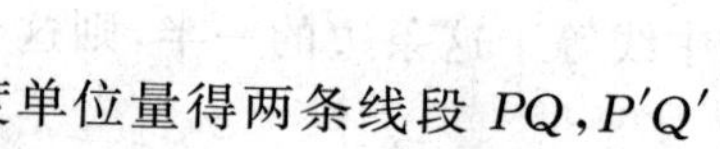

图　5－26

解　(1) 因为 $AC=1\text{ cm}$，　$CD=2\text{cm}$，　$BC=6\text{cm}$，　$BD=4\text{cm}$，所以

$$\frac{AC}{CD}=\frac{1}{2},\quad \frac{AC}{CB}=\frac{1}{6},\quad \frac{CD}{DB}=\frac{2}{4}=\frac{1}{2}$$

(2) 由(1) 可知 $\frac{AC}{CD}=\frac{CD}{BD}=\frac{1}{2}$，所以 AC，CD，CD，BD 是 4 条成比例的线段.

又 $\frac{AC}{AD}=\frac{CD}{CB}=\frac{1}{3}$，故得 AC，AD，CD，CB 也是比例线段.

在地图或工程图纸上，图上长度与实际长度的比通常称为比例尺.

练习 5－11　已知 a,b,c,d 是成比例线段，即 $\frac{a}{b}=\frac{c}{d}$，其中 $a=5\text{cm}$，$b=4\text{cm}$，$d=8\text{cm}$，求线段 c 的长.

(2) 比例的基本性质. 如果 $\frac{a}{b}=\frac{c}{d}$，那么 $ad=bc$；反之，如果 $ad=bc$，那么 $\frac{a}{b}=\frac{c}{d}$.

根据比例的基本性质，我们可以得出：

如果 $\frac{a}{b}=\frac{b}{c}$，那么 $b^2=ac$；反之，如果 $b^2=ac$，$\frac{a}{b}=\frac{b}{c}$.

合比性质：如果 $\frac{a}{b}=\frac{c}{d}$，那么 $\frac{a\pm b}{b}=\frac{c\pm d}{d}$.

等比性质：如果 $\frac{a}{b}=\frac{c}{d}=\cdots=\frac{m}{n}$ $(b+d+\cdots+n\neq 0)$，那么 $\frac{a+c+\cdots+m}{b+d+\cdots+n}=\frac{a}{b}$.

练习 5－12

(1) 已知 $\frac{a}{b}=2$，求 $\frac{a+b}{b}$.

(2) 在阳光下，身高 1.68m 的小强在地面上的影长为 2m，在同一时刻，测得学校的旗杆在地面上的影长为 18m. 则旗杆的高度为________(精确到 0.1m).

古希腊数学家欧多克塞斯提出一个问题：能否将一条线段 AB 分成不相等的两部分，使较短线段 CB 与较长线段 AC 的比等于 AC 与原线段 AB 的比？即 $\frac{CB}{AC}=\frac{AC}{AB}$ 成立？如果这能做到的话，那么称线段 AB 被点 C 黄金分割，点 C 叫线段 AB 的黄金分割点，较长线段 AC 与原线段 AB 的比叫作黄金分割比.

设线段 AB 的长度为 1 个单位，AC 的长度为 x 个单位，则 CB 的长度为 $(1-x)$ 个单位，那么 $\frac{1-x}{x}=\frac{x}{1}$，即 $x^2+x-1=0$，$x=\frac{\sqrt{5}-1}{2}$；所以，黄金分割 $\frac{AC}{AB}=\frac{\sqrt{5}-1}{2}\approx 0.618$

这表明一定可以把一条线段黄金分割，黄金分割比为 $\frac{\sqrt{5}-1}{2}$，它约等于 0.618.

图 5－27　巴台农神庙

这种分割线段得到的比值引起了人们极大的注意. 许多建筑物的轮廓矩形（例如古希腊时期的巴台农神庙的正面轮廓矩形，见图 5－27）的高与宽之比，门窗的宽与高之比都约等于 0.618，这样看上去更美观. 天文学家开普勒（Johannes Kepler，1570—1630 年）把这种分割线段的方法称为神圣分割，誉之为黄金分割 · 欧姆（Martin Ohm，1792—1872 年）最早正式在书中使用“黄金分割”这个名称.

黄金分割比还被广泛应用在科学实验、美术、音乐、摄影、艺术和日常生活中. 有研究表明，

0.618 的位置在自然界乃至人们的日常生活中也常常是最佳状态.例如,节目主持人站在舞台长约 0.618 的位置,这样音响效果比较好,且显得自然大方;一个体态匀称的人,以肚脐为分界点,下半身与全身的比大约为 0.618.

尤其值得指出的是,我国的数学家华罗庚院士在 20 世纪 70 年代倡导和推广单因素优选法,在生产实践中起了重要作用,其中 0.618 就是一个关键因素数据,因此人们也把单因素优选法简称为“0.618 法”.

练习 5-13　如图 5-28 所示,在直角三角形 ABC 中,有

$$DB=DE=\frac{1}{2}AB,\quad AE=AC$$

点 C 是线段 AB 的黄金分割点吗?

2.三角形相似的判定

对应角相等、对应边成比例的三角形,叫作相似三角形.

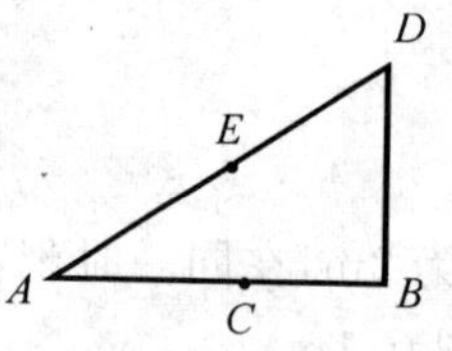

图　5-28

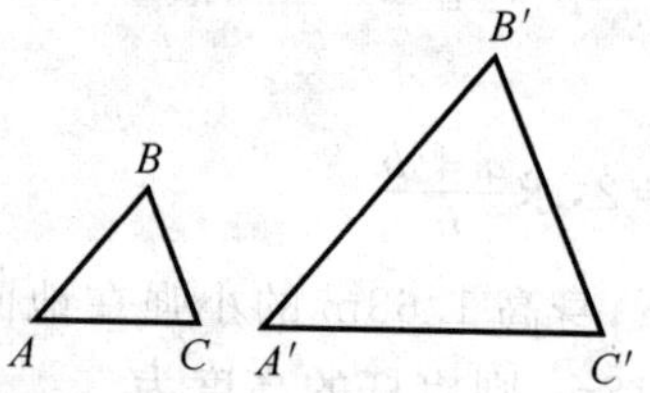

图　5-29

如图 5-29 所示的 $\triangle ABC$ 和 $\triangle A'B'C'$,如果有 $\angle A=\angle A'$,$\angle B=\angle B'$,$\angle C=\angle C'$,$\frac{AB}{A'B'}=\frac{BC}{B'C'}=\frac{CA}{C'A'}=k$,那么 $\triangle ABC$ 与 $\triangle A'B'C'$ 是相似.我们用符号“∽”来表示相似,记作“$\triangle ABC \backsim \triangle A'B'C'$”,读作“三角形 ABC 相似于三角形 $A'B'C'$”.相似三角形对应边的比 k,叫作相似比.判定两个三角形相似,有以下几种方法。

判定定理 1　如果一个三角形的 3 条边与另一个三角形的 3 条边对应成比例,那么这两个三角形相似.

【例 5-15】　如图 5-29 所示,已知 $\triangle ABC \backsim \triangle A'B'C'$,并且 $A'B'=3\text{cm}$,$AB=2.4\text{cm}$,$BC=1.6\text{cm}$,$\angle B=65°$,$\angle C=75°$,求 $B'C'$ 的长,以及 $\angle B'$,$\angle A'$ 的度数.

解　因为 $\triangle ABC \backsim \triangle A'B'C'$,所以 $\frac{B'C'}{BC}=\frac{A'B'}{AB}$,由已知可知 $\frac{B'C'}{1.6}=\frac{3}{2.4}$,于是 $B'C'=\frac{1.6\times 3}{2.4}=2\text{cm}$,由三角形的对应角相等,因为 $\angle B'=\angle B=65°$,$\angle C'=\angle C=75°$,从而 $\angle A'=180°-(\angle B'+\angle C')=180°-(65°+75°)=40°$

练习 5-14

1.图 5-30 中的两个三角形是否相似?为什么?

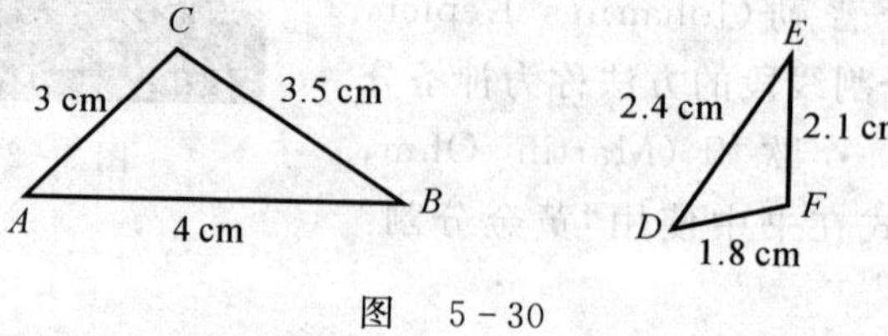

图　5-30

2. 已知：在 $\triangle ABC$ 与 $\triangle DEF$ 中，$AB=2.2\text{cm}$，$BC=1.6\text{cm}$，$CA=3\text{cm}$，$DE-3.3\text{cm}$，$EF=2.4\text{cm}$，$FD=4.5\text{cm}$，

求证：$\triangle ABC \backsim \triangle DEF$.

判定定理 2　如果一个三角形的两个角与另一个三角形的两个角对应相等，那么这两个三角形相似.

【例 5-16】　已知在 $\triangle ABC$ 与 $\triangle DEF$ 中，$\angle A=48°$，$\angle B=82°$，$\angle D=48°$，$\angle F=50°$，求证：$\triangle ABC \backsim \triangle DEF$.

证明　在 $\triangle DEF$ 中，有

$$\angle E=180°-\angle D-\angle F=180°-48°-50°=82°$$

因为
$$\angle A=\angle D=48°,\quad \angle B=\angle E=82°$$
所以
$$\triangle ABC \backsim \triangle DEF$$

练习 5-15　如图 5-31 所示，$\triangle ABC$ 中，$\angle A=90°$，$ED\perp BC$，则

(1) $\triangle ABC$ 与 $\triangle DBE$ 是否相似？为什么？

(2) 已知 $AC=6$，$AB=8$，$BE=5$，则 BC，DE 分别为多少？

判定定理 3　如果一个三角形的两条边和另一个三角形的两条边对应成比例且这两条边的夹角相等，那么这两个三角形相似..

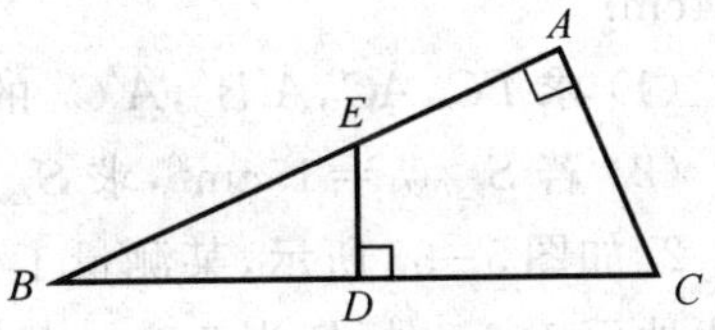

图　5-31

【例 5-17】　已知在 $\triangle ABC$ 与 $\triangle DEF$ 中，$\angle C=\angle F=70°$，$AC=3.5\text{cm}$，$BC=2.5\text{cm}$，$DE=2.1\text{cm}$，$EF=1.5\text{cm}$，求证：$\triangle ABC \backsim \triangle DEF$.

证明　由于

$$\frac{DF}{AC}=\frac{2.1}{3.5}=0.6,\quad \frac{EF}{BC}=\frac{1.5}{2.5}=0.6$$

得
$$\frac{EF}{BC}=\frac{DF}{AC}$$

又因为 $\angle C=\angle F=70°$，且 $\angle F$ 是边 FD 与 EF 的夹角，$\angle E$ 是边 CA 与 CB 的夹角.

故 $\triangle ABC \backsim \triangle DEF$（两边对应成比例且夹角的两个三角形相似）

练习 5-16

1. 已知在 $Rt\triangle ABC$ 与 $Rt\triangle A'B'C'$ 中，$\angle C=\angle C'=90°$，$AB=6\ \text{cm}AC=4.8\ \text{cm}$，$A'B'=5\ \text{cm}$，$B'C'=3\ \text{cm}$，求证：$\triangle ABC \backsim \triangle A'B'C'$.

2. 依据下列条件，判断 $\triangle ABC$ 与 $\triangle A'B'C'$ 是否相似，说明为什么？

(1) $\angle A=120°$，$AB=7\text{cm}$，$AC=14\text{cm}$，$\angle A'=120°$，$A'B'=3\text{cm}$，$A'C'=6\text{cm}$；

(2) $BC=6\text{cm}$，$AB=7\text{cm}$，$AC=14\text{cm}$，$B'C'=18\text{cm}$，$A'B'=3\text{cm}$，$A'C'=6\text{cm}$.

3. 相似三角形的性质

① 相似三角形的对应角相等，对应边成比例；

② 相似三角对应高的比、对应中线的比和对应角平分线的比都等于相似比；

③ 相似三角周长的比等于相似比；

④ 相似三角形面积之比等于相似比的平方.

例 5－18　如图 5－32 所示，CD 是 Rt$\triangle ABC$ 的斜边上的高：

(1) 已知 $AD=9$cm，$CD=6$cm，求 BD；

(2) 已知 $AB=25$cm，$BC=15$cm，求 BD

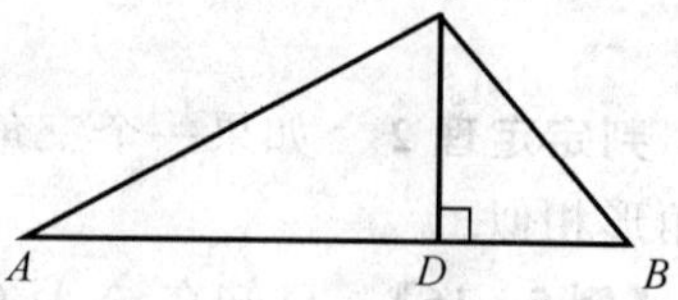

图　5－32

解　(1) 因为$\triangle ABC$为直角三角形，CD是斜边上的高，有 $\triangle ACD \backsim \triangle CBD$，则$\dfrac{AD}{CD}=\dfrac{CD}{BD}$，即$\dfrac{9}{6}=\dfrac{6}{BD}$，所以

$BD=\dfrac{6\times 6}{9}=4$cm

(2) 同(1) 可得：$\triangle ACD \backsim \triangle CBD$，$\dfrac{BC}{BA}=\dfrac{BD}{BC}$，所以$\dfrac{15}{25}=\dfrac{BD}{15}$

即 $BD=\dfrac{15\times 15}{25}=9$cm

练习 5－17

1. 已知 $\triangle ACD \backsim \triangle A'B'C'$，它们的周长分别为 60cm 和 72cm，且 $AB=15$cm，$B'C'=24$cm.

(1) 求 BC，AC，$A'B'$，$A'C'$ 的长；

(2) 若 $S_{\triangle ABC}=15\text{cm}^2$，求 $S_{\triangle A'B'C'}$.

2. 如图 5－33 所示，某测量工作人员与标杆顶端 F、电视塔顶端在同一直线上，已知此人眼睛距地面 1.6m，标杆为 3.2m，且 $BC=1$m，$CD=5$m，求电视塔的高 ED.

习题 5－3

1. 如图 5－34 所示，AE 与 BC 相交于点 D，$BC=CD$，$AD=ED$，$CA\perp AE$，$\angle 1=30°$，且 $AB=3$cm，那么线段 AC 多长？

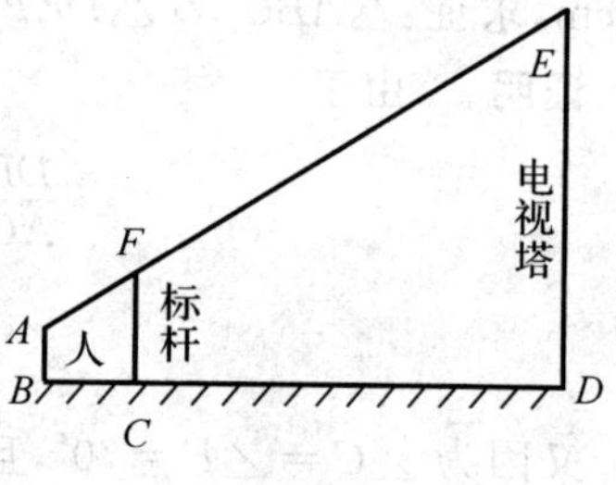

习题 5－33

2. 如图 5－35 所示，在 Rt$\triangle ABC$ 中，$\angle ACB=90°$，$CD\perp AB$，$\angle B=30°$，$AB=4$cm，试求线段 AD 的长.

3. 依据下列条件，判定三角形是否相似？若相似给证明，若不相似说明理由：

(1)$\triangle ABC$ 和 $\triangle A'B'C'$ 中，$\angle A=40°$，$AB=8$，$AC=15$，$\angle A'=40°$，$A'B'=16$，$A'C'=30$；

(2)$\triangle ABC$ 和 $\triangle A'B'C'$ 中，$\angle A=50°$，$AB=4$，$AC=3.2$，$\angle B'=50°$，$A'B'=2$，$A'C'=1.6$；

(3)$\triangle ABC$ 和 $\triangle A'B'C'$ 中，$\angle A=83°$，$\angle B=24°$，$\angle A'=83°$，$\angle B'=73°$.

4. 如图 5－36 所示，Rt$\triangle ABC$，$\angle C=90°$，$CD\perp AB$，$AD=5$cm，$BD=8$cm，求 CD.

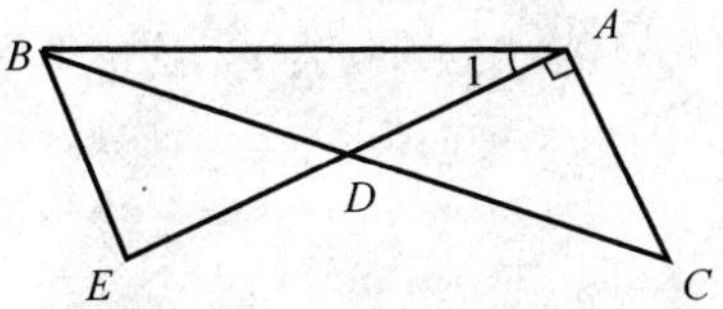

图 5-34

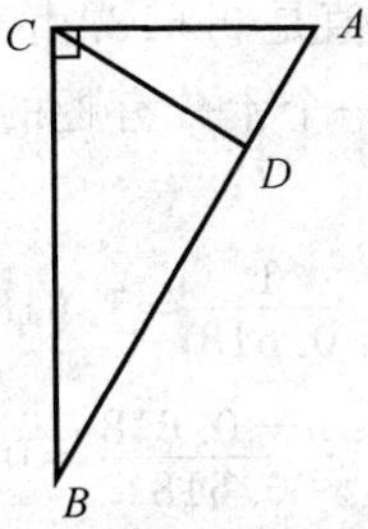

图 5-35

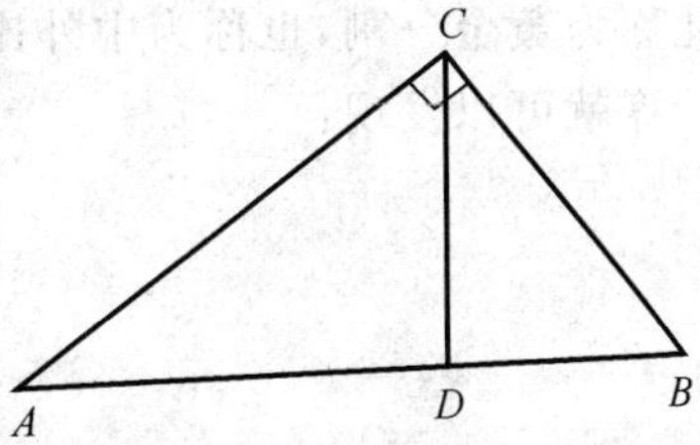

图 5-36

5. 小强用这样的方法来测量学校教学楼的高度：如图5-37所示，在地面上放一面镜子(镜子高度忽略不计)，他刚好能从镜子中看到教学楼的顶端 B，他请同学协助量了镜子与教学楼的距离 $EA=21\text{m}$，以及他与镜子的距离 $CE=2.5\text{m}$，已知他的眼睛距离地面的高度 $DC=1.6\text{m}$，请你帮助小强计算出教学楼的高度(根据光的反射定律：反射角等于入射角).

6. 如图5-38所示，O 为码头，A，B 两个灯塔与码头的距离相等，OA，OB 为海岸线，一轮船从码头开出，计划沿 $\angle AOB$ 的平分线航行，航行途中，测得轮船与灯塔 A，B 的距离相等，此时轮船有没有偏离航线？画出图形并说明你的理由.

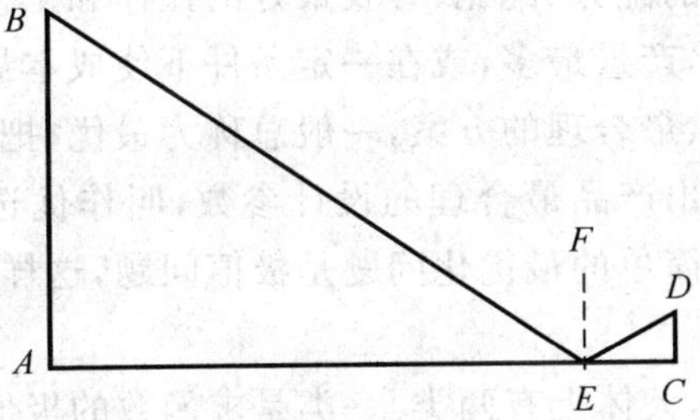

图 5-37

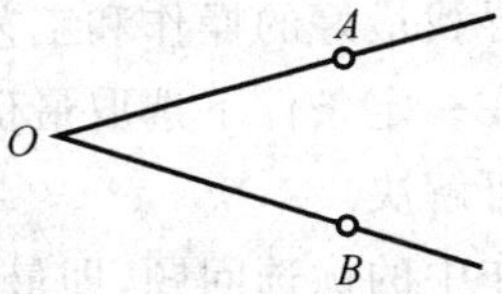

图 5-38

阅读材料

黄金分割

黄金分割又称黄金律，是指事物各部分间一定的数学比例关系，即将整体一分为二，较大部分与较小部分之比等于整体与较大部分之比，其比值为1∶0.618或1.618∶1，即长段为全段的0.618.0.618被公认为最具有审美意义的比例数字.上述比例是最能引起人的美感的比例，因此被称为黄金分割.

关于黄金分割比例的起源大多认为来自毕达哥拉斯，据说在古希腊，有一天毕达哥拉斯走在街上，在经过铁匠铺前他听到铁匠打铁的声音非常好听，于是驻足倾听.他发现铁匠打铁节奏很有规律，这个声音的比例被毕达哥拉斯用数理的方式表达出来.被应用在很多领域，后来很多人专门研究过，开普勒称其为“神圣分割”也有人称其为“金法”.在金字塔建成1000年后才出现毕达哥拉斯定律，可见这很早就存在.只是不知这个谜底.

把一条线段分割为两部分，使其中一部分与全长之比等于另一部分与这部分之比.其比值是$(\sqrt{5}-1)/2$，取其前3位数字的近似值是0.618. 由于按此比例设计的造型十分美丽柔和，因此称为黄金分割，也称为中外比. 这是一个十分有趣的数字，我们以0.618来近似，通过简单的计算就可以发现：

$$\frac{1}{0.618}=1.618$$

$$\frac{1-0.618}{0.618}=0.618$$

这个数值的作用不仅仅体现在诸如绘画、雕塑、音乐、建筑等艺术领域，而且在管理、工程设计等方面也有着不可忽视的作用.

0.618法(又称黄金分割法)，后来又提出抛物线法. 至于双因数和多因数优选法，则涉及问题较复杂，方法和思路也较多，常用的有降维法、瞎子爬山法、陡度法、混合法、随机试验法和试验设计法等. 优选法的应用范围相当广泛，中国数学家华罗庚在生产企业中推广应用取得了成效. 企业在新产品、新工艺研究，仪表、设备调试等方面采用优选法，能以较少的实验次数迅速找到较优方案，在不增加设备、物资、人力和原材料的条件下，缩短工期、提高产量和质量，降低成本等.

优选法是指研究如何用较少的试验次数，迅速找到最优方案的一种科学方法. 例如：在现代体育实践的科学实验中，怎样选取最合适的配方、配比；寻找最好的操作和工艺条件；找出产品的最合理的设计参数，使产品的质量最好，产量最多，或在一定条件下使成本最低，消耗原料最少，生产周期最短等. 把这种最合适、最好、最合理的方案，一般总称为最优；把选取最合适的配方、配比，寻找最好的操作和工艺条件，给出产品最合理的设计参数，叫作优选. 也就是根据问题的性质在一定条件下选取最优方案. 最简单的最优化问题是极值问题，这样的问题用微分学的知识即可解决.

实际工作中的优选问题，即最优化问题，大体上有两类：一类是求函数的极值；另一类是求泛函的极值. 如果目标函数有明显的表达式，一般可用微分法、变分法、极大值原理或动态规划等分析方法求解(间接选优)；如果目标函数的表达式过于复杂或根本没有明显的表达式，则可用数值方法或试验最优化等直接方法求解(直接选优).

5.4　四　边　形

一、四边形的有关概念

(1) 四边形的定义：如图5-39所示，在平面内，由不在同一个直线的4条线段首尾顺序相接组成的图形叫四边形. 组成四边形的各条线段叫四边形的边，每相邻两条边的公共端点，叫四边形的顶点. 在四边形中，连接不相邻两个顶点的线段叫作四边形的对角线. 图中的AC与BD为两条对角线.

(2) 四边形内角和外角的定义和性质. 四边形相邻两边所组成的角叫作四边形的内角，四边形有四个内角，如图5-39$\angle A$，$\angle B$，$\angle C$，$\angle D$都是四边形的内角，它们的和为360°，即四边形的内角和等于360°.

四边形的角的一边与另一边的延长线所组成的角叫作四边形的外角. 如图中的$\angle\alpha$，$\angle\beta$，

$\angle\gamma$，$\angle\delta$. 四边形的外角和等于 360°.

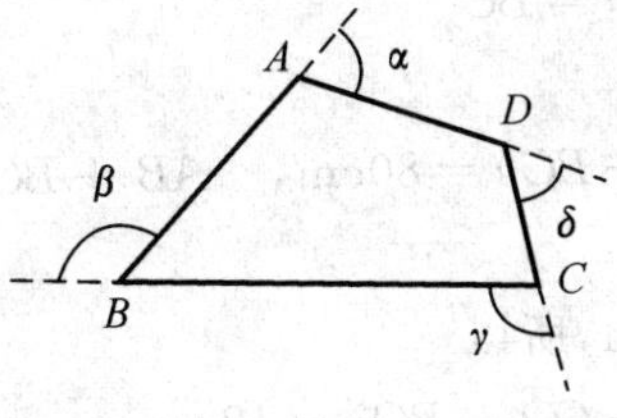

图 5-39

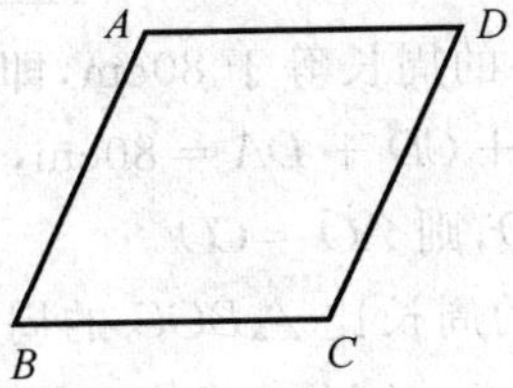

图 5-40

二、平行四边形

1. 平行四边形及其性质

两组对边分别平行的四边形叫作平行四边形. 在图 5-40 所示的四边形 $ABCD$ 中，$AC \parallel CD$，$AD \parallel BC$，因此它就是平行四边形. 平行四边形的符号"▱"表示，记作："▱$ABCD$". 读作"平行四边形 $ABCD$".

平行四边形是一种特殊的四边形，它除了具有四边形的性质，还有下述特殊的性质：

① 平行四边形的对角相等.

② 平行四边形的对边相等.

③ 平行四边形的对角线互相平分.

2. 平行四边形的判定

① 两组对边分别平行的四边形是平行四边形.

② 两组对角分别相等的四边形是平行四边形.

③ 两组对边分别相等的四边形是平行四边形.

④ 对角线互相平分的四边形是平行四边形.

⑤ 一组对边平行且相等的四边形是平行四边形.

【例 5-19】 已知 ▱$ABCD$，$AB=8\text{cm}$，$BC=10\text{cm}$，$\angle B=30°$，求 ▱$ABCD$ 的度数.

解 过 A 作 AE 垂直 BC，垂足为 E，如图 5-41 所示。

在 Rt$\triangle ABE$ 中，因为 $\angle B=30°$，$AB=8cm$，所以 $AE=\dfrac{AB}{2}=\dfrac{8}{2}=4\text{cm}$

所以 ▱$ABCD$ 的面积 $S=BC\times AE=10\times 4=40\text{cm}^2$

例 5-20 如图 5-42 所示，在 ▱$ABCD$ 中，对角线 AC，BD 交于 O，周长为 80cm，$\triangle AOB$ 的周长比 $\triangle BOC$ 的周长多 12cm，求这个平行四边形的各边的长.

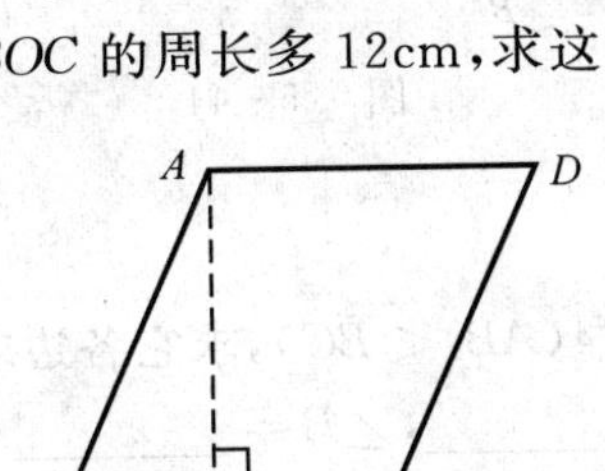

图 5-41

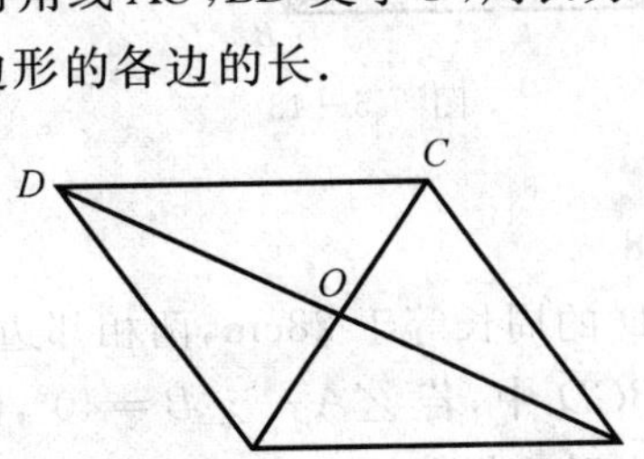

图 5-42

解　因为四边形 $ABCD$ 是平行四边形，所以

$$AB = CD, AD = BC$$

因为 $\square ABCD$ 的周长等于 80cm，即

$$AB + BC + CD + DA = 80\text{cm},\quad 2(AB + BC) = 80\text{cm},\quad AB + BC = 40\text{cm} \qquad ①$$

AC，BD 交于 O，则 $AO = CO$

因为 $\triangle AOB$ 的周长比 $\triangle BOC$ 的周长多 12cm，所以

$$(AB + AO + BO) - (BC + CO + BO) = 12\text{cm}$$

即

$$AB - BC = 12\text{cm} \qquad ②$$

式 ①② 联立得

$$AB = 26\text{cm},\quad BC = 14\text{cm}$$

故，$\square ABCD$ 的 4 条边的长度分别为

$$AB = CD = 26\text{cm},\quad BC = AD = 14\text{cm}.$$

【例 5-21】　如图 5-43 所示，在 $\square ABCD$ 的中，E，F 是对角线 AC 上的两点，且 $AF = CE$，求证四边形 $BFDE$ 是平行四边形.

证明　连接 BD，交 AC 于 O

因为四边形 $ABCD$ 是平行四边形. 所以 $BO = DO$，$AO = CO$

因为

$$AF = CE$$

所以

$$AF - AO = CE - CO$$

$$OF = OE$$

故得四边形 $BFDE$ 是平行四边形.

【例 5-22】　如图 5-44 所示，在 $\square ABCD$ 中，E，F 分别 AD，BC 的中点，求证 $AF = CE$.

证明　因为四边形 $ABCD$ 是平行四边形，所以 $AD \parallel BC$，$AD = BC$.

又因为 E，F 分别是 AD，BC 的中点，则 $AE = \frac{1}{2}AD$，$CF = \frac{1}{2}BC$

所以

$$AE \parallel CF, AE \parallel CF$$

$\square AECF$ 是平行四边形

故

$$AF = CE$$

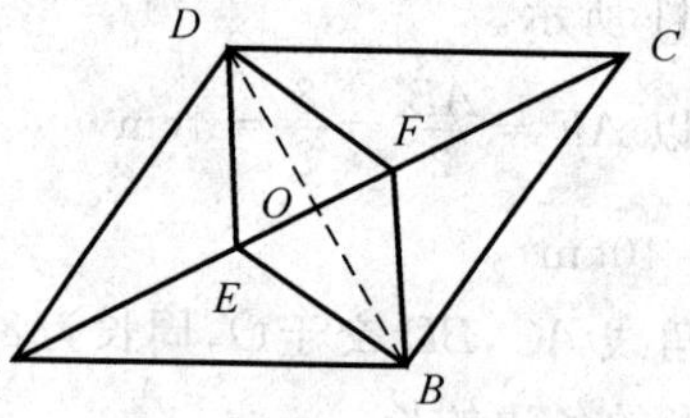

图　5-43

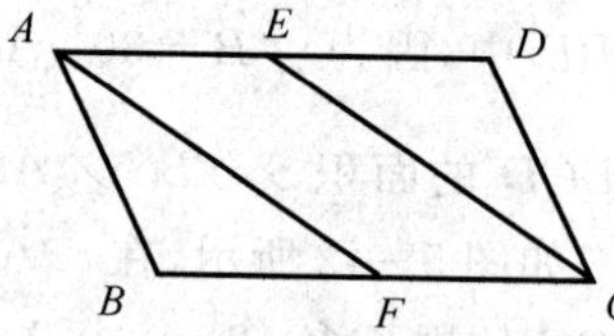

图　5-44

练习 5-18

1. $\square ABCD$ 的周长等于 28cm，两相邻边之比是 3 : 4($AB < BC$)，求它各边之长.
2. 在 $\square ABCD$ 中，若 $\angle A - \angle B = 40°$，则 $\angle A =$ ________，$\angle B =$ ________.
3. 求证两组对角相等的四边形是平行四边形.

三、矩形

1. 矩形及其性质

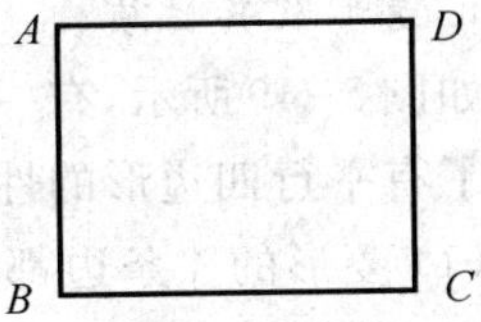

图 5-45

如图5-45所示，矩形是一种特殊的平行四边形，它除了具有平行四边形的性质外，还有以下一些特殊性质：矩形的4个角都是直角，矩形的对边相等。

推论 直角三角形斜边上的中线等于斜边的一半.

2. 矩形的判定

判定一个四边形是不是矩形，有以下几种方法：① 矩形的定义；② 有一个角是直角的平行四边形是矩形；③ 有三个角是直角的四边形是矩形；④ 对角线相等的平行四边形是矩形.

【例5-23】 如图5-46所示，在矩形 $ABCD$ 中，$AD=4$，$AB=3$，BE 垂直于对角线 AC，垂足为 E，求 BE 的长.

解 因为四边形 $ABCD$ 是矩形，所以 $\angle ABC=90°$，$BC=AD=4$.

则
$$AC=\sqrt{AB^2+BC^2}=\sqrt{3^2+4^2}=5$$

因为
$$\frac{1}{2}AB\times BC=\frac{1}{2}AC\times BE$$

所以
$$3\times4=5\times BE,\quad BE=\frac{12}{5}$$

【例5-24】 如图5-47所示，在矩形 $ABCD$ 中，对角线 AC，BD 交于 O，且 $\angle AOD=120°$，$AC=12\text{cm}$，求 AB 的长.

解 因为四边形 $ABCD$ 是矩形，所以 $OA=OB=OC$.

又因为 $AC=12\text{cm}$，所以 $OA=6\text{cm}$.

因为 $\angle AOD=120°$，所以 $\angle AOB=60°$.

则 $\triangle AOB$ 为等边三角形，所以 $AB=OA=6\text{cm}$.

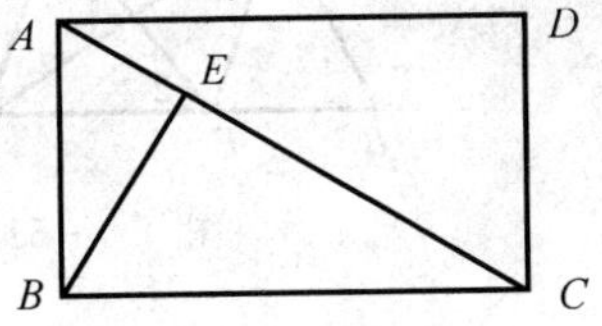

图 5-46

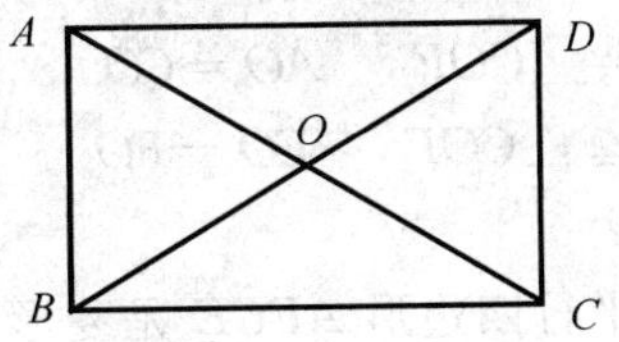

图 5-47

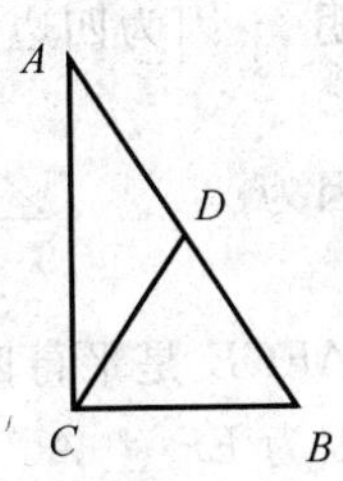

图 5-48

练习5-19

1. 已知矩形的对角线长为13，周长为34，求这个矩形的面积.

2. 如图5-47所示，已知矩形 $ABCD$ 的两条对角线相交于 O，$\angle AOD=120°$，$AB=4\text{cm}$，求矩形对角线的长.

3. 如图5-48所示，已知在 $\text{Rt}\triangle ABC$ 中，$\angle C=90°$，$BC=3$，$AC=4$，D 是 AB 的中点，求 CD 的长.

四、菱形

1. 菱形及其性质

如图5-49所示，有一组邻边相等的平行四边形叫作菱形. 菱形是一种特殊的平行四边形，它除了有平行四边形的性质外，还有以下一些特殊性质：

(1) 菱形的 4 条边都相等。

(2) 菱形的对角线互相垂直，并且每一条对角线平分一组对角。

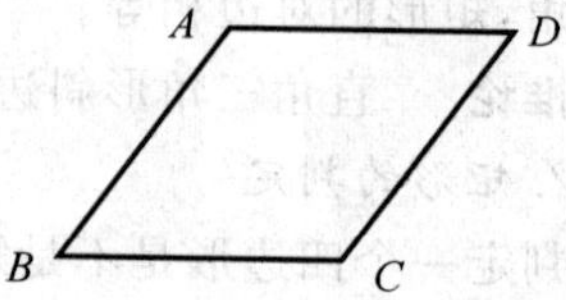

图　5-49

2. 菱形的判定

判定一个四边形是不是菱形，有以下几种方法：

定义：有一组邻边相等的平行四边形是菱形.

判定定理 1：四边都相等的四边形是菱形.

判定定理 2：对角线互相垂直的平行四边形是菱形.

【例 5-25】　如图5-50所示，如果菱形 $ABCD$ 的周长为20，$AE \perp BC$ 于 E，$CE=2$，求菱形 $ABCD$ 的面积.

解　因为四边形 $ABCD$ 是菱形

所以 $AB=BC=CD=DA$

因为 $AB+BC+CD+DA=20$

所以 $BC=20\times\frac{1}{4}=5$

因为 $CE=2$，所以 $BE=BC-CE=5-2=3$

因为 $AE\perp BC$，所以 $AE=\sqrt{AB^2-BE^2}=\sqrt{5^2-3^2}=4$

菱形 $ABCD$ 的面积为 $AE\cdot BC=20$

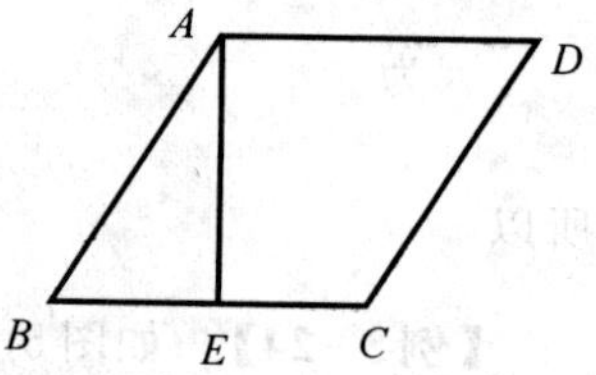

图　5-50

【例 5-26】　如图5-51所示，已知 $\square ABCD$ 的对角线 AC 的垂直平分线与边 AD，BC 分别交于 E，F. 求证：四边形 $AFCE$ 是菱形.

证明　因为四边形 $ABCD$ 是平行四边形

所以　　$AE \parallel FC$，　$\angle 1=\angle 2$

又因为　　$\angle AOE=\angle COF$，　$AO=CO$

所以　　$\triangle AOE \cong \triangle COF$，　$EO=FO$

所以 $\square AFCE$ 是平行四边形.

又因为 $EF\perp AC$，所以平行四边形 $AFCE$ 是菱形.

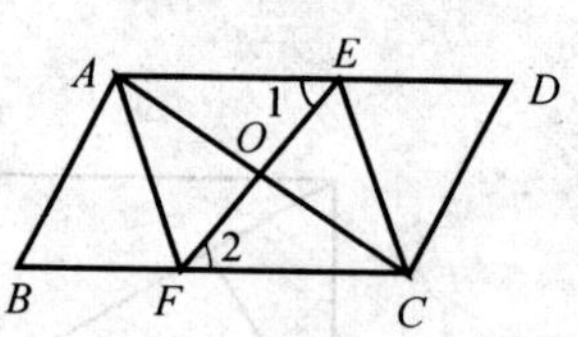

图　5-51

练习 5-20

1. 如图5-52所示，在菱形 $ABCD$ 中，AC 与 BD 交于 O，$AC=6$，$BD=8$ 求菱形 $ABCD$ 的周长和面积.

2. 如果平行四边形的一条对角线平分一个内角，试证明这个四边形是菱形.

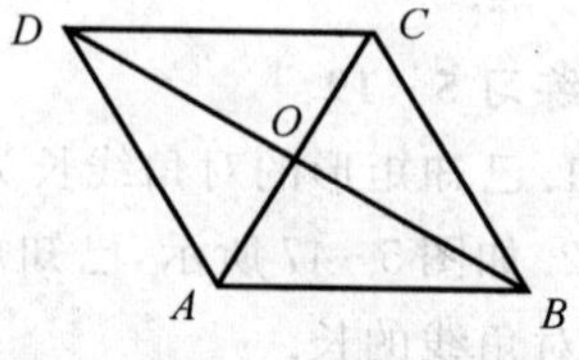

图　5-52

五、正方形

1.正方形及其性质

有一组邻边相等并且有一个角是直角的平行四边形叫正方形.正方形是一种特殊的四边形,它既有矩形的性质,同时又具有菱形的性质.正方形具有下面的性质:

(1) 正方形的4个角都是直角,四边都相等。

(2) 正方形的两条对角线相等,并且互相垂直平分,每条对角线平分 一组对角。

2.正方形的判定

(1) 先判断四边形是矩形,再判定这个矩形也是菱形.

(2) 先判断四边形是菱形,再判定这个菱形也是矩形.

【例5-27】 如图5-543四边形$ABCD$是正方形,延长BC至E,使得$CE=AC$,交CD于F,求$\angle AFC$.

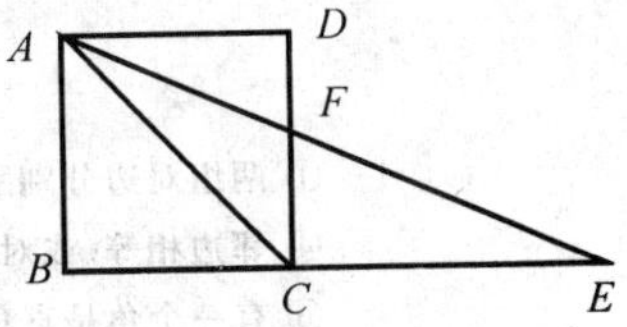

图　5-53

解　因为四边形$ABCD$是正方形所以$CD\perp BC$,即

$$\angle FCE=90^\circ,\quad \angle BCD=90^\circ$$

所以
$$\angle ACB=\frac{1}{2}\times 90^\circ=45^\circ$$

因为$AC=CE$,所以$\angle CAF=\angle E$

因为$\angle ACB$是$\triangle ACE$的外角,

所以
$$\angle CAE+\angle E=\angle ACB=45^\circ \text{则} \angle E=22.5^\circ$$

因为$\angle AFC$是$\triangle CFE$的外角

所以
$$\angle AFC=\angle FCE+\angle E=90^\circ+22.5^\circ=112.5^\circ$$

练习5-21

如图5-54所示,四边形$ABCD$为正方形,以CD为边向外作等边$\triangle CDE$,连结AE,BE,求$\angle AEB$的度数.

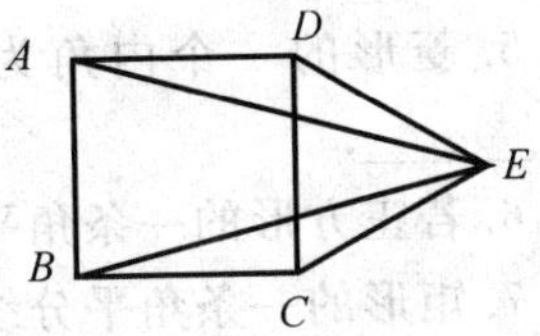

图　5-54

六、梯形

如图5-55所示,一组对边平行而另一组对边不平行的四边形叫梯形.平行的两边叫作梯形的底,不平行的两边叫作梯形的腰,两底间的距离叫作梯形的高.一腰垂直于底的梯形叫作直角梯形,两腰相等的梯形叫作等腰梯形.

等腰梯形的性质:

(1) 等腰梯形在同一底上的两个角相等.

(2) 对角线相等的梯形是等腰梯形.

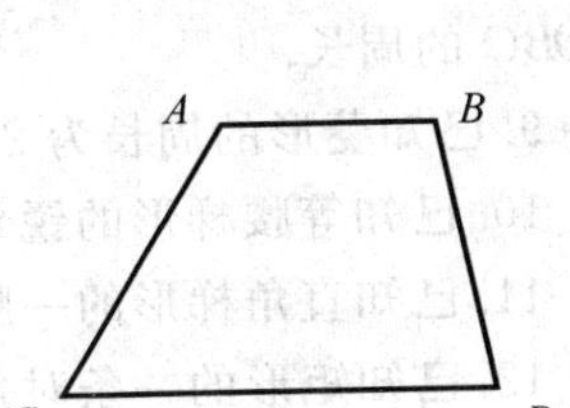

图　5-55

七、四边形和各种特殊四边形之间的关系

它们之间的关系如图5-56所示.

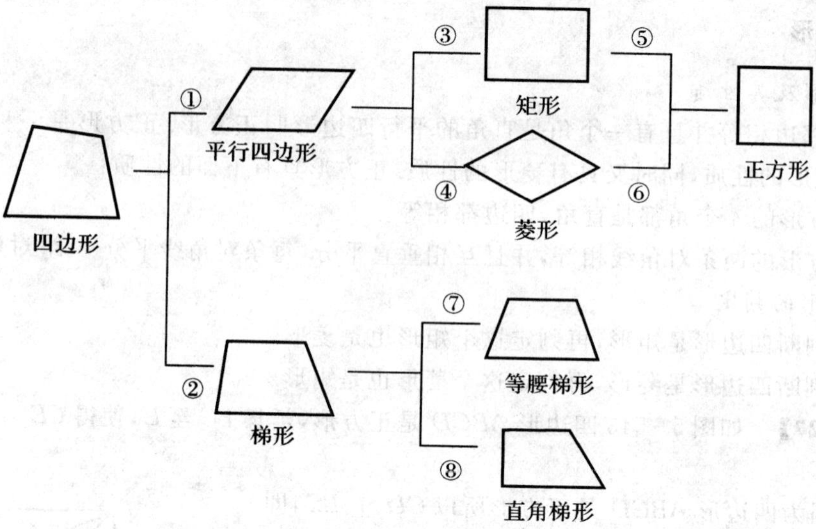

图 5-56

① 两组对边分别平行且相等； ② 有一组对边平行； ③ 有一个角是直角(或对角线相等)；
④ 邻边相等(或对角线相互垂直)； ⑤ 邻边相等(或对角线相互垂直)；
⑥ 有一个角是直角(或对角线相等)； ⑦ 不平行的一组对边相等； ⑧ 有一个角是直角

习题 5-4

1. $\square ABCD$ 中，若 $\angle A$ 的补角与 $\angle B$ 互余，则 $\angle D$ 的度数是________.

2. $\square ABCD$ 的周长是 18，三角形 ABC 的周长是 14，则对角线 AC 的长是________.

3. 矩形 $ABCD$ 中，点 E 为边 AB 上的一点，过点 E 作直线 EF 垂直对边 CD 于 F，若 $S_{AEFD}:S_{BCFE}=2:1$，则 $DF:FC=$________.

4. 矩形的两条对角线的一个交角为 60°，两条对角线的和为 8cm，则这个矩形的一条较短边为________cm.

5. 菱形的一个内角为 120°，且平分这个内角的对角线长为 8cm，则这个菱形的周长为________.

6. 若正方形的一条角平分线 m，则这个正方形的面积为________.

7. 矩形的一条角平分线分长边为 5cm 和 4cm 两部分，则此面积为________.

8. 已知 O 是平行四边形 $ABCD$ 的对角线交点，$AC=24\text{mm}$，$BD=38\text{mm}$，$AD=28\text{mm}$，求 $\triangle OBC$ 的周长.

9. 已知菱形的周长为 20cm，两个相邻的角的度数之比为 1：2，求较短的对角线

10. 已知等腰梯形的锐角等于 60°，它的两底分别为 15cm，49cm，求它的腰

11. 已知直角梯形的一腰长为 10cm，这条腰和一个底所成的角是 30°，求另一腰长

12. 已知矩形的一条对角线的长度为 2cm，两条对角线的一个夹角为 60°，求矩形的各边长

13. 已知 $\square ABCD$ 的两条对角线 AC，BD 相交于点 O，$\triangle OAD$ 是等边三角形，$AD=1\text{cm}$，求 $\square ABCD$ 的面积.

5.5　圆

一、圆的概念和有关性质

1. 圆的概念

如图 5-57 所示，在一个平面内，线段 OA 绕它固定的一个端点 O 旋转一周，另一个端点 A 随之旋转所形成的图形叫作圆. 固定的端点 O 叫作圆心，线段 OA 叫作半径. 圆用 ⊙ 表示，图中的圆可用 $\odot O$ 表示. 连接圆上任意两点的线段叫作弧，经过圆心的弦叫作直径圆上任意两点间的部分叫作弧. 弧用符号“⌒”表示. 以 AB 为端点的弧记作$\overset{\frown}{AB}$，读作“弧 AB”.

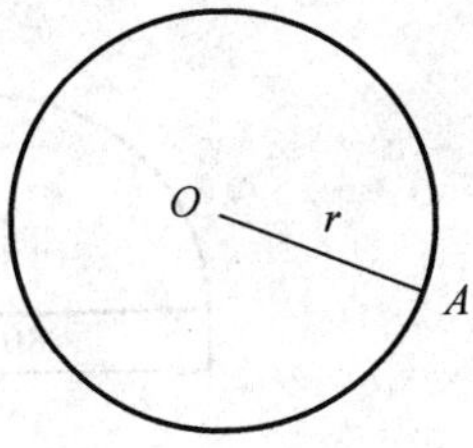

图　5-57

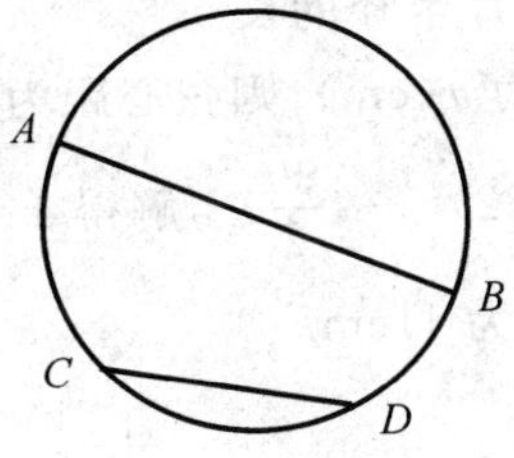

图　5-58

圆的任意一条直径的两个端点分圆成两条弧，每一条弧都叫作半圆. 大于半圆的弧(用三个字母表示，如图 5-58 中的$\overset{\frown}{BAC}$) 叫优弧；小于半圆的弧(见图 5-59 中的$\overset{\frown}{BC}$) 叫作劣弧. 圆心相同，半径不相等的两个圆叫作同心圆. 能够重合的两个圆叫作等圆. 在同圆或等圆中，能够相互重合的弧叫作等弧.

不在同一条直线上的 3 个点确定一个圆.

垂径定理　垂直于弦的直径平分这条弦，并且平分弦所对的弧.

如图 5-59 所示，在 $\odot O$ 中，CD 是直径，AB 是弦，$CD \perp AB$，垂足为 E，则 $AE=BE$ 且$\overset{\frown}{AE}=\overset{\frown}{BE}$.

推论 1　平分弦(不是直径) 的直径垂直于弦，并且平分弦所对的两条弧.

如图 5-59，在 $\odot O$ 中，CD 是直径，AB 不是直径. $AE=BE$，则 $CD \perp AB$ 且$\overset{\frown}{AE}=\overset{\frown}{BE}$，

推论 2　弦的垂直平分线经过圆心，并且平分弦所对的弧.

如图 5-59 所示，若 $CD \perp AB$，$AE=BE$. 则 CD 为直径.

推论 3　平分弦所对的一条弧的直径，垂直平分弦，并且平分弦所对的另一条弧.

在图 5-59 中，若 CD 为直径，$\overset{\frown}{AD}=\overset{\frown}{BD}$，则 $AB \perp CD$，$AE=BE$，$\overset{\frown}{AC}=\overset{\frown}{BC}$.

推论 4　圆的两条平行弦所夹的弧相等.

如图 5-60 所示，在 $\odot O$ 中若 $AB//CD$，则$\overset{\frown}{AC}=\overset{\frown}{BD}$.

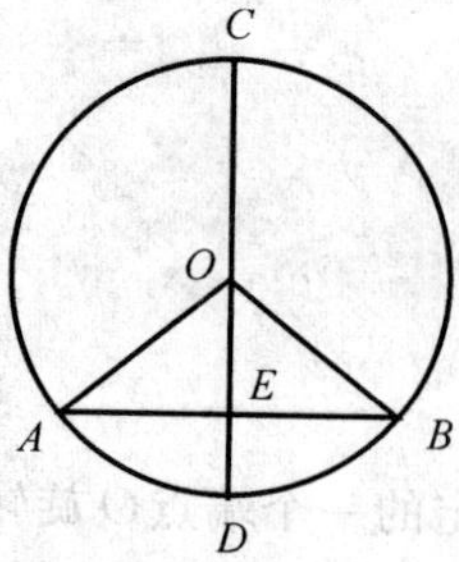

图　5-59

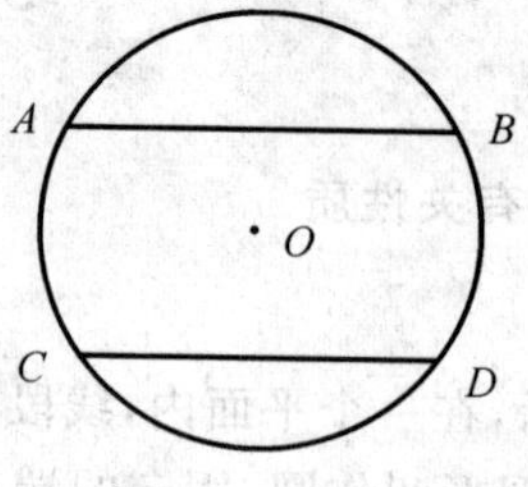

图　5-60

【例 5-28】　如图 5-61 所示，在圆形铁片上切得一块高为 32cm 的弓形铁片，弓形的弦长为 80cm，求圆形铁片半径的长

解　设半径为 x(cm)，则弦心距为 $(x-32)$cm

有 $x^2=(x-32)^2+(\frac{80}{2})^2$，解得 $x=41$cm

故圆形铁片的半径为 41cm.

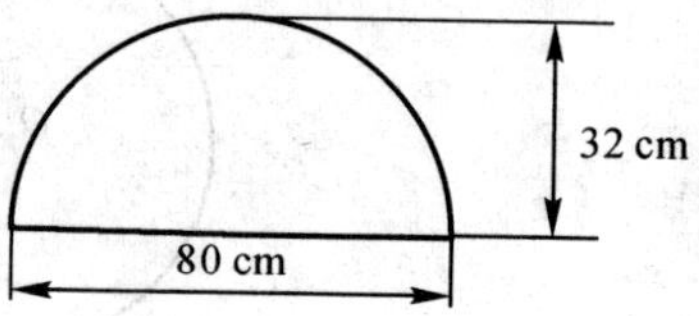

图　5-61

练习 5-22

1. 已知 ⊙O 的半径为 2cm，弦 AB 长为 $2\sqrt{3}$cm，则这条弦的中点到弦所对劣弧的中点的距离为________cm.

2. 已知 ⊙O 中，弦 AB 的长为 8cm，圆心 O 到 AB 的距离为 3cm，则 ⊙O 的直径是________cm.

3. 一条弦把圆分成 1∶3 两部分，则劣弧所对的圆心角为________.

4. 如果 ⊙O 的直径为 10cm，弦 $AB=6$cm，那么圆心 O 到弦 AB 的距离为________cm.

2. 圆心角、弧、弦、弦心距之间的关系

顶点在圆心的角叫作圆心角. 从圆心到弦的距离叫作弦心距. 如图 5-59 所示，$\angle AOB$ 是圆心角，AB 是一条弦，$OE\perp AB$，垂足为 E 点，则 OE 就是弦心距.

在同圆或等圆中，相等的圆心角所对的弧相等，所对的弦相等，所对弦的弦心距相等.

3. 圆周角

顶点在圆上，并且两边都和圆相交的角叫作圆周角.

一条弧所对的圆周角等于它所对的圆心角的一半.

推论 1　同弧或等弧所对的圆周角相等；同圆或等圆中，相等的圆周角所对的弧也相等.

推论 2　半圆(或直径)所对的圆周角是直角；90° 的圆周角所对的弦是直径.

推论 3　如果三角形一边上的中线等于这边的一半，那么这个三角形是直角三角形.

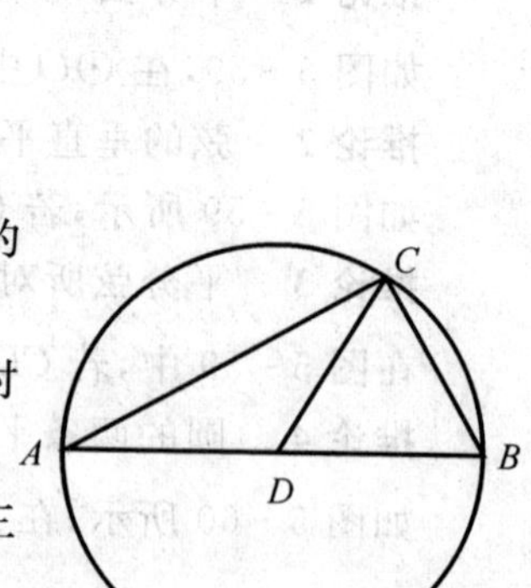

图　5-62

【例 5-29】　如图 5-62 所示，已知 CD 是 $\triangle ABC$ 的中线，$AB=2CD$，$\angle B=60°$ 求证 $\triangle ABC$ 外接圆的半径等于 CB

证明　因为 $\triangle ABC$ 中，CD 为中线，且 $AB=2CD$，

所以 $\triangle ABC$ 为直角三角形，$\angle C=90°$

所以 AB 为圆的直径，D 为圆心 $DB=DC$，又因为 $\angle B=60°$，所以 $\triangle DBC$ 为等边三角形.

所以 $CD=DB=DC$

故 $\triangle ABC$ 外接圆的半径等于 CB

练习 5 - 23

1. 如图 5 - 63 所示，AB 是 $\odot O$ 的直径，CD 是 $\bigcirc O$ 的弦，AB，CD 的延长线交于 E 点，已知 $AB=2DE$，$\angle E=18°$，求 $\angle AOC$ 的度数.

2. 如图 5 - 64 所示，$\angle E=40°$，$AB=BC=CD$，求 $\angle ACD$ 的度数.

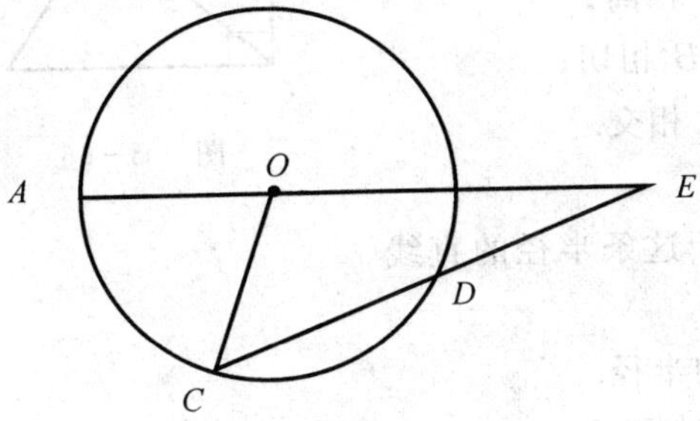

图　5 - 63

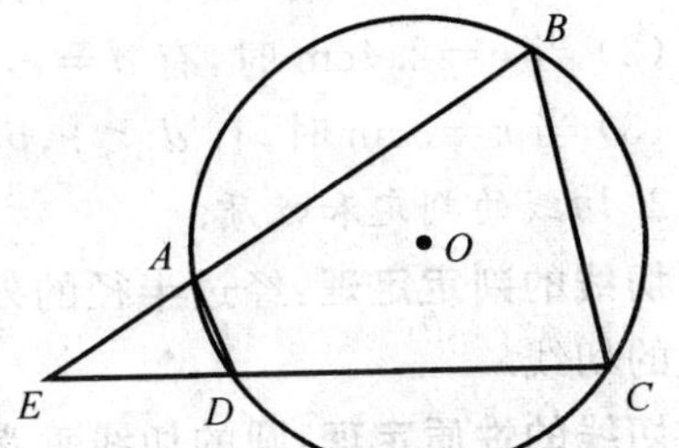

图　5 - 64

二、直线与圆的位置关系

1. 直线与圆有 3 种不同的位置关系

① 直线和圆有两个公共点时，叫作直线和圆相交(见图 5 - 65(a))，这时直线叫作圆的割线.

② 直线和圆有唯一公共点时，叫作直线和圆相切(见图 5 - 65(b))，这时直线叫作圆的切线，唯一的公共点叫作切点.

③ 直线和圆没有公共点时，叫作直线和圆相离(见图 5 - 65(c))

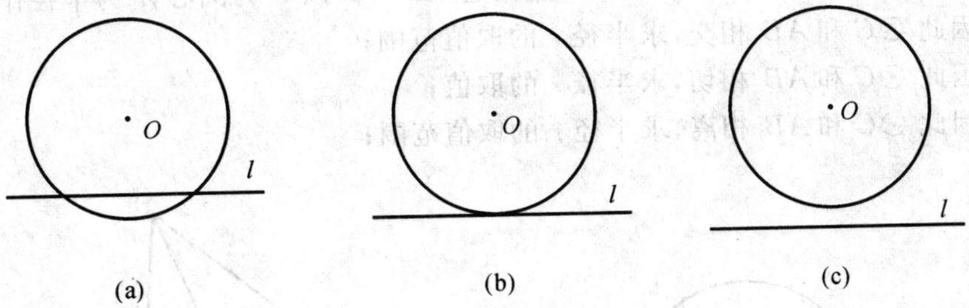

图　5 - 65

如果 $\odot O$ 的半径为 r，圆心 O 到直线 l 的距离为 d，那么

① 直线 l 和 $\odot O$ 相交 $\Leftrightarrow d<r$；

② 直线 l 和 $\odot O$ 相且 $\Leftrightarrow d=r$；

③ 直线 l 和 $\odot O$ 相离 $\Leftrightarrow d>r$.

【例 5－30】　在图 5－66 中 Rt△*ABC* 中，∠*C*＝90°，*AC*＝3cm，*BC*＝4cm，以 *C* 为圆心，*r* 为半径的圆与 *AB* 有怎样的位置，为什么？

(1)$r=2\text{cm}$；　(2)$r=2.4\text{cm}$；　(3)$r=3\text{cm}$.

解　过 *C* 作 $CD\perp AB$，垂足为 *D*，

在 Rt△*ABC*，$AB=\sqrt{AC^2+BC^2}=\sqrt{3^2+4^2}=5\text{cm}$

根据三角形的面积公式，有 $CD\cdot AB=AC\cdot BC$

所以 $CD=\dfrac{AC\cdot BC}{AB}=\dfrac{3\times 4}{5}=2.4\text{cm}$

即圆心 *C* 到 *AC* 的距离 $d=2.4$

(1) 当 $r=2\text{cm}$ 时，有 $d>r$，因此 ⊙*C* 和 *AB* 相离；

(2) 当 $r=2.4\text{cm}$ 时，有 $d=r$，因此 ⊙*C* 和 *AB* 相切；

(3) 当 $r=3\text{cm}$ 时，有 $d<r$，因此 ⊙*C* 和 *AB* 相交.

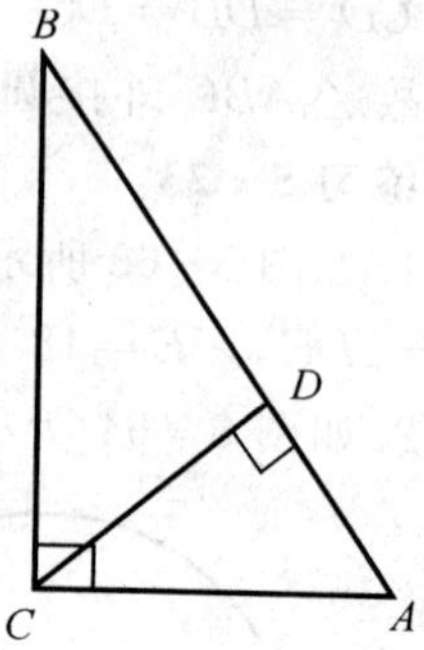

图　5－66

2. 切线的判定和性质.

切线的判定定理：经过半径的外端并且垂直于这条半径的直线是圆的切线.

切线的性质定理：圆的切线垂直于经过切点的半径.

推论 1　经过圆心且垂直于切线的直线必经过切点.

推论 2　经过切点且垂直于切线的直线必经过圆心.

【例 5－31】　如图 5－67 所示，在△*ABC* 中，*AB*＝*AC*，以 *AB* 为直径的 ⊙*C* 交 *BD* 于 *D*，过 *D* 作 $DE\perp AC$，垂足为 *E*，求证：*DE* 是 ⊙*C* 的切线.

证明　连接 *OD*，因为 *AB*＝*AC*，所以 ∠*B*＝∠*C*

又因为 *OB*＝*OD*，所以 ∠*B*＝∠*ODB*

所以 ∠*C*＝∠*OBD*，所以 $OD\parallel AC$

又因为 $DE\perp AC$，所以 $DE\perp OD$

故 *DE* 是 ⊙*C* 的切线.

练习 5－24

1. 已知 Rt△*ABC* 的斜边 *AB*＝6cm，直角边 *AC*＝3，以 *C* 为圆心，*r* 为半径作圆，问：

(1) 若因此 ⊙*C* 和 *AB* 相交，求半径 *r* 的取值范围；

(2) 若因此 ⊙*C* 和 *AB* 相切，求半径 *r* 的取值；

(3) 若因此 ⊙*C* 和 *AB* 相离，求半径 *r* 的取值范围；

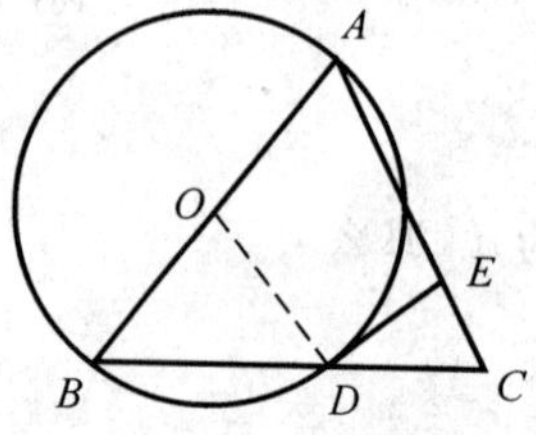

图　5－67

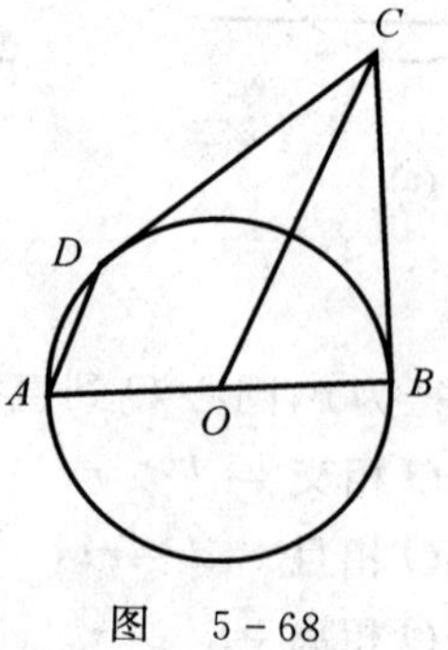

图　5－68

2. 如图 5-68 所示，已知 AB 是 $\odot O$ 的直径，BC 是 $\odot O$ 的切线，切点为 B，OC 平行于弦 AD，求证：DC 是的 $\odot O$ 切线.

3. 圆与圆的位置关系及其性质

① 两个圆没有公共点，并且每个圆上的点都在另一个圆的外部时，叫作这两个圆外离（见图 5-69(a)）.

② 两个圆有唯一的公共点，并且除了这个公共点外，每个圆上的点都在另一个圆的外部时，叫作这两个圆外切. 这个唯一的公共点叫作切点（见图 5-69(b)）.

③ 两个圆有两个公共点时，叫这个圆相交（见图 5-69(c)）.

④ 两个圆有唯一的公共点，并且除了这个公共点外，每个圆上的点都在另一个圆的内部时，叫作这两个圆内切. 这个唯一的公共点叫作切点（见图 5-69(d)）.

两个圆外切和内切统称两个圆相切.

⑤ 两个圆没有公共点，并且一个圆上的点都在另一个圆的内部时，叫作这两个圆内含（见图 5-69(e)），两圆同心是两圆内含的一种特例（见图 5-69(f)）.

设两圆半径分别为 R 与 r，圆心距为 d，那么

① 两圆外离 $\Leftrightarrow d > R + r$；

② 两圆外切 $\Leftrightarrow d = R + r$；

③ 两圆相交 $\Leftrightarrow R - r < d < R + r \quad (R \geqslant r)$；

④ 两圆内切 $\Leftrightarrow d = R - r \quad (R > r)$；

⑤ 两圆内含 $\Leftrightarrow d < R - r \quad (R > r)$.

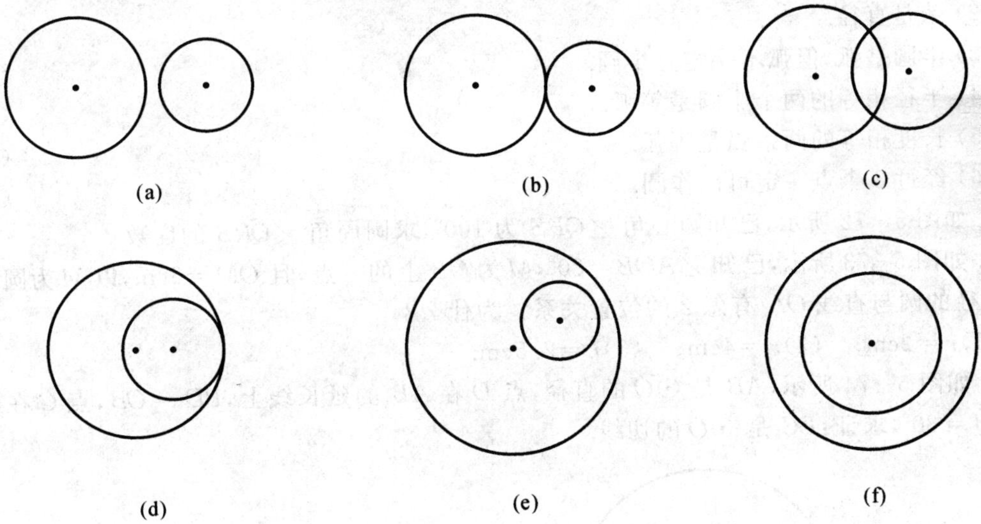

图　5-69

定理：两相交圆，圆心连线垂直平分两圆的公共弦.

【例 5-32】　若两圆的半径是方程 $x^2 - 8x + 3 = 0$ 的两根，圆心距 $d = 6$，试确定两圆的位置关系.

解　由方程 $x^2 - 8x + 3 = 0$ 解得

$$x_1 = 4 + \sqrt{13}, \quad x_2 = 4 - \sqrt{13}$$

那么 $R=4+\sqrt{13}$，$r=4-\sqrt{13}$， 所以 $R-r=2\sqrt{13}$.

因为 $6<2\sqrt{13}$，所以 $d<R-r$，可见两圆的位置关系是内含.

【例 5-33】 如图 5-70 所示，$\odot O$ 和 $\odot O'$ 相交于 A，B 两点，OA 是 $\odot O'$ 的切线，A 为切点 $\odot O$ 的半径为 8cm，$\odot O'$ 的半径为 6cm，求 AB 的长.

解 连结 $\odot O'$，交 AB 与 C，则 $OO'\perp AB$，$AC=BC$

因为 OA 是 $\odot O'$ 的切线，所以 $OA\perp O'A$

所以 $OO'=\sqrt{OA^2+O'A^2}=\sqrt{8^2+6^2}=10$

由三角形面积公式得 $AC\cdot OO'=OA\cdot O'A$

所以 $AC=\dfrac{OA\cdot O'A}{OO'}=\dfrac{8\times 6}{10}=4.8$

故 $AB=2AC=9.6$

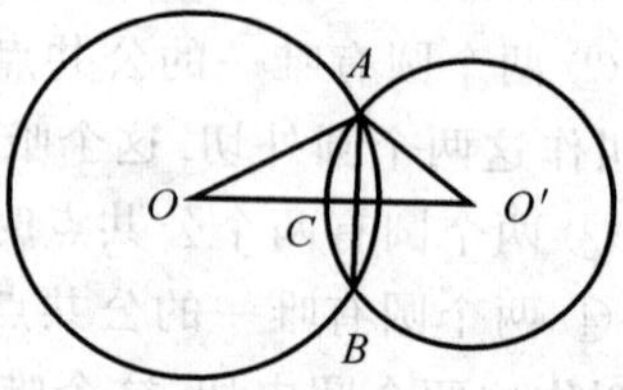

图 5-70

练习 5-25

1. 已知半径分别为 1 和 2 的两圆相切，那么两圆的圆心距是________.

2. 如图 5-71 所示，已知两个等圆 $\odot O_1$ 和 $\odot O_2$ 相交于 A，B 两点，$\odot O_1$ 经过点 O_2，求 $\angle O_1AB$ 的度数.

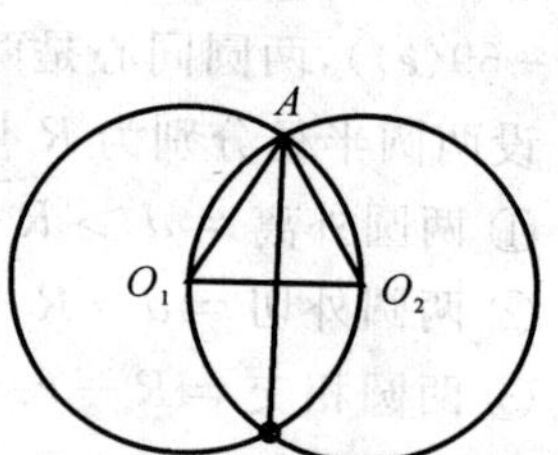

图 5-71

习题 5-5

1. 判断题

(1) 直径是弦. ( )

(2) 弦是直径. ( )

(3) 半圆是弧，但弧不一定是半圆. ( )

(4) 半径相等的两个半圆是等弧. ( )

(5) 长度相等的两条弧是等弧. ( )

(6) 经过 3 个点一定可以作圆. ( )

2. 如图 5-72 所示，已知圆心角 $\angle QPS$ 为 $100°$，求圆周角 $\angle QRS$ 的度数.

3. 如图 5-73 所示，已知 $\angle AOB=30°$，M 为 OB 上的一点，且 $OM=5$cm，以 M 为圆心，以 r 为半径的圆与直线 OA 有怎么的位置关系？为什么？

(1) $r=2$cm； (2) $r=4$cm； (3) $r=2.5$cm.

4. 如图 5-74 所示，AB 是 $\odot O$ 的直径，点 D 在 AB 的延长线上，$BD=OB$，点 C 在圆上，$\angle CAB=30°$，求证：DC 是 $\odot O$ 的切线.

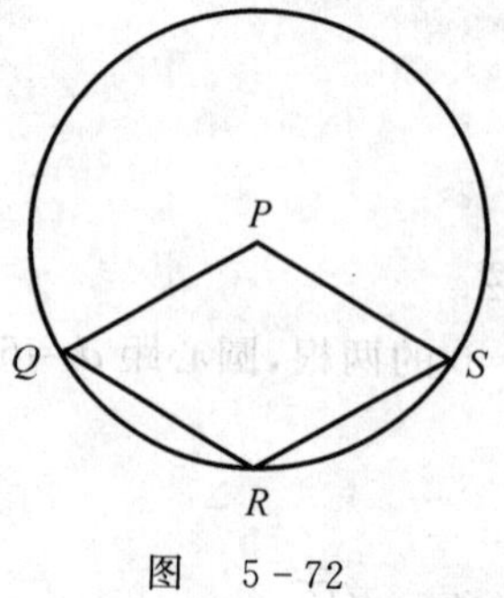

图 5-72

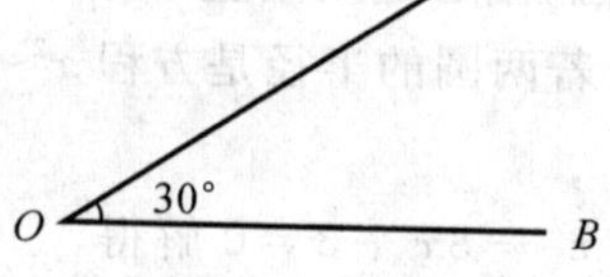

图 5-73

5. $\odot O_1$ 和 $\odot O_2$ 的半径为3cm和4cm，设

(1)$OO_1=8\text{cm}$；(2)$O_1O_2=7\text{cm}$；(3)$O_1O_2=5\text{cm}$；(4)$O_1O_2=1\text{cm}$；

(5)$O_1O_2=0.5\text{cm}$；(6)O_1 和 O_2 重合，问 $\odot O_1$ 和 $\odot O_2$ 的位置关系怎样？

6. 如图5-75所示，有一座拱桥是圆弧形，它的跨度为60m，拱高18m，当洪水泛滥到跨度只有30m时，要采取紧急措施，若拱顶离水面只有4m，即 $PN=4\text{m}$ 时是否要采取紧急措施？

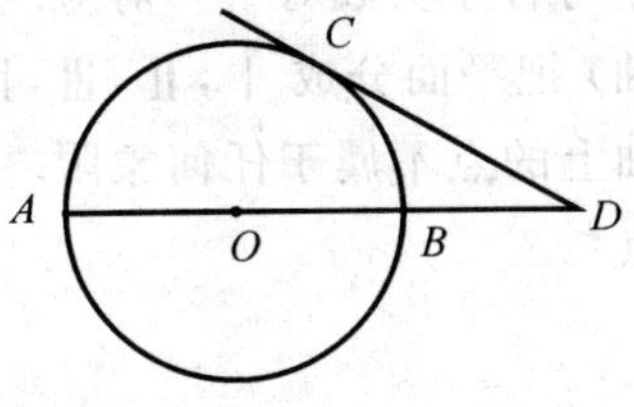

图　5-74

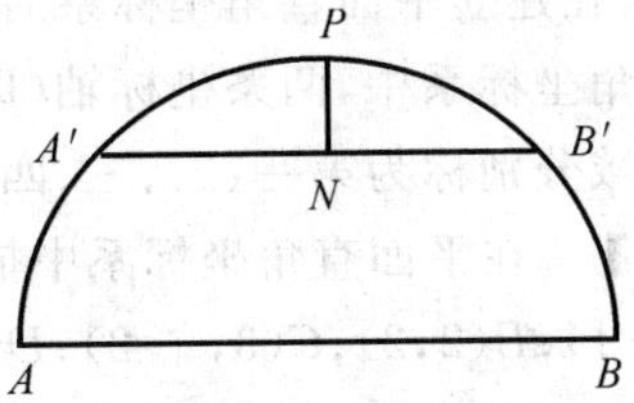

图　5-75

5.6　平面直角坐标系

为了指出陈勇同学在教室里的座位，应当怎样说？

电影票上应当怎么写，观众才能在电影院里找到自己的座位？

从上述生活例子可以看到，为了在平面上确定一个点的位置，需要用一对有序的实数（简称为有序实数对），例如，陈勇在教室里的座位可以简单记作(3,4)；观众王慧的电影票上写的是13排15号，可以简单记作(13,15).

为了用有序实数对表示平面内的一个点，需要用两条互相垂直的数轴，一条叫作横轴（x 轴），另一条叫纵轴（y 轴），它们的交点是这条数轴的原点，横轴以向右为正方向，纵轴以向上为正方向，横轴与纵轴的单位长度通常取成一致的（有时也可以不一致），这样建立的两条数轴称为平面直角坐标系，记作 xOy，如图5-76所示.

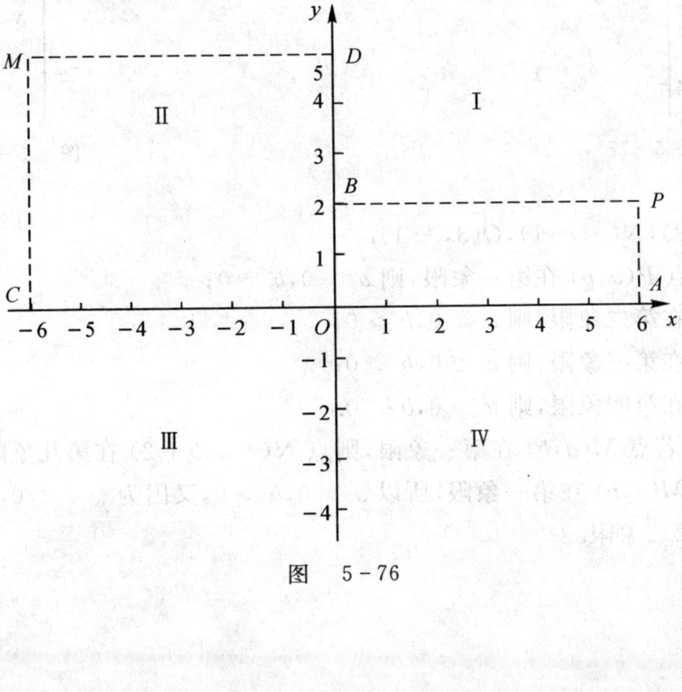

图　5-76

例如，为了用有序实数对表示点 M，我们过点 M 作 x 轴的垂线，垂足为 C，x 轴上的点 C 表示 -6，再过点 M 作 y 轴的垂线，垂足为 D，y 轴上的点表示 5，我们把 $(-6,5)$ 叫作点 M 的坐标，其中 -6 叫作横坐标，5 叫作纵坐标.

反之，为了指出坐标 $(6,2)$ 的点，我们在 x 轴上找到 6 的点 A，过点 A 作 x 轴的垂线，再在 y 轴上找到 2 的点 B，过点 B 作 y 轴的垂线，两条垂线相交于点 P，点 P 的坐标就是 $(6,2)$.

综上所述，在建立平面直角坐标系后，平面上的点与有序实数对一一对应.

在平面直角坐标系中，两条坐标轴（即横轴与纵轴）把平面分成 Ⅰ，Ⅱ，Ⅲ，Ⅳ 4 个区域，我们把这 4 个区域分别称为第一、二、三、四象限；坐标轴上的点不属于任何象限.

【例 5-34】 在平面直角坐标系中描出下列各点

$A(-2,-1)$；$B(2,2)$；$C(3,-2)$；$D(-1.5,2)$.

解 如图 5-77 所示.

做一做：在平面直角坐标系中描出下列各点：

$A(-4,-3)$；$B(-2,0)$；$C(3,4)$；$D(0,-4)$；$E(-3,-3)$；$B(2,-3)$.

【例 5-35】 如图 5-78 所示，在平面直角坐标系 xOy 中，说出点 M,N,Q 的坐标

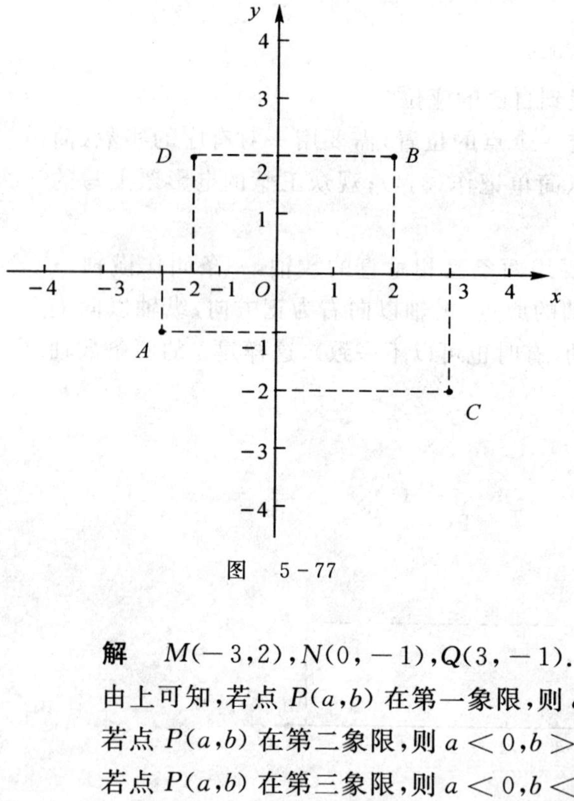

图 5-77

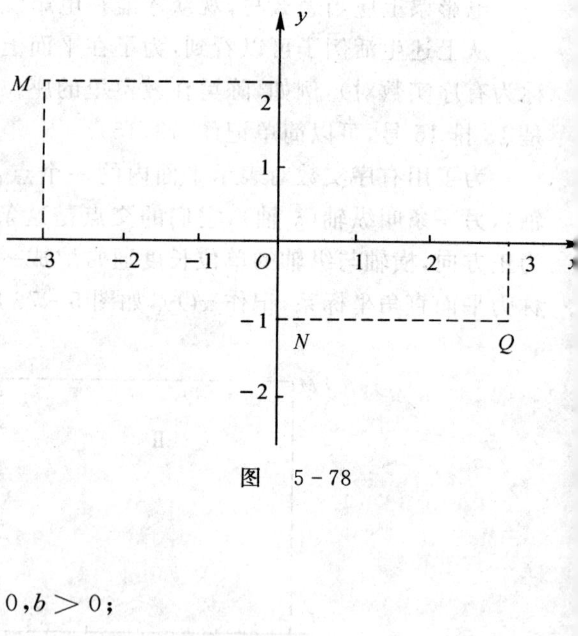

图 5-78

解 $M(-3,2)$，$N(0,-1)$，$Q(3,-1)$.

由上可知，若点 $P(a,b)$ 在第一象限，则 $a>0,b>0$；

若点 $P(a,b)$ 在第二象限，则 $a<0,b>0$；

若点 $P(a,b)$ 在第三象限，则 $a<0,b<0$；

若点 $P(a,b)$ 在第四象限，则 $a>0,b<0$.

【例 5-36】 若点 $M(a,b)$ 在第一象限，则点 $N(-a,b+2)$ 在第几象限.

解 因为点 $M(a,b)$ 在第一象限，所以 $a>0,b>0$，又因为 $-a<0,b+2>0$；所以点 $N(-a,b+2)$ 在第二象限.

练习 5-26

1. 说出下列点在第几象限：$A(4,1)$；$B(-4,1)$；$C(-4,-1)$；$D(4,-1)$.

2. 已知点 $P(1-m,m+2)$ 在第二象限，求 m 的取值范围.

设点 $P(a,b)$，则它关于 x 轴的对称点的坐标是 $(a,-b)$，关于 y 轴的对称点的坐标是 $(-a,b)$，关于原点的对称点的坐标是 $(-a,-b)$.

设点 $P(a,b)$，则它到 x 轴的距离为 $|b|$，到 y 轴的距离为 $|a|$，到原点的距离为 $\sqrt{a^2+b^2}$.

【例 5-37】 点 $P(x,y)$ 在第四象限，且 $|x|=3$，$|y|=4$，求点 P 关于 y 轴对称点的坐标.

解 因为 $P(x,y)$ 在第四象限，所以 $x>0$，$y<0$

因为 $|x|=3$，$|y|=4$，所以 $x=3$，$y=-4$

所以 P 点的坐标是 $(3,-4)$，则 P 关于 y 轴对称点的坐标为 $(-3,-4)$.

练习 5-27

1. 已知两点 $P_1(x_1,y_1)$，$P_2(x_2,y_2)$，若 $x_1-x_2=0$，$y_1+y_2=0$，则点 P_1 和 P_2 关于________对称.

2. 已知 $P(2a+1,b+2)$，$B(3a-1,2b-1)$，若 P 与 B 关于 x 轴对称求 a，b 的值.

3. 设 $P(-5,3)$ 它到 x 轴的距离为________，到原点的距离为________.

习题 5-6

1. 点 $M(-3,y)$ 关于 y 轴的对称点是 $N(x,-4)$，则 $x+y=$________.

2. 若 $m+n<0$，$m\cdot n>0$，则 $P(m,n)$ 在第________象限.

3. 已知点 $M(3p-15,3-p)$ 是第三象限的整点，则点 M 的坐标是________.

4. 点 $Q(3-a,5-a)$ 在第二象限，则 $\sqrt{a^2-4a+4}+\sqrt{a^2-10a+25}=$________.

5. 建立一个平面直角坐标系，写出长为 5，宽为 3 的长方形 $ABCD$ 的各个顶点的坐标.

6. 若点 P 在二、四象限角平分线上，且到 x 轴的距离为 $\sqrt{3}$，求点 P 的坐标.

7. 请写出以 $A(3,3)$ 为一个顶点，边与坐标轴平行，且边长为 2 的正方形其他三个顶点的坐标.

8. 在坐标平面直角坐标系，描出 $A(2,0)$ $B(-2,4)$ $C(-3,0)$ $D(-2,-1)$.

第5章复习

本章知识结构

角，角的概念，角的度量

三角形的分类：

按角分为：锐角三角形，直角三角形，钝角三角形.

按边分为：等腰三角形（两腰与底不相等的等腰三角形 等边三角形），非等腰三角形.

三角形的特殊线段，三角形的中线、高和角平分线.

三角形边角关系；

三角形角与角的关系；

全等三角形的性质与判定；

相似三角形的性质与判定；

四边形：

平行四边形：(一组邻边相等) 菱形(有一个角是直角) 正方形

　　　　　　(有一个角是直角) 矩形(一组邻边相等)

梯形：梯形(两腰相等) 等腰梯形

　　　(有一腰与底垂直) 直角梯形

圆，圆的有关概念；

圆的性质：垂径定理；圆周角的有关定理.

直线与圆的位置关系：相离、相交、相切；切线的性质与判定.

圆与圆的位置关系：相离、相交、外切、内切、内含.

平面直角坐标系.

复习题五

1. 等腰三角形的一边为 6cm，周长为 20cm，那么这个等腰三角形的腰长为多少？

2. 如图 5-79 所示，在 $\triangle ABC$ 中，点 D 在 AC 上，且 $AB=AD$，$\angle ABC=\angle C+30^\circ$，则 $\angle CBD$ 等于多少？

3. 正方形的边长为 10cm，则以它的对角线为边的等边三角形的面积为多少？

4. 在菱形 $ABCD$ 中，$\angle BAD=120^\circ$，周长为 14.4cm，则较长的对角线的长度是________.

5. 如图 5-80 所示，AB 是 $\odot O$ 的弦，P 是 AB 上一点，$AB=10$cm，$PA=4$cm，$OP=5$cm，求 $\odot O$ 的半径？

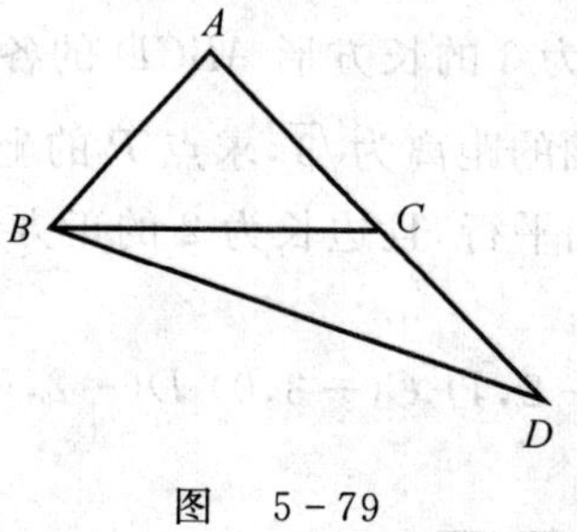

图　5-79

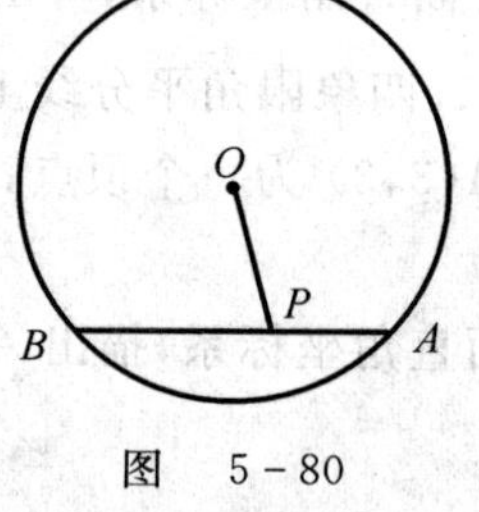

图　5-80

6. 若 PA 是 $\odot O$ 的切线，A 为切点，割线 PBC 交与 $\odot O$ 于 B，C，若 $BC=20$，$PA=10\sqrt{3}$，求 PC 的长？

7. AB 为 $\odot O$ 的直径，弦 CD 垂直于 AB 垂足为 E，$AE=16$，$BE=4$，求 CD 的长.

8. 在 $\triangle ABC$ 中，D 为 AB 的中点，且 $CD=\frac{1}{2}AB$，若 $AC=15$，$BC=8$，求 $AB=$________.

9. 在平面直角坐标系中，描出下列各点：

$A(1,3)$；　$B(2,4)$；　$C(2.5,2.5)$；　$D(3,1)$；　$E(4,2)$.

顺次连接这 5 个点组成的图形是否为轴对称图形？

10. 如图 5-81 所示，已知 $AB=AC$，$AD=AE$，$\angle 1=\angle 2$，求证：$\triangle ABD\cong\triangle ACE$.

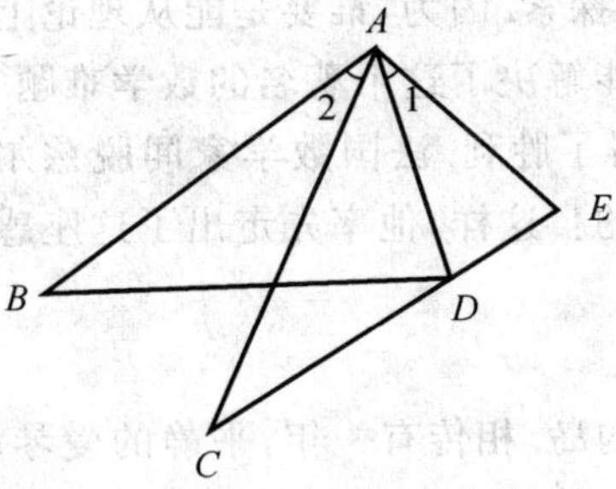

图 5-81

11. $\triangle ABC$ 中，$\angle A=47^\circ$，$AB=1.5\text{cm}$，$AC=2\text{cm}$，$\triangle DEF$ 中，$\angle E=47^\circ$，$ED=2.8\text{cm}$，$EF=2.1\text{cm}$，这两个三角形相似吗？如果相似请证明.

12. 证明：直角三角形斜边上的高分成的两个直角三角形相似.

阅读材料

平面几何的三大难题

1. 圆与方的面积相等

古希腊的时候，有一位学者，叫作安拉克萨哥拉，在狱中他看到圆圆的月亮，透过正方形的铁窗照进牢房，他心中一动，想：如果已知一个圆的面积，那么怎样做出一个方来，才能使它的面积恰好等于这个圆的面积呢？

这个问题看似简单，然而却难住了安拉克萨哥拉. 因为，在古希腊，对作图工具进行了限制，那就是：作图时只准许使用直尺和圆规. 安拉克萨哥拉在狱中苦苦思考这个问题，完全忘记了自已是一个待处决的犯人. 后来，由于好朋友，当时杰出的政治家伯利克里的营救，安拉克萨哥拉获释出狱. 然而这个问题，他自已没有能够解决，整个古希腊的数学家也没能解决，成为历史上有名的三大几何难题之一.

2. 角的三等分

只准用直尺与圆规，能不能将一个任意角三等分呢？

这个题目看上去也很容易，似乎与两等分角问题差不多. 所以，在 2000 多年前，当古希腊见到这个题目时，有不少人甚至不假思索就拿起了直尺与圆规 ……. 一天过去了，一年过去了，人们磨秃了无数支笔，始终也画不出符合题意的图形来！

这个题目吸引了许多数学家. 公元前 3 世纪，古希腊最伟大的数学家阿基米德，也曾拿起直尺与圆规，用这个题目测试过自已的智力. 阿基米德失败了. 古希腊数学家全失败了. 2000 多年来，这个问题激动了一代又一代的数学家，成为一个举世闻名的数学难题. 笛卡儿、牛顿等许许多多最优秀的数学家，也都曾拿直尺圆规，用这个难题测试过自已的智力 …… 无数的人全都失败. 2000 多年里，从初学几何的少年到天才的数学大师，谁也不能只用直尺和圆规将一个任意角三等分！

一次接一次的失败，使得后来的人们变得审慎起来. 渐渐地，人们心中生发一个巨大的问号：三等分一个任意角，是不是一定能用直尺与圆规作出来呢？如果这个题根本无法由尺规作出，硬要用尺规去尝试，岂不是白费气力？

以后，数学家们开始了新的探索.因为，谁要是能从理论上予以证明：三等分任意角是无法由尺规作出的，那么，谁也就不能解决了这个著名的数学难题.

1837 年，数学家们终于赢得了胜利.法国数学家闻脱兹尔宣布：只准用直尺与圆规，想三等分一个任意角是根本不可能的！这样，他率先走出了这座惑了无数人的数学谜宫，了结了这桩长达 2000 多年的数学悬案.

3.祭坛加大一倍

古希腊有一座名叫第罗斯的岛.相传有一年，平静的爱琴海的第罗斯岛上，降临了一场大瘟疫，几天时间内，岛上的许多人就被瘟疫夺取了生命，惨不忍睹，幸存的人吓得战战兢兢，毫无办法，纷纷躲进圣庙，期求神灵保佑自己和家人.人们的祈求和哀嚎声并没有感动上苍，相反，瘟疫仍在蔓延，死去的人越来越多.他们不知什么事情触怒了神灵.心诚的人们日夜匍匐在神庙的祭坛前，请求神灵的宽容和饶恕.悲惨的现实使人们的心灵受到了极大的创伤，泪珠和汗滴交织在一起，使神坛前面一片湿润.许多人在神坛前就倒下了.据说，神终于被感化了，并叫巫师传达了旨意："第罗斯人要想活命，必须将圣庙中的祭坛加大一倍，并且不能改变祭坛的形状."活着的人好像得到了救命的灵丹妙药，马上就量好祭坛（长方体）的长、宽、高，连夜请工匠把长宽高加大一倍的新祭坛造好了，送进了圣庙.人们好像完成了一项光荣的使命，等待神的宽恕，然而，时间一天天过去了，瘟疫更加疯狂肆虐，人们的思想再次陷入极度的痛苦之中.在神坛前，人们说道："尊敬的神啊，你饶恕我们第罗斯人吧，我们已经按照你的旨意办了，将神坛加大了一倍......".后来，巫师再次传达了神的旨意，巫师冷冷地说："你们没有满足神的要求，你们没有将祭坛加大一倍，而是加大 7 倍，神灵将继续严惩你们......"聪明的人们终于明白了其中的道理，他们的确将祭坛加大为原来的 8 倍.但，在原来的基础上如何将祭坛加大一倍呢？第罗斯人经过长时间的思考，无法解决，只好派人到首都雅典去请教当时最著名的学者柏拉图.柏拉图经过长时间的思考，也无法解决，他搪塞说："由于第罗斯人不敬几何学，神灵非常不满，才降临了这场灾难."

第6章 集 合

集合是近现代数学最基本的内容之一.

集合概念及其理论,成为集合论,是近现代数学的一个重要基础.一方面,许多重要的数学分支,都建立在集合论的基础上,另一方面,集合论及其所反映的数学思想在越来越广泛的领域中得到应用.

6.1　集合的概念

一、集合的概念

我们来考察下面几组对象：

(1)所有不大于10的自然数；

(2)所有的平行四边形；

(3)到一条线段的两个端点的距离相等的所有点；

(4)15级数控班的学生.

它们分别是由一些数，一些图形，一些点，一些人组成的，每个组里的对象都是具有特定的性质.

一般地，在研究某个问题时，我们把研究对象的全体称为集合，而把每个研究的对象称为元素.

组成集合的对象可以是数、点、图形、人……我们把由数组成的集合叫作数集.下面是一些常用的数集及其记号.

全体非负整数的集合通常简称非负整数集(或自然数集)，记作**N**，所有的正整数组成的集合，称为正整数集，记作$\mathbf{N}^+$.

全体整数的集合称为整数集，记作**Z.**

全体有理数的集合称为有理数集，记作**Q.**

全体实数的集合称为实数集，记作**R.**

有时我们还把负整数集记作$\mathbf{Z}^-$，正整数集记作$\mathbf{Z}^+$，正实数集记作$\mathbf{R}^+$，等等.

集合里的各个对象叫作这个集合的元素，例如，“所有不大于5的自然数”这一集合的元素是0，1，2，3，4，5.我们常用小写字母a,b,c等表示集合中的元素.如果a是集合A的元素，就说a属于A，记作$a\in A$；如果a不是集合A的元素，就说a不属于A，记作$a\notin A$；例如，若$A=\{$不大于5的自然数$\}$，则$3\in A,6\notin A$.

集合中的元素必须是确定的.这就是说，给定一个集合，任何一个对象是不是这个集合的元素，是可以判定的.例如，在上面的集合A中，3是集合A元素，而6不是集合A.又如，“我国的小河流”就不能组成一个集合，因为组成它的对象是不确定的.

集合中的元素互不相同.也就是说，任何两个相同的对象在同一个集合中，只能算作这个集合的一个元素.

只要构成两个集合的元素一样，我们就说这两个集合是同等的.

对于一个集合，不考虑元素之间的顺序.例如$\{2,4,6\}$与$\{6,4,2\}$是同一个集合.

含有有限个元素的集合叫作有限集；含有无限个元素的集合叫作无限集.例如集合{不大于5的自然数}，只含有6个元素，是有限集，而整数集**Z**含有无限个元素，是无限集.

不含任何元素的集合叫作空集，记作$\varnothing$.例如，方程$x^2+1=0$的所有实数根组成的集合就是空集.至少含有一个元素的集合叫作非空集.

注意：空集与$\{0\}$的区别.

练习 6-1

1.在________处填上符号 $\in$ 或 $\notin$：

0 ________ **N**； 0.5 ________ **Z**； -2.5 ________ **Q**； $\sqrt{3}$ ________ **R**.

2.判断下列说法是否正确.

(1) 模具班长得英俊的学生组成一个集合. ( )

(2) 很大的数组成一个集合. ( )

(3) 某班班干部组成一个集合. ( )

二、集合的表示法

集合常用的表示方法有列举法和描述法.

1.列举法

把集合中的元素一一列举出来，写在大括号内，这种表示集合的方法叫作列举法.例如，由所有不大于5的自然数组成的集合可以表示为$\{0,1,2,3,4,5\}$.

注意：在列举元素时，每个元素仅写一次，且不必考虑元素之间的顺序.

2.描述法

把集合中的元素所具有的特定性质描述出来，写在大括号内，这种表示集合的方法叫作描述法.例如，不等式 $x+8>13$ 的集合可以表示为$\{x\in \mathbf{R} \mid x+8>13\}$.

我们约定，如果从上下文看，$x\in \mathbf{R}$ 是明确的，那么这个集合也可以写成$\{x \mid x+8>13\}$.

其中竖线的左边部分表示这个集合的元素的一般形式，竖线的右边部分表示这个集合的元素所具有的特定性质.例如，集合$\{x \mid x+2>3\}$的元素的一般形式是实数 x，元素 x 具有的特定性质是“x 是不等式 $x+2>3$ 的解”.

在不引起混淆的情况下，用描述法表示集合时，竖线及其左边的部分可以省略.例如，由所有直角三角形组成的集合可表示为{直角三角形}.

【例 6-1】 用列举法表示下列集合.

(1) 小于6的所有自然数组成的集合；

(2) 方程 $x^2-9=0$ 的所有实数根组成的集合；

(3) 中国国旗的颜色.

解 (1) 设小于6的所有自然数组成的集合为 A，那么 $A=\{0,1,2,,3,4,5\}$.

(2) 因为方程 $x^2-9=0$ 的所有实数根是 -3 和 3，所以方程 $x^2-9=0$ 的所有实数根组成的集合表示为$\{-3,3\}$.

(3) 设中国国旗的颜色组成的集合为 B，则 $B=$ {红色，黄色}.

【例 6-2】 用描述法表示下列集合.

(1) 不等式 $2x+1\leqslant 0$ 的解集；

(2) 所有偶数组成的集合；

(3) 第二象限所有的点组成的集合；

(4) 由方程 $x^2-1=0$ 的实数解组成的集合.

解 (1) 解不等式 $2x+1\leqslant 0$，得 $x\leqslant -\frac{1}{2}$，所以不等式 $2x+1\leqslant 0$ 的解集为$\left\{x \mid x\leqslant -\frac{1}{2}\right\}$.

(2) 所有偶数组成的集合为$\{x \mid x=2k, k \in \mathbf{Z}\}$.

(3) 由第二象限所有的点组成的集合为$\{(x,y) \mid x>0, y>0\}$.

(4) 方程$x^2-1=0$的实数解组成的集合表示为$\{x \mid x^2-1=0\}$.

练习 6-2

1.用列举法表示下列集合

(1) 方程$x^2-16=0$的解集；　(2) 所有正奇数组成的集合；

(3) 由数1,3,5,7组成的集合.

2.用描述法表示下列集合.

(1) 大于4的所有实数组成的集合；　(2) 方程$x^2-3x-4=0$的解集；

(3) 不等式$4x-6>5$的解集.

习题 6-1

1.判断下列说法是否正确.

(1) 小于4的自然数组成一个集合.　(　)

(2) 集合$\{(a,b)$与集合$\{a,b\}$是两个不同的集合.　(　)

(3) 很小的数组成一个集合.　(　)

(4) 集合$\{(x,y) \mid xy>0\}$与集合$\{(x,y) \mid x>0, y>0\}$相等.　(　)

2.判断下列是否能构成集合，若是集合请把它表示出来.

(1) 某班所以高个子的学生；　(2) 著名的艺术家；

(3) 很大的书；　(4) 倒数等于自身的实数；

(5) 第二象限的点.

3.用适当的方法表示下列集合

(1) 不等式$x-3>1$的所有整数解的集合；　(2) 由数1,2组成的集合；

(3) 函数$y=x-4$与$y=-3x+5$的图像的交点组成的集合.

4.用另一种方法表示下列集合

(1)$\{2,4,6,8,10\}$；　(2)$\{2,3,5]\}$；

(3)$\{]x \mid 1 \leqslant x \leqslant 5$，且$x \in \mathbf{Z}\}$.

阅读材料

有限和无穷

一市镇只有一家旅馆，这个旅馆与通常旅馆没有不同，只是房间数不是有限而是无穷多间，房间号码为1,2,3,4,… 我们不妨管它叫希尔伯特旅馆. 这个旅馆的房间可排成一列的无穷集合{1,2,3,4,…}，称为可数无穷集.

有一天开大会，所有房间都住满了. 后来来了一位客人，坚持要住房间. 旅馆老板于是引用“旅馆公理”说：“满了就是满了，非常对不起！”. 正好这时候，聪明的旅馆老板的女儿来了，她看见客人和她爸爸都很着急，就说：“这好办，请每位顾客都搬一下，从这间房搬到下一间”. 于是1号房间的客人搬到2号房间，2号房间的客人搬到3号房间 …… 依此类推. 最后1号房间空出来，请这位迟到的客人住下了.

第二天，希尔伯特旅馆又来了一个庞大的代表团要求住旅馆，他们声称有可数无穷多位代

表一定要住，这又把旅馆经理难住了.老板的女儿再一次来解围，她说："您让1号房间客人搬到2号，2号房间客人搬到4号……，k号房间客人搬到$2k$号，这样，1号，3号，5号，……房间就都空出来了，代表团的代表都能住下了."

过一天，这个代表团每位代表又出新花招，他们想每个人占可数无穷多间房来安排他们的亲戚朋友，这回不仅把老板难住了，连女儿也被难住了.聪明的女儿想了很久，终于也想出了办法(因为比较繁琐，这里不详细介绍了).

希尔伯特旅馆越来越繁荣，来多少客人都难不倒聪明的老板女儿.后来女儿进了大学数学系.有一天，康托尔教授来上课，他问："要是区间[0,1]上每一点都占一个房间，是不是还能安排？"她绞尽脑汁，要想安排下，终于失败了.康托尔教授告诉她，用对角线方法证明一切想安排下的方案都是行不通的.

由康托尔的定理，可知无穷集合除了可数集合之外还有不可数集合，可以证明：不可数集合的元素数目要比可数集合元素数目多得多.为了表示元素数目的多少，我们引进"基数"也称"势"的概念，这个概念是自然数的自然推广.可以与自然数集合$\mathbf{N}$一一对应的所有集合的共同性质是它们都具有相同的数目，这时最小的无穷基数记做ω.同样，连续统(所有实数或[0,1]区间内的所有实数集合)的基数是C.康托尔还进一步证明，$C=2\omega$.

6.2　集合之间的关系

设集合$A=\{$数学，英语，语文，计算机应用基础，体育与健康，物理，化学$\}$，$N=\{$数学，英语，语文，计算机应用基础，体育与健康$\}$.那么集合M与N之间存在什么关系呢？

一般地，对于两个集合A与B，如果集合A的每个元素都是集合B的元素，那么集合A叫作集合B的子集(subset)，记作$A\subseteq B(B\supseteq A)$，读作"集合$A$包含于集合$B$"(或集合$B$不包含集合$A$).

当集合A不是集合B的子集时，记作$A\not\subset B$，读作"集合A不包含于集合B"(或集合B包含集合A).

我们规定：空集是任何一个集合的子集.也就是说，对于任何一个集A，有$\varnothing\subseteq A$.

对于任何一个集合A，因为它的任何一个元素都属于集合A本身，所以$A\subseteq A$.也就是说，任何一个集合都是它本身的子集.

对于任何一个集合A，在讨论A的子集问题时，除开A是A的子集这种情形外，我们常常还要涉及A的"真正的子集"问题.

如果集合A是集合B的子集，并且集合B中至少有一个元素不属于集合A，那么集合A叫作集合B的真子集(proper subset)，记作$A\Leftarrow B$，例如，自然数集$\mathbf{N}$是$\mathbf{N}$的子集，但不是$\mathbf{N}$的真子集；$\mathbf{N}$即是实数集$\mathbf{R}$的子集，也是$\mathbf{R}$的真子集.显然，空集是任何非空集合的真子集.

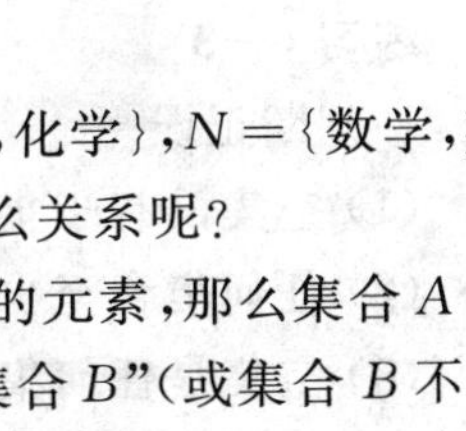

图　6-1

为了形象地表示集合，我们常常画一条封闭的曲线，用它的内部来表示一个集合.图6-1形象地说明了集合A是集合B的子集.这种表示集合以及集合与集合之间的关系的图叫作韦恩(Venn)图.

【例 6-3】 写出集合$\{1,2,3\}$所有子集与真子集

解 所有的子集有：$\varnothing,\{1\},\{2\},\{3\},\{1,2\},\{1,3\},\{2,3\},\{1,2,3\}$.

所有的真子集有：$\varnothing,\{1\},\{2\},\{3\},\{1,2\},\{1,3\},\{2,3\}$.

【例 6-4】 用符号"$\subseteq$"，"$\supseteq$"，"$\in$"或"$\notin$"填空.

(1)$\{a,b,c,d\}$ ________ $\{a,b\}$； (2)$\varnothing$ ________ $\{1,2,3\}$；

(3)$\mathbf{N}$ ________ $\mathbf{Q}$； (4)0 ________ $\mathbf{R}$；

(5)d ________ $\{a,b,c\}$； (6)$\{x\mid 3<x<5\}$ ________ $\{x\mid 0\leqslant x<6\}$.

分析 "$\subseteq$"和"$\supseteq$"是用来表示集合之间关系的符号，本题中(1)(2)(3)(6)研究的是集合与集合之间的关系；而"$\in$"和"$\notin$"是用来表示元素与集合之间的关系的符号，本题中的(4)(5)研究的是元素与集合之间的关系.

解 (1)集合$\{a,b\}$的元素都是集合$\{a,b,c,d\}$的元素，因此$\{a,b,c,d\}\supseteq\{a,b\}$；

(2)空集是任何集合的子集，则$\varnothing\subseteq\{1,2,3\}$；

(3)自然数都是有理数，则$\mathbf{N}\subseteq\mathbf{Q}$；

(4)0是实数，则$0\in\mathbf{R}$；

(5)d不是集合$\{a,b,c\}$的元素，因此$d\notin\{a,b,c\}$；

(6)集合$\{x\mid 3<x<5\}$的元素都是集合$\{x\mid 0\leqslant x<6\}$的元素，则

$\{x\mid 3<x<5\}\subseteq\{x\mid 0\leqslant x<6\}$

练习 6-3

1.判断正误

(1)空集没有子集. ( )

(2)任何集合至少有两个子集. ( )

(3)空集是任何集合的真子集. ( )

(4)若$\varnothing\subsetneqq A$，则$A\neq\varnothing$. ( )

2.填空

(1)集合$\{a,b\}$的子集有________.

(2)集合$B=\{a,b,c\}$，$C=\{a,b,d\}$，集合A满足$A\subseteq B$，$A\subseteq C$. 则集合A的个数是________.

(3)已知集合$A=\{-1,3,2m-1\}$，集合$B=\{3,m^2\}$，若$B\subseteq A$，则实数$m=$________.

3.用适当的符号填空.

(1)a ________ $\{a,b\}$； (2)d ________ $\{a,b,c\}$；

(3)$\{a,b\}$ ________ $\{a,b,c\}$； (4)$\{a,b\}$ ________ $\{b,a\}$；

(5)0 ________ $\{0\}$； (6)0 ________ $\varnothing$；

(7)$\varnothing$ ________ $\{0\}$； (8)$\varnothing$ ________ $\{x\mid x^2+5=0\}$.

4.设集合$A=\{x,y\}$，$B=\{0,x^2\}$，若$A=B$，求实数x,y.

习题 6-2

1.选择题

(1)集合$A=\{x\mid 0\leqslant x<3$且$x\in\mathbf{Z}\}$的真子集的个数是( ).

A. 5 B. 6 C. 7 D. 8

(2)下列各式中，正确的是( ).

A. 高考资源网 $2\sqrt{3} \in \{x \mid x \leqslant 3\}$　　B. $2\sqrt{3} \notin \{x \mid x \leqslant 3\}$

C. $2\sqrt{3} \subseteq \{x \mid x \leqslant 3\}$　　D. $\{2\sqrt{3}\} \subsetneqq \{x \mid x \leqslant 3\}$

(3) 集合$\{a,b\}$的子集有(　　).

A. 1个　　B. 2个　　C. 3个　　D. 4个

2. 已知$=\{x \mid x^2+x+a=0\}$,则实数a的取值范围是________.

3. 用适当的符号填空.

(1) -3.5 ________ $\mathbf{Z}$;　　(2) 1 ________ $\{x \mid x^2=1\}$;

(3) $\mathbf{Z}$ ________ $\mathbf{N}$;　　(4) $\mathbf{N}^+$ ________ $\mathbf{Q}$;

(5) $\varnothing$ ________ $\{x \mid x<5\}$;　　(6) $\mathbf{N}^+$ ________ $\mathbf{N}$;

(7) $\{2,6,8\}$ ________ $\{8,2,6\}$;　　(8) $\{-\sqrt{3},\sqrt{3}\}$ ________ $\{x \mid x^2=3\}$.

3. 指出下列各题中集合之间的关系.

(1) $A=\{x \mid x^2-6x+8=0\}$,　$B=\{2,3,4,5\}$;

(2) $A=\{x \mid 2\leqslant x\leqslant 6\}$,　$B=\{2<x<6\}$;

(3) $A=\{x \mid x=2k,k\in \mathbf{Z}\}$,　$B=\{x \mid x=4k,k\in \mathbf{Z}\}$;

(4) $A=\{$菱形$\}$,　$B=\{$平行四边形$\}$.

4. 若$A=\{x \mid x=2n+1,n\in \mathbf{Z}\}$,$B=\{y \mid y=4k\pm 1,k\in \mathbf{Z}\}$. 证明:$\mathbf{A}=\mathbf{B}$.

6.3 集合的运算

一、交集

考察集合$A=\{1,2,3,4,5,6,7,8\}$,　$B=\{6,7,8,9\}$,　$C=\{6,7,8\}$. 我们看到,集合C由集合A和集合B公共元素组成的.

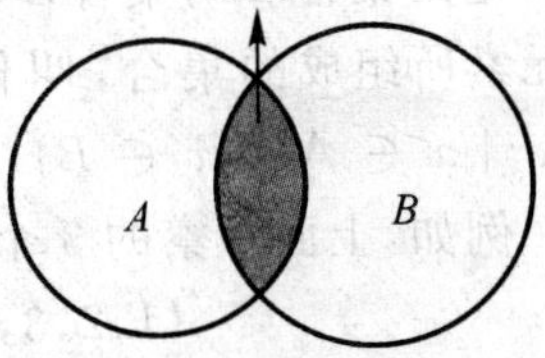

图　6-2

一般地,由属于集合A且属于B的所有元素所组成的集合,称为A与B的交集,记作$A\cap B$,读作"A交B",即$A\cap B=\{x \mid x\in A$且$x\in B\}$.

例如,上面所考察的3个集合之间的关系可表示为$A\cap B=C$,用韦恩图表示见图6-2。

由交集的定义可知,对于任意集合A与B,有

$A\cap B=B\cap A, A\cap A=A, A\cap\varnothing=\varnothing$

【例6-5】 设$A=\{2,3,5\}$,$B=\{-1,0,1,2\}$,求$A\cap B$.

解 $A\cap B=\{2,3,5\}\cap\{-1,0,1,2\}=\{2\}$

【例6-6】 设$A=\{x \mid x$是等腰三角形$\}$,$B=\{x \mid x$是直角三角形$\}$,求$A\cap B$.

解 $A\cap B=\{x \mid x$是等腰三角形$\}\cap\{x \mid x$是直角三角形$\}=$

$\{x \mid x$有两边相等且有一个角是直角的三角形$\}=$

$\{x \mid x$是等腰直角三角形$\}$

【例6-7】 设$A=\{x \mid x>-3\}$,$A=\{x \mid x<2\}$,求$A\cap B$.

解 $A\cap B=\{x \mid x>-3\}\cap\{x \mid x<2\}=\{x \mid x>-3$且$x<2\}=\{x \mid -3<x<2\}$

这个交集在数轴上的表示见图 6－3。

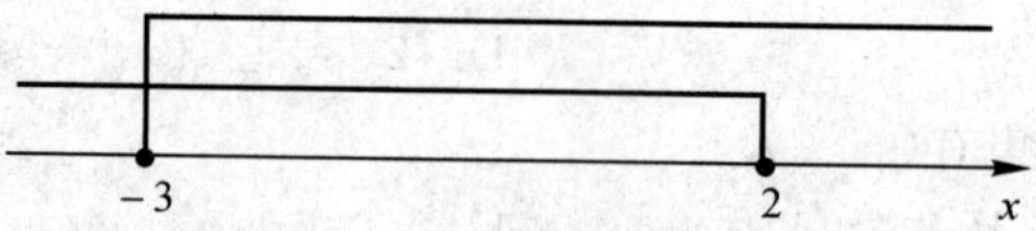

图 6－3

【例 6－8】 设 $A=\{(x,y)\mid x+y=0\}$，$B=\{(x,y)\mid x-y=4\}$，求 $A\cap B$.

解 解方程组 $\begin{cases}x+y=0\\x-y=4\end{cases}$，得 $\begin{cases}x=2\\y=-2\end{cases}$，所以

$$A\cap B=\{(x,y)\mid x=2,y=-2\}=\{(2,-2)\}.$$

练习 6－4

1. 设 $A=\{-2,0,1,2\}$，$B=\{0,2,4,6\}$，求 $A\cap B$.
2. 设 $A=\{(x,y)\mid x-2y=1\}$，$B=\{(x,y)\mid x+2y=3\}$，求 $A\cap B$.
3. 设 $A=\{x\mid -3<x\leqslant 3\}$，$B=\{x\mid -1\leqslant x\leqslant 4\}$，求 $A\cap B$.

二、并集

在学校应用文写作比赛中获金奖的学生的集合为 $M=$｛王明，曹勇，李萌｝，在技能大赛中获奖的学生的集合为 $N=$｛王亮，曹勇，张凡｝. 老师要求所有获金奖的学生在台上领奖，可以看到上台的学生有哪些？

观察集合 $A=\{1,2,3,4,5,6\}$，$B=\{5,6,7,8,9\}$，$C=\{1,2,3,4,5,6,7,8,9\}$. 容易发现，集合 C 是由集合 A 与集合 B 的所有元素合并在一起组成的. 一般地，由所有属于集合 A 或集合 B 的元素所组成的集合，叫作 A 与集合 B 的并集，记作"$A\cup B$"，读作"A 并 B"，即 $A\cup B=\{x\mid x\in A$ 或 $x\in B\}$.

例如，上面考察的 3 个集合之间的关系可以表示为

$$\{1,2,3,4,5,6\}\cup\{5,6,7,8,9\}=\{1,2,3,4,5,6,7,8,9\}$$

用韦恩图表示见图 6－4.

并由并集的定义知道，对于任何集合 A，B 有

$$A\cup B=B\cup A,A\cup A=A,A\cup\varnothing=A$$

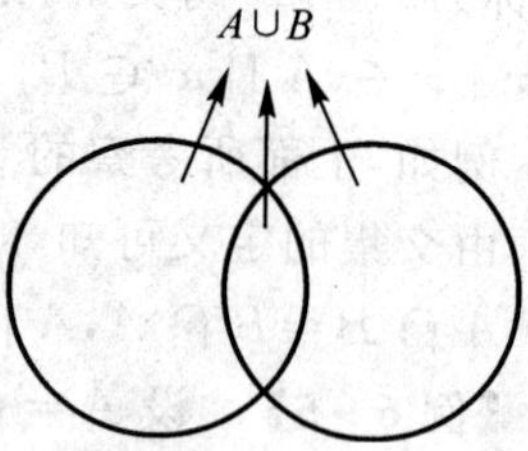

图 6－4

【例 6－9】 设 $A=\{1,2,3,4\}$，$B=\{0,2,4,6\}$，求 $A\cup B$.

解 $A\cup B=\{0,1,2,3,4,6\}$

【例 6－10】 设 $A=\{x\mid 0<x\leqslant 2\}$，$B=\{x\mid 1<x\leqslant 4\}$，求 $A\cup B$.

解 $A\cup B=\{x\mid 0<x\leqslant 4\}$，在数轴上表示见图 6－5.

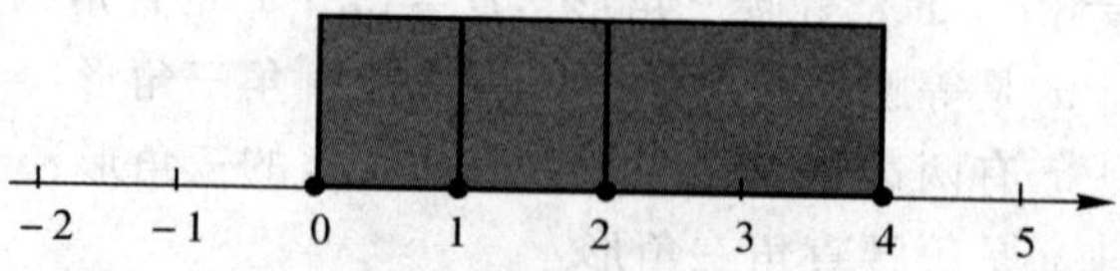

图 6－5

练习 6-5

1. 设 $A=\{1,2,3,4\}$，$B=\{0,2,4,6\}$，求 $A\cup B$

2. 设 $A=\{x\mid -2<x\leqslant 3\}$，$B=\{x\mid 0\leqslant x\leqslant 5\}$，求 $A\cup B$

3. 已知集合 $A=\{x\mid x^2-3x+2=0\}$，$A=\{x\mid x^2-mx+m-1=0\}$. 若 $A\cup B=A$，求实数 m 的取值范围.

三、全集与补集

某学习小组学生的集合为 $U=$｛曹明，王勇，李军，张冰，冯云，赵佳，薛钟灵，钱仲联，黄小惠｝，在学校应用文写作比赛与技能大赛中获得金奖的学生集合为 $P=$｛曹明，王勇，李军，张冰｝，则没有获金奖的学生为冯云、赵佳、薛钟灵、钱仲联、黄小惠.

在研究某些集合时，这些集合常常是一个给定集合的子集，这个给定的集合叫作全集，一般用 U 来表示. 在研究数集时，经常把实数集 R 作为全集.

如果集合 A 是全集 U 的子集，那么，由 U 中不属于 A 的所有元素组成的集合叫作 A 在全集 U 中的补集，记作 C_UA，读作"A 在 U 中的补集". 即 $C_UA=\{x\mid x\in U$ 或 $x\notin A\}$.

上述实例中，没有获金奖的学生的集合为｛冯云，赵佳，薛钟灵，钱仲联，黄小惠｝，它就是集合 P 在 U 中的补集.

用图形表示集合时，习惯上用矩形的内部表示全集. A 在 U 中的补集可以用图表示，其中圆的内部表示集合 A，着色部分（包含圆的边界）表示 A 在 U 中的补集. 如图 6-6 所示.

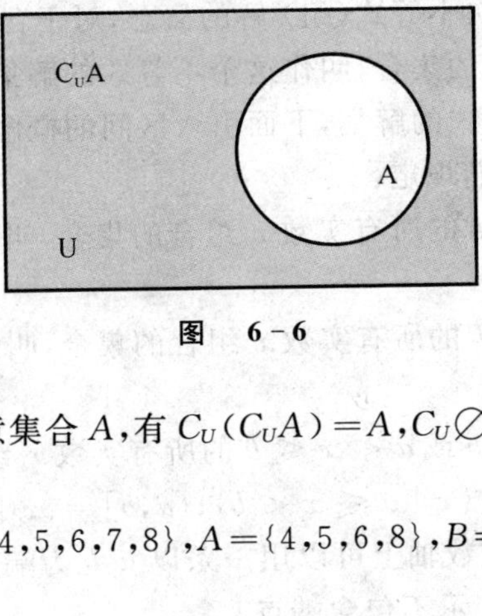

图 6-6

由补集的定义可知，对任意集合 A，有 $C_U(C_UA)=A$，$C_U\varnothing=U$，$C_UU=\varnothing$，$A\cup C_UA=U$，$A\cap C_UA=\varnothing$.

例 6-11 设 $U=\{1,2,3,4,5,6,7,8\}$，$A=\{4,5,6,8\}$，$B=\{3,5,7,8\}$，求 C_UA，C_UB，$C_UA\cap C_UB$，$A\cup B$.

解 $C_UA=\{1,2,3,7\}$，$C_UB=\{1,2,4,6\}$，$C_UA\cap C_UB=\{1,2\}$，$A\cup B=\{3,4,5,6,7,8\}$.

练习 6-6

1. 设全集 $U=\mathbf{R}$，$A=\{x\mid 0<x<20\}$，则 $C_UA=$ ________.

2. 设全集 $U=$｛小于 25 的正整数｝，$A=$｛能被 3 整除的正整数｝，则 $C_UA=$ ________.

习题 6-3

1. 设集合 $A=\{a,b,c,d,e\}$，集合 $B=\{c,d,f,g\}$，求 $A\cap B$，$A\cup B$.

2. 设全集 $U=\{1,2,3,4,5,6,7,8,9,10\}$，集合 $A=\{2,4,6\}$，集合 $B=\{3,4,5\}$，求 $A\cap B$，$A\cup B$，C_UA，C_UB.

3. 设全集 $U=\boldsymbol{R}$，集合 $A=\{x \mid x<-2\}$，集合 $B=\{x \mid -2 \leqslant x<4\}$，$A \cap B$，$A \cup B$，$C_U A$，$C_U B$.

4. 设 $A=\{x \mid x$ 是矩形$\}$，$B=\{x \mid x$ 是平行四边形$\}$，求 $A \cap B$，$A \cup B$.

5. 用适当的符号填空

A ________ $A \cap B$；　　　　$A \cap B$ ________ B；

A ________ $A \cup B$；　　　　$A \cup B$ ________ B；

$A \cap B$ ________ $A \cup B$.

6. $A=\{(x,y) \mid 3x+2y=1\}$，$B=\{(x,y) \mid x-y=2\}$，$C=\{(x,y) \mid 2x-2y=3\}$，求 $A \cap B$，$A \cup B$.

7. 设 $A=\{x \mid -2<x<-1$ 或 $x>0\}$，$B=\{x \mid a \leqslant x \leqslant b\}$，且 $A \cap B=\{x \mid 0<x \leqslant 2\}$，$A \cup B=\{x \mid x>-2\}$，求 a，b 的值.

6.4　区　间

2009 年 12 月 26 日 9 时，世界上一次建成线路最长、运营时速最高的武广高铁正式投入运营. 武广高铁的线路纵跨湖北、湖南、广东三省，采用世界上最先进的国产“和谐号”高速动车组，设计时速为 350km/h，最高时速可达 394km/h，它的正常运行速度的范围处于 350km/h 与 394km/h 之间.

在初中，我们学过一元一次不等式(组)解的概念，对于含有未知数的不等式，使不等式成立的未知数的所有取值所组成的集合，叫作这个不等式的解集.

我们经常用区间表示不等式的解集，下面引入区间的概念.

设 a，$b \notin \mathbf{R}$，且 $a<b$，我们规定：

(1) 满足不等式 $a \leqslant x \leqslant b$ 的所有实数 x 组合的集合，叫作闭区间，记作 $[a,b]$，即 $[a,b]=\{x \mid a \leqslant x \leqslant b\}$.

(2) 满足不等式 $a<x<b$ 的所有实数 x 组合的集合，叫作开区间，记作 (a,b)，即 $(a,b)=\{x \mid a<x<b\}$.

(3) 满足不等式 $a \leqslant x<b$ 或 $a<x \leqslant b$ 的所有实数 x 组合的集合，叫作半开半闭区间，记作 $[a,b)$ 或 $(a,b]$，即 $[a,b)=\{x \mid a \leqslant x<b\}$；$(a,b]=\{x \mid a<x \leqslant b\}$.

a 和 b 叫作区间的端点，在数轴上可以用一条以 a，b 为端点的线段表示这些区间，且用实心点表示包含端点，用空心点表示不包含端点.

实数集 $\mathbf{R}$ 也可以 $(-\infty,+\infty)$ 表示，符号“$-\infty$”“$+\infty$”分别读作“负无穷大”“正无穷大”.

我们把满足不等式 $x>a$，$x \geqslant a$，$x<b$，$x \geqslant b$ 的实数 x 组成的集合分别记作 $(a,+\infty)$，$[a,+\infty)$，$(-\infty,b)$，$(-\infty,b]$.

以上内容见表 6 - 1.

表　6-1

区　间	集　合	图　示
$[a,b]$	$\{x \mid a \leqslant x \leqslant b\}$	
(a,b)	$\{x \mid a < x < b\}$	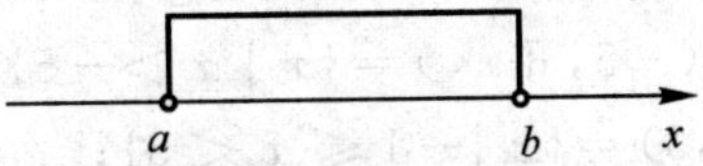
$[a,b)$	$\{x \mid a \leqslant x < b\}$	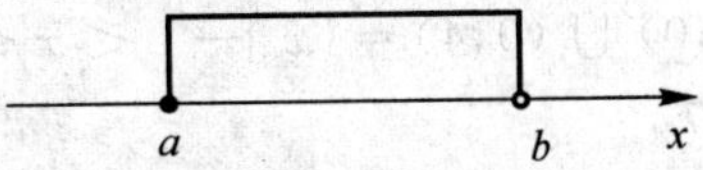
$(a,b]$	$\{x \mid a < x \leqslant b\}$	
$(a,+\infty)$	$\{x \mid x > a\}$	
$[a,+\infty)$	$\{x \mid x \geqslant a\}$	
$(-\infty,b)$	$\{x \mid x < b\}$	
$(-\infty,b]$	$\{x \mid x \leqslant b\}$	

【例 6-12】　用区间表示下列集合.

(1)$\{x \mid x < -1\}$；　　(2)$\{x \mid 2 \leqslant x < 7\}$；

(3)$\{x \mid x < 2$ 或 $x \geqslant 3\}$；　　(4)$\{x \mid x \geqslant -3$ 且 $x \neq 1\}$.

解　(1)$\{x \mid x < -1\} = (-\infty, -1)$

(2)$\{x \mid 2 \leqslant x < 7\} = [2,7)$

(3)$\{x \mid x < 2$ 或 $x \geqslant 3\} = (-\infty,2) \cup [3,+\infty)$

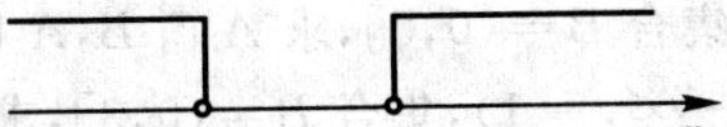

(4)$\{x \mid x \geqslant -3$ 且 $x \neq 1\} = [-3,1) \cup (1,+\infty)$

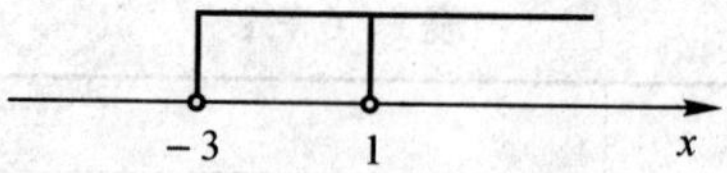

例 6-13　用集合表示下列区间

(1)$(-5,+\infty)$；　(2)$[-1,3)$；　(3)$(-1,0)\cup(0,4)$.

解　(1)$(-5,+\infty)=\{x\mid x>-5\}$；

(2)$[-1,3)=\{x\mid -1\leqslant x<3\}$；

(3)$(-1,0)\cup(0,4)=\{x\mid -1<x\leqslant 4$，且 $x\neq 0\}$.

练习 6-7

1. 用区间表示下列集合.

(1)$\{x\mid x\leqslant -8\}$；　(2)$\{x\mid x>-1\}$；　(3)$\{x\mid -2\leqslant x\leqslant 8$ 且 $x\neq 5\}$.

2. 用集合表示下列区间.

(1)$(-\infty,8]$；　(2)$(-\infty,3)$；　(3)$(0,5]\cup[4,8)$.

3. 如图 6-7 所示，I 是全集，M，P，S 是 I3 三个子集，则阴影部分所表示的集合是________.

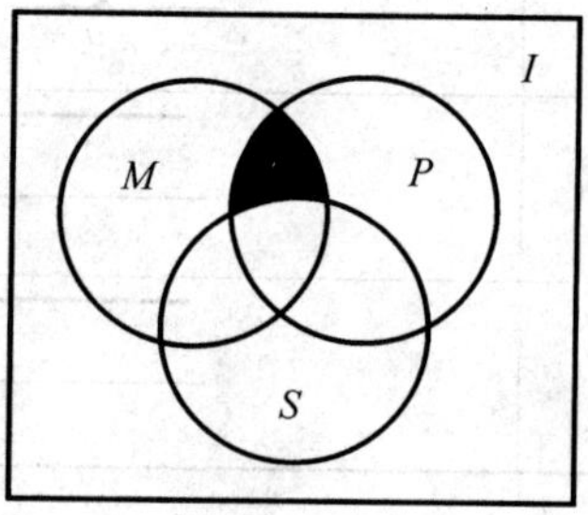

图　6-7

习题 6-4

1. 下列命题正确的是(　　).

(1)$\{x\mid x>3\}$ 与 $(3,+\infty)$ 表示同一个集合　(2) 方程 $x^2-1=0$ 的解集是 $[-1,1]$

(3)$\{x\mid 0<x<3\}=\{1,2\}$　(4)$\{x\mid x\leqslant 3\}=(-\infty,3)$

2. 用集合表示下列区间.

(1)$x\in(-\infty,+\infty)$；　(2)$x\in[2,6]$；

(3)$x\in(3,7]$；　(4)$x\in[5,+\infty)$；

(5)$x\in(-\infty,3]$；　(6)$x\in[-2,3)\cup(1,5)$.

3. 用区间表示下列集合.

(1)$\{x\mid x-3>5\}$；　(2)$\{x\mid x-4<2\}$；

(3)$\{x\mid 5<x<9\}$；　(4)$\{x\mid 7\leqslant x\leqslant 10\}$.

4. 已知集合 $A=[-1,4)$，集合 $B=(0,5]$，求 $A\cap B$，$A\cup B$.

5. 设全集为 $\mathbf{R}$，集合 $A=(-\infty,-1)$，集合 $B=(0,3]$，求 C_UA，C_UB，$B\cap C_UA$.

第 6 章复习

本章主要介绍了集合，包括集合的概念、描述、集合之间的关系、集合的运算和集合与区间的联系.

复习题六

一、选择题

1. 如果 $M=\{x \mid x>6\}$，$a=7$，那么下列关系正确的是（　　）.

A. $a \subsetneqq M$　　B. $\{a\}=M$　　C. $a \in M$　　D. $\{a\} \in M$

2. 设 $M=\{x \mid x \geqslant 4\}$，$N=\{x \mid x<6\}$，则 $M \cup N$ 等于（　　）.

A. $\{x \mid -4 \leqslant x<6\}$　　B. $\{x \mid x \geqslant 4\}$　　C. $\{x \mid x<6\}$　　D. $\mathbf{R}$

3. 设全集 $U=\mathbf{R}$，$M=\{x \mid x>5\}$，则 $C_U M$ 等于（　　）.

A. $\{x \mid x<5\}$　　B. $\{x \mid x>5\}$　　C. $\{x \mid x \leqslant 5\}$　　D. $\{x \mid x \geqslant 5\}$

4. 下列能表示集合的是（　　）.

A. 一切很大的数　　B. 平面内的全体　　C. 大于 -2 的实数　　D. 学习较好的同学

5. 集合 $M=\{$一条边长为 5，一个角为 40° 的等腰三角形$\}$ 中的元素个数为（　　）.

A. 2　　B. 3　　C. 4　　D. 无数

6. 已知 x, y 均不为 0，则 $\dfrac{x}{|x|}-\dfrac{y}{|y|}$ 的值组成的集合的元素个数为（　　）.

A. 1　　B. 2　　C. 3　　D. 4

7. 方程 $x^2+6x+5=0$ 的解集是（　　）.

A. $\{-1,-5\}$　　B. $(-1,-5)$　　C. $[-1,-5]$　　D. -1 或 -5

二、填空题

1. $A=\{1,3,5,8,9\}$，$B=\{2,5,7\}$，则 $A \cap B=$ ______.

2. 用符号填空

(1) $\{1,2,3\}$ ______ $\{1,2,3\}$；　(2) 6 ______ $\mathbf{N}$；　(3) $\mathbf{Q}$ ______ $\mathbf{N}$.

3. 已知 $A=\{x \mid x<4\}$，$B=\{x \mid x<a\}$.

(1) 若 $B \subseteq A$，则 a 的范围是 ______；

(2) 若 $A \subsetneqq B$，则 a 的范围是 ______.

4. 设集合 $A=\{1,3,a\}$，$B=\{1,a^2-a+1\}$，且 $A \supseteq B$，则 $a=$ ______.

5. 在抛物线上且纵坐标为 3 的点的集合为 ______.

6. 用特征性质描述法表示图 6－8 中阴影部分的点（含边界上的点）组成的集合 M 是 ______.

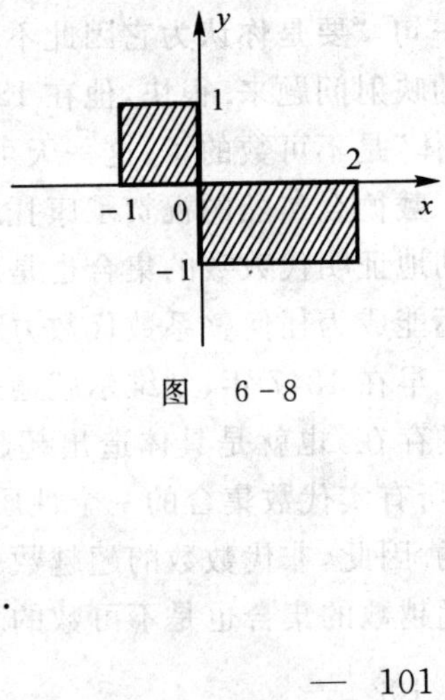

图　6－8

三、解答题

1. 用区间表示下列集合.

(1) $\{x \mid x>5$ 或 $x<-5\}$；　(2) $\{x \mid x \geqslant 2$ 或 $x \neq 3\}$.

2. 设 $S=\{0,1,2,3,4,5,6,7,8\}$，$B=\{1,2,7\}$，求 C_SA，C_SB，$(C_SA)\cap B$，$A\cup C_SB$.

3. 设 $A=\{x\mid x^2-ax+a^2-19=0\}$，$B=\{x\mid x^2-5x+6=0\}$，$C=\{x\mid x^2+2x-8=0\}$.

(1) 若 $A\cap B=A\cup B$，求 a 的值.

(2) 若 $\varnothing\subsetneqq(A\cap B)$ 且 $A\cap C=\varnothing$，求 a 的值.

(3) 若 $A\cap B=A\cap C\neq\varnothing$，求 a 的值.

阅读材料

集　合

集合论的创立者格奥尔格·康托尔，1845 年 3 月 3 日出生于俄国圣彼得堡一个商人家庭. 他在中学时期就对数学感兴趣. 1862 年，他到苏黎世上大学，1863 年转入柏林大学.

当时柏林大学正在形成一个数学教学与研究的中心，他在 1867 年的博士论文中就已经反映出“离经叛道”的观点，他认为在数学中提问的艺术比起解法来更为重要. 的确，他原来的成就并不总是在于解决问题，他对数学的独特贡献在于他以特殊提问的方式开辟了广阔的研究领域. 他所提出的问题一部分被他自己解决，一部分被他的后继者解决，一些没有解决的问题则始终支配着某一个方向的发展，例如著名的连续统假设.

1869 年康托尔取得在哈勒大学任教的资格，不久就升为副教授，并在 1879 年升为教授，他一直到去世都在哈勒大学工作. 哈勒是一个小地方，而且薪金微薄. 康托尔原来希望在柏林找到一个薪金较高、声望更大的教授职位，但是在柏林，那位很有势力而且又专横跋扈的克洛耐克处处跟他为难，阻塞了他所有的道路. 原因是克洛耐克对于他的集合论，特别是他的“超穷数”观点持根本否定的态度. 由于用脑过度和精神紧张，从 1884 年起，他不时犯深度精神抑郁症，常常住在疗养院里. 1918 年 1 月 6 日他在哈勒大学附近的精神病院中逝世.

集合论的诞生可以说是在 1873 年年底. 1873 年 11 月，康托尔在和戴德金的通信中提出了一个问题，这个问题使他从以前关于数学分析的研究转到一个新方向. 他认为，有理数的集合是可以“数”的，也就是可以和自然数的集合成一对一的对应. 但是他不知道，对于实数集合这种一对一的对应是否能办到. 他相信不能有一对一的对应，但是他“讲不出什么理由”.

不久之后，他承认他“没有认真地考虑这个问题，因为它似乎没有什么价值”. 接着他又补充一句，“要是你认为它因此不值得再花费力气，那我就会完全赞同”. 可是，康托尔又考虑起集合的映射问题来. 很快，他在 1873 年 12 月 7 日又写信给戴德金，说他已能成功地证明实数的“集体”是不可数的了，这一天可以看成是集合论的诞生日.

戴德金热烈的祝贺了康托尔取得的成功. 其间，证明的意义也越来越清楚. 因为康托尔还成功地证明代数数的集合也是可数的. 所谓代数数就是整系数代数方程的根，而象 π 与 e 这样的不能成为任何整系数代数方程的根的数，则称为超越数.

早在 1847 年，刘维尔就通过构造的方法(当时大家认为是唯一可接受的方法)证明了超越数的存在，也就是具体造出超越数来. 可是，康托尔 1874 年发表的有关集合论的头一篇论文《论所有实代数集合的一个性质》断言，所有实代数数的集合是可数的，所有实数的集合是不可数的. 因此，非代数数的超越数是存在的，并且其总数要比我们熟知的实代数数多得多，也就是说超越数的集合也是不可数的.

第 7 章　函　　数

在数学中，一个函数是描述每个输入值对应唯一输出值的这种对应关系，符号为 f. 但在中文中则常读作 $f(x)$. 其中 x 为自变量，f 为因变量(或称应变量). 包含某个函数所有的输入值的集合被称作这个函数的定义域，包含所有的输出值的集合被称作值域.

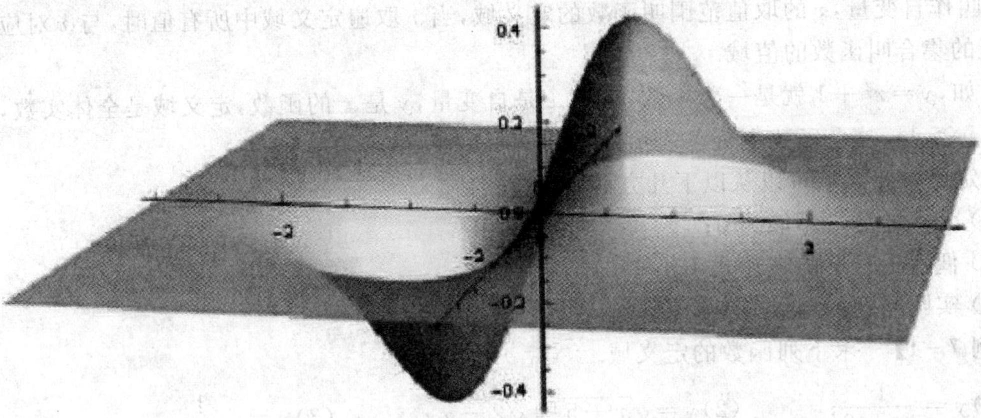

函数(Function)，名称出自清朝数学家李善兰的著作《代数学》. 之所以如此翻译，他给出的原因是"凡此变数中函彼变数者，则此为彼之函数"，也即函数指一个量随着另一个量的变化而变化，或者说一个量中包含另一个量.

函数的定义通常分为传统定义和近代定义，函数的两个定义本质是相同的，只是叙述概念的出发点不同，传统定义是从运动变化的观点出发，而近代定义是从集合、映射的观点出发.

7.1　函数和它的表示法及性质

一、函数的概念

问题 1:圆的半径为 x,面积为 y,怎样用含 x 的式子表示 y 呢?

问题 2:某市居民的天然气,1m^3 收费 3.88 元,则使用 $x(\text{m}^3)$ 天然气应交纳的费用为 y 元,怎样用含 x 的式子表示 y 呢?

在以上问题中,取值会发生变化的量称为变量,取值固定不变的量称为常量.

如果变量 y 随着变量 x 而变化,并且对于 x 取的每一个值,y 都有唯一的一个值与它对应,那么称 y 是 x 的函数,记作 $y=f(x)$.

x 叫作自变量,x 的取值范围叫函数的定义域,当 x 取遍定义域中所有值时,与 x 对应的所有 y 值的集合叫函数的值域.

例如,$y=x^2+1$ 就是一个函数,其中 x 是自变量,y 是 x 的函数,定义域是全体实数,值域为$\{y \mid y\geqslant 1\}$.这个函数也可以表示为 $f(x)=x^2+1$.

确定函数定义域可以从以下几方面来考虑:

(1) 分式的分母不能为 0;

(2) 偶次根号下的表达式不小于 0;

(3) 实际问题的函数应考虑变量的实际意义.

【例 7-1】　求下列函数的定义域.

(1)$y=\dfrac{1}{4x-2}$;　　(2)$y=\sqrt{x+5}+\sqrt{2-x}$;　　(3)$y=\dfrac{1}{\sqrt{x+3}}$.

解　(1) 要使$\dfrac{1}{4x-2}$有意义,必有 $4x-2\neq 0$,则 $x\neq\dfrac{1}{2}$,即$\left\{x \mid x\neq\dfrac{1}{2}\right\}$

(2) 要使$\sqrt{x+5}+\sqrt{2-x}$有意义,必有$\begin{cases}x+5\geqslant 0\\2-x\geqslant 0\end{cases}$,则$-5\leqslant x\leqslant 2$,即$\{x \mid -5\leqslant x\leqslant 2\}$

(3) 要使$\dfrac{1}{\sqrt{x+3}}$有意义,$x+3>0$,则 $x>-3$,即$\{x \mid x>-3\}$

练习 7-1

1.求下列函数中自变量 x 的取值范围

(1)$y=\dfrac{(x+1)^2}{\sqrt{x}}$;　　(2)$y=\dfrac{1}{x^2+1}$;

(3)$f(x)=\sqrt{3x+4}$;　　(4)$y=\dfrac{\ln(x+1)}{\sqrt{-x^2-3x+4}}$.

2.请写一个函数与函数 $y=\dfrac{1}{\sqrt{x}}$ 有相同定义域.

当自变量 $x=a$ 时,函数 $f(x)$ 所对应的值叫作 $x=a$ 时的函数值,用 $f(a)$ 表示,例如,对于 $f(x)=x^2+1$,当 $x=-1$ 时,$f(-1)=(-1)^2+1=2$;当 $x=0$ 时,$f(0)=0^2+1=1$;当 $x=$

1 时，$f(1)=1^2+1=2$；……

由于在同一问题中可能包含两个或两个以上的函数，因此要用不同的字母来表示不同的函数，如 $g(x)$，$h(x)$，$F(x)$，$G(x)$ 等.

【例 7-2】 已知函数 $f(x)=\frac{1}{x-1}$，求 $f(-5)$，$f(-2)+4f(2)$，$f[f(-5)]$.

解 $f(-5)=\frac{1}{-5-1}=-\frac{1}{6}$

$$f(-2)+4f(2)=\frac{1}{-2-1}+4\times\frac{1}{2-1}=-\frac{1}{3}+4=\frac{11}{3}$$

$$f[f(-5)]=f(-\frac{1}{6})=\frac{1}{-\frac{1}{6}-1}=-\frac{6}{7}$$

练习 7-2

1. 已知 $f(x)=2x^2-x$，则 $f(-3)=$ ________；$f(-b)=$ ________；$f(3b)=$ ________；$f(3b+1)=$ ________.

2. 已知函数 $f(x)=3x+m$，且 $f(3)=0$，则 $m=$ ________.

二、函数的表示法

函数的表示法通常有以下 3 种.

(1) 解析法. 把两个变量之间的函数关系用代数式来表示的方法叫作解析法，相应的代数式叫作解析式. 例如：$y=2x$，$y=3x+5$，$y=2x^2-3x-4$，$y=\frac{6}{x}$.

(2) 列表法. 把两个变量之间的对应值列成表格来表达函数关系的方法叫作列表法.

(3) 图像法. 用描点法描绘函数的图像，其步骤是：在函数的定义域内给出自变量是 x 的一些值，通过解析式计算出相应的函数 y 的值，然后以 x 的值为横坐标，y 的值为纵坐标，在平面直角坐标系中描述出相应的点，最后用光滑的曲线连接各点，就得到了函数的图像.

用图像来表示两个变量之间的函数关系的方法叫作图像法.

例如：一次函数 $y=kx+b(k\neq 0)$ 的图形是一条直线；反比例函数 $y=\frac{k}{x}$ $(k\neq 0)$ 的图形是双曲线；次函数 $y=ax^2+bx+c(a\neq 0)$ 的图形是抛物线.

【例 7-3】 商店是某种运动鞋的单价为 100 元，用 3 种方法表示购买 5 双以内的运动鞋时，应付款与运动鞋双数之间的关系.

解 (1) 解析法 $y=100x$($x\leqslant 5$，x 为整数)

(2) 列表法，见表 7-1.

表 7-1

x/ 双	1	2	3	4	5
y/ 元	100	200	300	400	500

(3) 图像法，如图 7-1 所示。

【例 7-4】 作出 $y=x^2$ 的图形.

解 列表见表 7-2. 图形如图 7-2 所示.

表 7-2

x	…	-2	-1	0	1	2	…
y	…	4	1	0	1	4	…

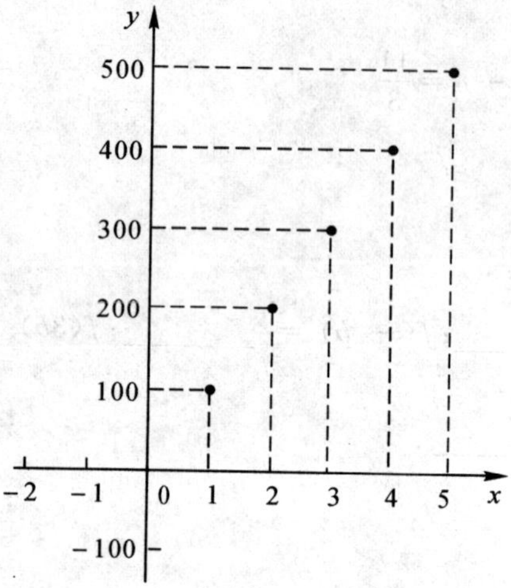

图 7-1

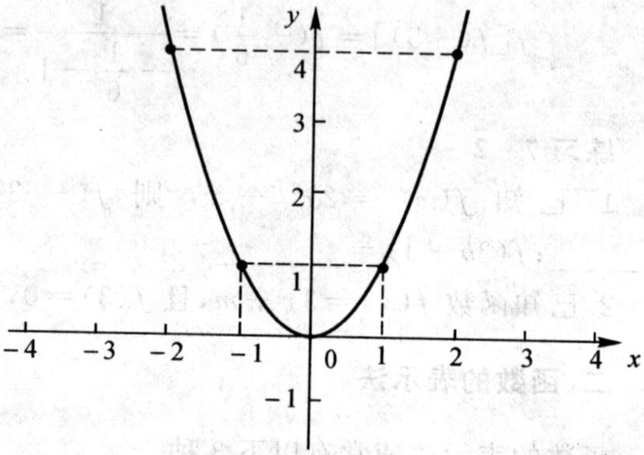

图 7-2

有的函数,当自变量 x 在不同的区间取值时,它的表达式不同,这种以分段形式表示的函数叫作分段函数.

例如:$y=f(x)=\begin{cases}3, & x>0\\0, & x=0\\-3, & x<0\end{cases}$. 它的图形如图 7-3 所示.

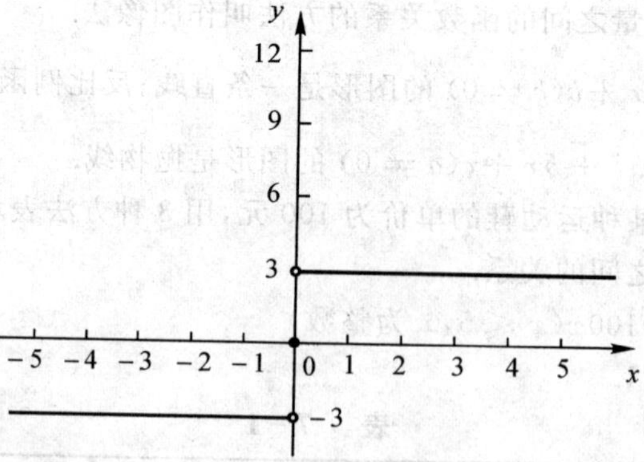

图 7-3

练习 7-3 作出下列函数的图形.

(1) $y=x^2+1$；　　(2) $y=|x|$；　　(3) $f(x)=\begin{cases}\dfrac{1}{2}x-1 & (x\geqslant 0)\\ \dfrac{1}{x} & (x<0)\end{cases}$.

三、函数的单调性

观察函数 $y=x$ 和函数 $y=\dfrac{1}{x}$ 的图形，如图 7-4 所示.

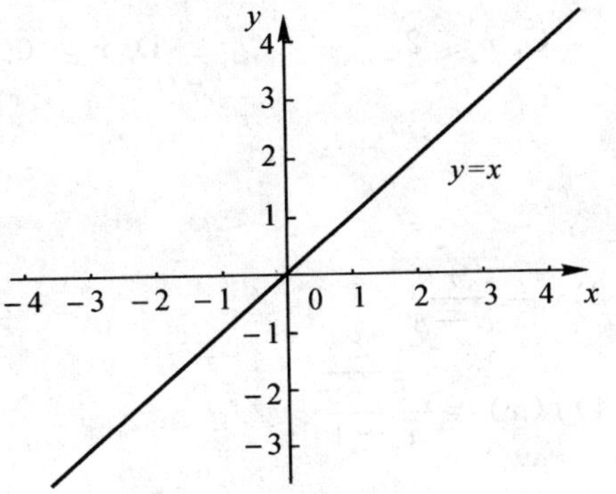

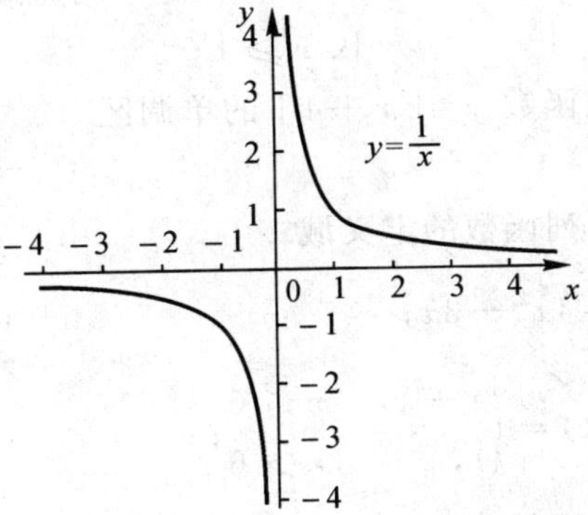

图　7-4

在函数 $y=x$ 中，函数 y 的值随着 x 值的增加而增加；在函数 $y=\dfrac{1}{x}$ 的值当 $x<0$ 和 $x>0$ 时随着 x 值的增加而减少.

一般地，对于 x 在区间 (a,b) 内的函数 $y=f(x)$，

(1) 如果对于任意的 $x_1,x_2\in(a,b)$，当 $x_1<x_2$ 时，都有 $f(x_1)<f(x_2)$，则称 $f(x)$ 在区间 (a,b) 内单调递增的（或增函数）. 区间 (a,b) 叫作单调增区间.

(2) 如果对于任意的 $x_1,x_2\in(a,b)$，当 $x_1<x_2$ 时，都有 $f(x_1)>f(x_2)$，则称 $f(x)$ 在区间 (a,b) 内单调递减的（或增函数）. 区间 (a,b) 叫作单调减区间.

单调增区间和单调减区间统称为单调区间.

例 7-5　根据图 7-5 所示说出 x 在哪些取值范围内的取值单调递增，在哪些取值范围内单调递减.

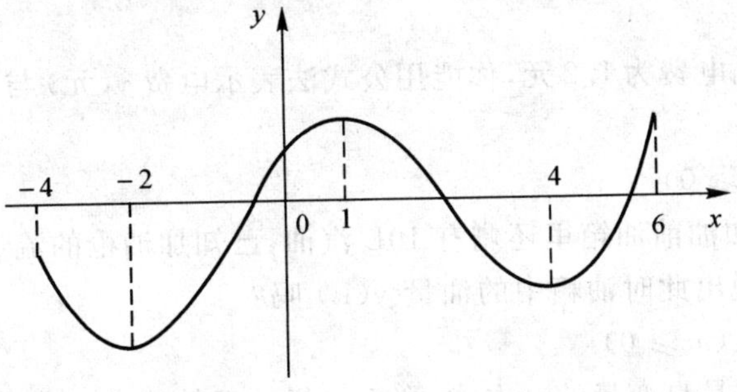

图　7-5

解　由函数图可知：当 $x \in (-4,-2)$ 或者 $x \in (1,4)$ 函数单调递减；
当 $x \in (-2,1)$ 或者 $x \in (4,6)$ 函数单调递增.

想一想能够说 $x \in (-4,-2) \cup (1,4)$ 函数单调递减吗？

练习 7-4

1. 已知下列函数中，当 $x \geqslant 0$ 时是单调递增的为(　　).

A. $y=\dfrac{2}{x}$　　B. $y=-x-1$　　C. $y=x^2+1$　　D. $y=-x^2-1$

2. x 取何值时，$y=x^2-2x+1$ 单调递减(　　).

A. $x \leqslant 1$　　B. $x \geqslant 1$　　C. $x \leqslant 2$　　D. $x \geqslant 0$

3. 写出函数 $y=|x+4|$ 的单调区.

习题 7-1

1. 求下列函数的定义域.

(1) $y=4x^2-3x$；　　(2) $y=\dfrac{x}{x-4}$

(3) $f(x)=\begin{cases} x+1, & x \leqslant 0 \\ 1, & x>0 \end{cases}$；　　(4) $f(x)=\dfrac{\sqrt{5-x}}{x-1}$.

2. 已知函数 $f(x)=x^2-4x+1$，求 $f(\sqrt{3})$，$f(x_0+1)$ 的值.

3. 已知 $f(x)=x^2+6x+a$，且 $f(1)=0$，求 $f(-2)$ 的值.

4. 作出下列函数的图像.

(1) $h(x)=\begin{cases} -1, & x \geqslant 0 \\ 2, & x<0 \end{cases}$；　　(2) $g(n)=2n+1 (n=1,2,3,4)$.

5. 说出 $y=x^2-4x$ 的单调区间.

6. 某学校要召开学生代表大会，规定各班每 10 人推选一名代表，当各班人数除以 10 的余数大于 6 时再增选一名代表. 那么，各班可推选代表人数 y 与该班人数 x 之间的函数关系？用取整函数 $y=[x]$（$[x]$ 表示不大于 x 的最大整数）

7. 已知在 x 克 $a\%$ 的盐水中，加入 y 克 $b\%$ 的盐水，浓度变为 $c\%$，将 y 表示成 x 的函数关系式.

7.2　一次函数和它的图形

问题 1：某地 1 度电电费为 1.2 元，你能用公式法表示电费 y(元) 与所用电量 x 之间的函数关系吗？

答：$y=1.2x \quad (x \geqslant 0)$

问题 2：一辆小车加油前油箱里还剩有 10L 汽油，已知加油枪的流量为 12L/min，若加油时间为 x(min)，你能说出此时油箱中的油量 y(L) 吗？

答：$y=10+12x \quad (x \geqslant 0)$

如果函数的解析式是自变量的一次式，那么这样的函数称为一次函数，它的一般形式是

答：$y=kx+b \quad (k \neq 0)$

特别地，当 $b=0$ 时，一次函数 $y=kx (k \neq 0)$ 也叫正比例函数.

【例 7-6】 在上述问题 2 中，若加油 5min，则油箱中有多少升汽油？

解 $y=10+12\times5=70\text{L}$

答：油箱中有 70 升汽油.

练习 7-5

在问题 1 中，若用电 150kW/h，应交多少电费？

【例 7-7】 画出 $y=3x-1$ 的图形.

解 列表 7-3. 用描点法作图，如图 7-6 所示。

表 7-3

x	-2	-1	0	1	2	…
y	-7	-4	-1	2	5	…

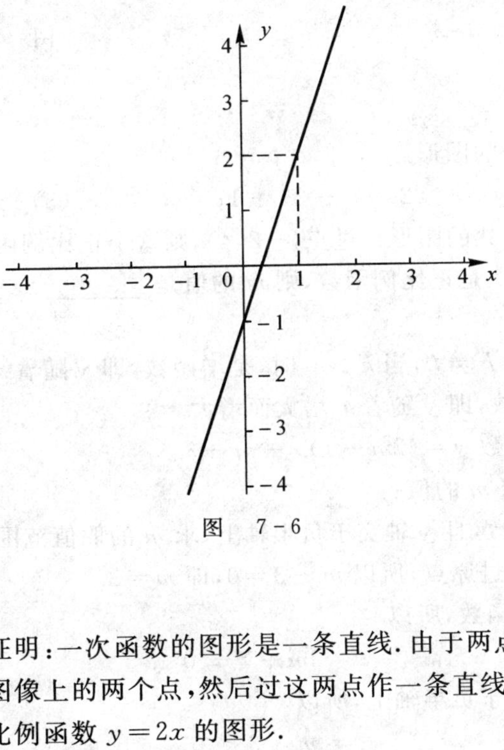

图 7-6

观察图形有何特点？

类似地，数学上已经证明：一次函数的图形是一条直线. 由于两点确定一条直线，因此画一次函数的图形，只要描出图像上的两个点，然后过这两点作一条直线就行了.

【例 7-8】 画出正比例函数 $y=2x$ 的图形.

解 当 $x=0$ 时，$y=0$；当 $x=1$，$y=2$

经过原点(0,0) 和 $A(1,2)$ 作直线，这条直线就是 $y=2x$ 的图形，如图 7-7 所示.

练习 7-6 画出正比例函数 $y=-2x$ 的图形.

一般地，正比例函数 $y=kx$（k 是常数，$k\neq0$）的图像是一条经过原点的直线；当 $k>0$ 时，直线 $y=kx$ 经过一、三象限是增函数，即随 x 的增大也增大；当 $k<0$ 时，直线 $y=kx$ 经过二、四象限是减函数，即随 x 的增大反而减小.

【例 7-9】 画出一次函数 $y=2x+1$ 的图形

解 当 $x=0$ 时，$y=1$；当 $x=1$，$y=3$

经过原点(0,1)和$A(1,3)$作直线，这条直线就是$y=2x+1$的图形，如图7-8所示.

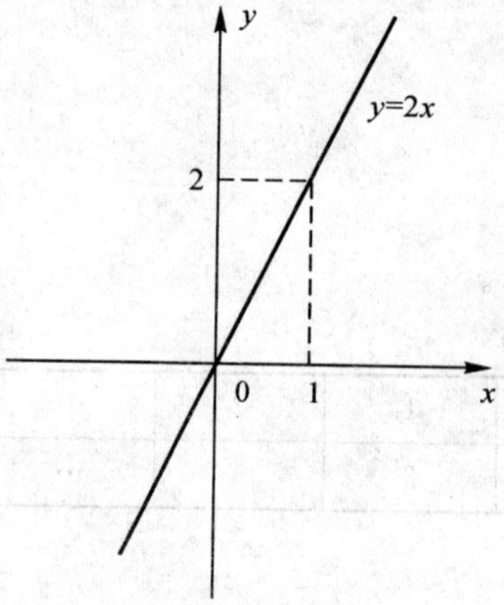

图　7-7

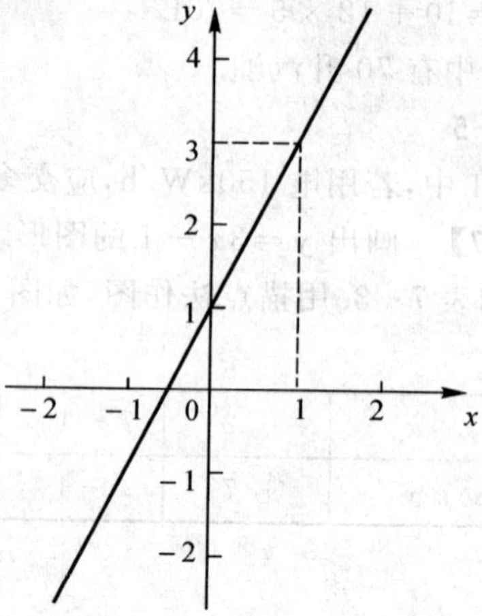

图　7-8

练习7-7

1.作出下列一次函数的图形.

(1)$y=2x-1$；　　(2)$y=-2x+1$；　　(3)$y=-2x-1$.

2.已知一个正比例函数的图形经过点$(-2,4)$，则这个正比例函数的表达式是________.

3.若函数$y=-2x^{m+2}$是正比例函数，则m的值是________.

一次函数$y=kx+b,k\neq0$，当$k>0$时，是增函数，即y随着x增大而增大.

当$k>0$时，是增函数，即y随着x增大而增大.

【例7-10】　已知函数$y=(2m+1)x+m-3$.

(1)图形经过原点，求m的值；

(2)若函数是一次函数，且y轴交于负半轴上，求m的取值范围.

解　(1)因为图形经过原点，所以$m-3=0$，即$m=3$.

(2)因为函数是一次函数，所以

$$2m+1\neq0 \qquad ①$$

又因为图形与y轴交于负半轴上，所以

$$m-3<0 \qquad ②$$

由①②得：$m<3$且$m\neq-\frac{1}{2}$.

练习7-8

1.如果一次函数$y=kx+b$的图像经过第一、二、四象限，则k,b的符号是(　　).

A.$k>0,b>0$　　B.$k>0,b<0$　　C.$k<0,b>0$　　D.$k<0,b<0$

2.点$P(a,b)$在第二象限，则直线$y=ax+b$不经过第________象限.

习题7-2

1.已知正比例函数的图形经过点$(-2,4)$，则这个正比例函数是________.

2.已知一次函数$y=kx+5$的图形经过点$(-1,2)$，则$k=$________.

3. 一次函数 $y=-\frac{1}{4}x+2$ 的图形与 x 轴的交点是________，与 x 轴的交点是________.

4. 一次函数 $y=4x-6$ 经过________象限.

5. 下列函数(1) $y=\pi x$　(2) $y=2x-1$　(3) $y=\frac{1}{x}$　(4) $y=2-3x$　(5) $y=x^2-1$ 中，是一次函数的有________.

6. 当 m ________时，一次函数 $y=(m+1)x+6$ 的函数值随 x 的增大而减小.

7. 直线 $y=kx+b$ 在坐标系中的位置如图 7-9 所示，则 $k=$________，$b=$________.

8. 某种子商店销售“黄金一号”玉米种子，为惠民促销，推出两种销售方案供采购者选择.

方案一：种子价格为 4 元 /g，无论购买多少均不打折；

方案二：购买 $3kg$ 以内(含 $3kg$)的价格为 5 元 /g，若一次性购买超过 $3kg$ 的，则超过 $3kg$ 的部分的，则超过 3 千克的部分的种子价格打 7 折.

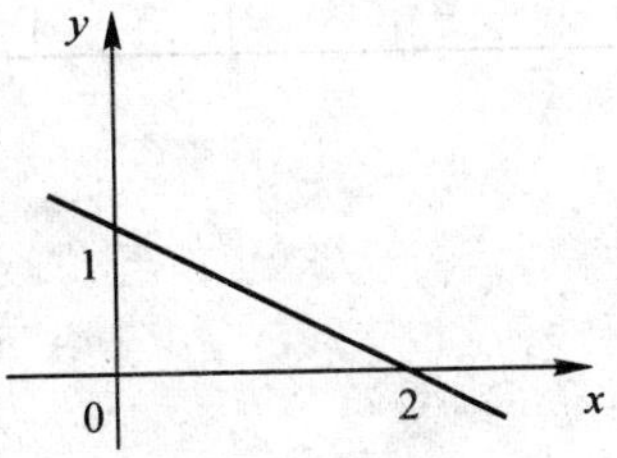

图　7-9

(1) 请分别求出方案一和方案二中购买的种子数量 x 和付款金额 y 之间的函数关系式；

(2) 若你去购买一定量的种子，你会怎样选择方案？说明理由.

7.3　二次函数

问题1　某广告公司设计一副周长 12m 的矩形广告牌，广告设计费为 1000 元 /m^2，设矩形的边长为 x(m)，所花费用为 y 元. 你能写出 y 与 x 之间的函数关系式吗？

$$y=1000x(6-x)=-1000x^2+6000x$$

一、二次函数的定义

形如 $y=ax^2+bx+c$(a,b,c 是常数，$a\neq 0$) 的函数叫作 x 的二次函数，是二次函数的一般形式，a 叫二次项系数，b 叫一次项系数，c 叫常数项.

判断二次函数的依据：① 是否为自变量的整式；② 是否为自变量的二次式；③ 二次项系数是否不为零.

【例 7-11】　下列函数，哪些是关于 x 的二次函数.

(1) $y=-3x^2$；　　(2) $y=x^2+\frac{1}{x}$；

(3) $y=3x^2-4-x^3$；　　(4) $y=ax^2+3x+6$.

解　只有(1) 是关于 x 的二次函数.

练习 7-9

1. 当 k 为何值时，函数 $y=(k^2+k)x^{k^2-k}+5x+k$ 是二次函数？

2. 函数 $y=(m-1)x^{m^2+1}-2mx+1$ 是抛物线，则 $m=$________.

【例 7-12】　在同一直角坐标系中，作出下列二次函数的图形.

(1) $y=\frac{1}{2}x^2$；　　　　(2) $y=-\frac{1}{2}x^2$.

解　列表 7-4. 用描点结画出如图 7-10 所示的图形.

表　7-4

x	-4	-3	-2	-1	0	1	2	3	4
$y=\frac{1}{2}x^2$	8	4.5	2	0.5	0	0.5	2	4.5	8
$y=\frac{1}{2}x^2$	-8	-4.5	-2	-0.5	0	-0.5	-2	-4.5	-8

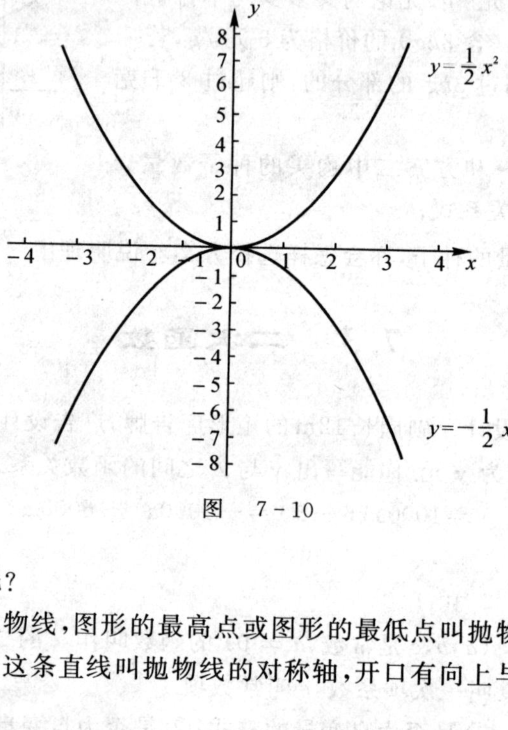

图　7-10

观察图形有何特点呢？

二次函数的图形为抛物线，图形的最高点或图形的最低点叫抛物线的顶点，它是轴对称图形，关于某一条直线对称，这条直线叫抛物线的对称轴，开口有向上与向下两个方向.

练习 7-10

1. 在同一直角坐标系中画出函数 $y=-x^2+2x$，$y=x^2-2x+1$，$y=x^2-2x+2$ 的图形，并回答下列问题：

① 它们的开口各向哪个方向？

② 它们的顶点坐标分别是什么？

③ 它们关于哪条直线对称？

④ 它们有何性质？

2. 抛物线 $y=x^2-x+m$，若其顶点在轴上，则 $m=$ ________.

【例 7-13】　把函数 $y=x^2-2x+1$ 化成 $y=a(x-h)^2+k$ 型.

解　$y=2(x^2-2x+1-1)+3=2(x-1)^2+1$

我们把 $y=a(x-h)^2+k$ 叫抛物线的顶点式，其中对称轴是 $x=h$，顶点坐标为 (h,k).

练习 7-11

化下列二次函数的一般式为顶点式.

①$y=\frac{1}{2}x^2-2x+4$；　②$y=-x^2+2x-8$.

二、二次函数的图形与性质

二次函数图形与性质归纳表 7-5 中.

表　7-5

		一般式	顶点式
解析式		$y=ax^2+bx+c(a\neq 0)$	$y=a(x-h)^2+k(a\neq 0)$
图形		抛物线	
开口方向		$a>0$,开口向上,图像向上无限延伸 $a<0$,开口向下,图像向下无限延伸	
顶点		$\left(-\frac{b}{2a},\frac{4ac-b^2}{4a}\right)$	(h,k)
对称轴		直线 $x=-\frac{b}{2a}$	直线 $x=h$
单调性	$a>0$	在区间$\left(-\infty,-\frac{b}{2a}\right)$单调递减	在区间$(-\infty,h)$单调递减
		在区间$\left(-\frac{b}{2a},+\infty\right)$单调递增	在区间$(h,+\infty)$单调递增
	$a<0$	在区间$\left(-\infty,-\frac{b}{2a}\right)$单调递增	在区间$(-\infty,h)$单调递增
		在区间$\left(-\frac{b}{2a},+\infty\right)$单调递减	在区间$(h,+\infty)$单调递减
最值	$a>0$	当 $x=-\frac{b}{2a}$ 时,$y_{\min}=\frac{4ac-b^2}{4a}$	当 $x=h$ 时,$y_{\min}=k$
	$a<0$	当 $x=-\frac{b}{2a}$ 时,$y_{\max}=\frac{4ac-b^2}{4a}$	当 $x=h$ 时,$y_{\max}=k$

【例 7-14】　抛物线 $y=-x^2+4x-5$ 的开口方向是________,顶点坐标是________.

解:向下,(2,−1)

练习 7-12

1. 二次函数 $y=x^2+4x+3$ 的对称轴是________,开口方向是________,顶点坐标是________.

2. 二次函数 $y=5(x+3)^2-6$ 的开口方向________,顶点坐标是________,对称轴是________.

习题 7-3

1. 请你写一个 y 是 x 的二次函数________.

2. 二次函数 $y=2x^2+bx+c$ 的顶点坐标是$(1,-2)$,则 $b=$________,$c=$________.

3. 已知二次函数与 $y=-2x^2-8x-6$，当________时，y 随着 x 的增大而增大；当 $x=$________时，y 有________值是________.

4. 已知二次函数 $y=x^2-6x+m$ 的最小值是 1，那么 m 的值是________.

5. 若抛物线 $y=ax^2+bx+c$ 的对称轴是直线 $x=-2$，则 $\frac{a}{b}=$________.

6. 某广告公司设计一幅周长为 12m 的矩形广告牌，广告设计费为 1000 元 /m^2，设矩形一边长为 x(m)，面积为 Sm^2.

(1) 求出 S 与之间的函数关系式，并确定自变量 x 的取值范围；

(2) 请你设计一个方案，使获得的设计费最多，并求出这个费用.

7. 有一个抛物线的拱形立交桥，这个桥拱的最大高度为 16m，跨度为 40m，现把它放在如图 7－11 所示的直角坐标系里，若要在离跨度中心点 M5m 处 M 垂直竖一根铁柱支撑这个拱顶，铁柱应取多长？

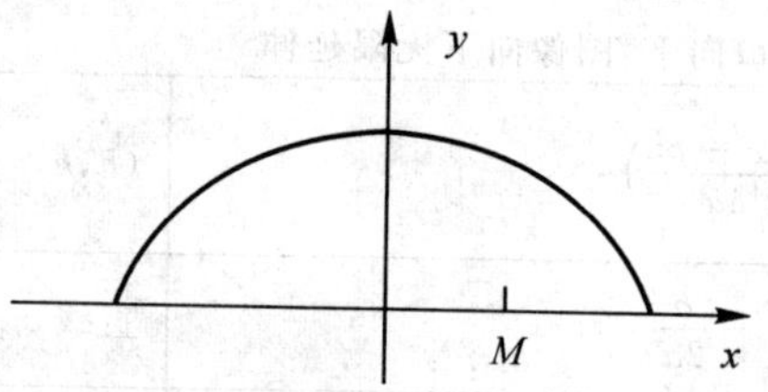

图　7－11

阅读材料

高次方程的根式解与阿贝尔、伽罗华

公元 9 世纪，阿拉伯的数学家已经得到了一般形式的一元二次方程的根的公式，即用二次根式的公式来表示方程的根，我们在下面称为根的解. 16 世纪中期，欧洲的数学家对于一般形式的一元三次和四次方程同样求出了它们的根式解，即分别用三 3 次根式和 4 次根式的公式表达出方程的解. 在这种情况下，人们很自然地问：是不是能用根式解表示 5 次及 5 次以上的一般形式的一元高次方程的解？这在当时是公认的难题. 到了 1770 年，法国数学家拉格朗日(Lagrange)宣布 5 次及 5 次以上的一般形式的高次方程不可能用根式解，但是经过努力，他也不能证明这个结论. 他感叹说，这个问题“好像是在向人类的智慧挑战”. 经过将近 3 个世纪，到了 1824 年，年仅 22 岁的挪威青年数学家阿贝尔(N. H. Abek，1802—1829 年)证明了这个结论. 数学家并不满足这个一般的结论，而是进一步地探索：是不是对具体系数的代为数方程可以用根式解？或者说，什么样的 5 次及 5 次以上的高次方程的根式可以用系数的根式的公式表达？对于这个问题，更年轻的刚刚 20 岁的法国数学家伽罗华(E. Galois，1811—1832 年)彻底解决. 伽罗华在解决问题的过程中，引进了方程的根的排列作成的群(即对根的排列的集合引进运算)即可解群的概念. 他证明：方程可用根式解的充分与必要条件是相应的群为可解群. 伽罗华攻克的是 300 年没有解决的难题，更可贵的是他的思想超出了他所处的时代.

阿贝尔和伽罗华都是有卓越才能的年轻数学家，都是在坎坷和不幸中为数学的发展作出了不可磨灭的贡献.

阿贝尔只活了27岁，他一生贫病交加，却留下了很多创造性的成果. 除了方程论外，他还是椭圆函数论的创始人之一，但这些工作在其生前未受到重视. 他大学毕业后，长期找不到工作，1829年柏林大学终于认识到他的才能，决定任命他为教授. 但当聘书到达时，他却因肺结核在两天前离开了人世，他的遭遇给后人留下了深深的遗憾.

伽罗华生于法国巴黎郊区布拉论镇，父亲当时是镇长，母亲是当地法官之女，家庭条件本来十分优越. 但是，伽罗华生逢法国大革命的动荡年代，他的命运和不幸都带有那个时代的特征. 他报考向往已久的巴黎综合工科大学遭到失败，原因可能是他在回答主考官提出的一个特殊问题时，作了不合时宜的回答. 后来他考取巴黎高等师范学校，第二年因参加反对波旁王朝的“七月革命”而被校方开除，以后又因参加政治活动被捕入狱. 1832年5月，伽罗华在他的政敌利用爱情纠葛挑起的决斗中身亡. 至今人们对这位杰出人才的夭折还深感惋惜.

伽罗华的数学研究，就是在这种激烈的动荡和遭受种种打击的条件下利用极为有限的时间进行的. 像阿贝尔一样，他的工作在生前被完全忽视，不为人们所认识. 从1892年5月起，他把研究成果三次送给法国科学院，要求给予审查认可，第一次退回要求重写；第二次因主审人病逝，论文丢失；1831年，他第三次提交论文，被主审人的“不可理解”的评语否决. 幸运的是，伽罗华在决斗前夕，通宵达旦地将自己的研究加以整理，并在遗书中坚信，“最终会有人发现，将这些东西清楚对他们是有益的”. 在伽罗华去世以后14年(1846年)，法国数学家刘维尔在他主编的《数学杂志》上首次发表了伽罗华的两篇遗作，伽罗华工作的意义才逐渐被人们认识，并且加以发展，使得代数学的对象、内容和方法都起了深刻的变革，称为近代代数学的先导. 他的事迹不断为后世所称道.

阿贝尔和伽罗华的事迹和他们的首创精神给了我们很多启发和巨大的鼓励.

7.4　指数与指数运算

一、根式

如果 $x^2=a$，那么 x 叫作 a 的平方根.

如果 $x^3=a$，那么 x 叫作 a 的立方根.

类似地：$x^5=a$，那么 x 叫作 a 的5次方根.

一般地，如果 $x^n=a$，那么 x 叫作 a 的 n 次方根.

当 n 为奇数时，a 有一个 n 次方根，用符号 $\sqrt[n]{a}$ 表示. 例如：因为 $3^3=27$，所以 $\sqrt[3]{27}=3$.

当 n 为偶数时，a 的 n 次方根有两个，它们互为相反数，用符号 $\pm\sqrt[n]{a}$ 表示，其中，正数 a 的正的 n 次方根 $\sqrt[n]{a}$ 叫作 a 的 n 次算术根，例如，$(\pm 3)^4=81$，所以81的4次方根为 $\sqrt[4]{81}=\pm 3$，其中3是81的四次算术根.

由于任何数的偶次幂不会是负数，所以负数是没有偶次方根，即在实数范围内负数的偶次方根无意义. 例如，在实数范围内 $\sqrt{-5}$ 无意义.

零的任何方根都是零，记作 $\sqrt[n]{0}=0$.

式子 $\sqrt[n]{a}$ 叫作根式，其中 n 叫作根指数，a 叫作被开方数. 根据 n 次方根的意义，当 $\sqrt[n]{a}$ 有意义时，下述结论成立：

(1) $(\sqrt[n]{a})^n = a$.

(2) 当 n 为奇数时，$\sqrt[n]{a^n} = a$.

(3) 当 n 为偶数时，$\sqrt[n]{a^n} = |a|$.

【例 7－15】 求下列各式的值.

(1) $(\sqrt[3]{-6})^3$；　　(2) $\sqrt[5]{(-3)^5}$；

(3) $\sqrt[3]{(\pi-3)^3}$；　　(4) $\sqrt[4]{(1-\sqrt{2})^4}$.

解　(1) $(\sqrt[3]{-6})^3 = -6$　　(2) $\sqrt[5]{(-3)^5} = -3$

(3) $\sqrt[3]{(\pi-3)^3} = \pi - 3$　　(4) $\sqrt[4]{(1-\sqrt{2})^4} = |1-\sqrt{2}| = \sqrt{2}-1$

练习 7－13

1. 求下列各式的值.

(1) $\sqrt{(-7)^2}$；　(2) $\sqrt[5]{(-5)^5}$；　(3) $\sqrt[4]{(a-b)^4}$ $(a<b)$.

2. 计算 $[(-2)^{-2}]^{\frac{1}{2}}$ 的结果是________.

3. 若 $3^a = 8, 3^b = 5$，则 $3^{\frac{a}{3}-2b} =$________.

二、分数指数幂

$\sqrt[3]{a^7} = a^{\frac{7}{3}} (a>0)$，　　$\sqrt[4]{5^{12}} = 5^{\frac{12}{4}}$

当根式的被开方数的指数能被根指数整除时，根式可以表示为分数指数幂的形式，为了把整数指数幂的概念推广到分数指数幂，我们规定：

$$a^{\frac{m}{n}} = \sqrt[n]{a^m} \quad (a>0, m, n \in \mathbf{N}^+, 且\ n>1)$$

$$a^{-\frac{m}{n}} = \frac{1}{a^{\frac{m}{n}}} = \frac{1}{\sqrt[n]{a^m}} \quad (a>0, m, n \in \mathbf{N}^+, 且\ n>1)$$

不难想到，0 的正分数指数幂等于 0，0 的负分数指数幂无意义.

练习 7－14

1. 用根式表示下列分式指数幂$(a>0, b<0)$.

(1) $a^{\frac{3}{5}} =$________；　　(2) $b^{-\frac{8}{7}} =$________.

2. 用分数指数幂表示下列各式$(a>0, b<0)$

(1) $\sqrt{a^7} =$________；　　(2) $\dfrac{1}{\sqrt[3]{b^2}} =$________.

分数指数幂的运算性质同整数指数幂的运算性质：

$a^r \cdot a^s = a^{r+s}$ $(a>0, r, s$ 为有理数$)$

$(a^r)^s = a^{rs}$ $(a>0, r, s$ 为有理数$)$

$(ab)^r = a^r \cdot b^s$ $(a>0, b>0, r, s$ 为有理数$)$

【例 7－16】 计算

(1) $0.125^{\frac{1}{3}}$；　　(2) $(\frac{16}{81})^{-\frac{3}{4}}$；

(3) $\sqrt{2}\times\sqrt[4]{8}\times\sqrt[8]{64}$；　　　　(4) $\dfrac{a^2\cdot\sqrt[5]{a^3}}{\sqrt{a}\cdot\sqrt[10]{a^7}}(a>0)$.

解　(1) $0.125^{\frac{1}{3}}=(8^{-1})^{\frac{1}{3}}=(2^{-3})^{\frac{1}{3}}=2^{-1}=\dfrac{1}{2}$

(2) $\left(\dfrac{16}{81}\right)^{-\frac{3}{4}}=\left[\left(\dfrac{2}{3}\right)^4\right]^{-\frac{3}{4}}=\left(\dfrac{2}{3}\right)^{-3}=\dfrac{1}{\left(\dfrac{2}{3}\right)^3}=\dfrac{1}{\dfrac{8}{27}}=\dfrac{27}{8}$

(3) $\sqrt{2}\times\sqrt[4]{8}\times\sqrt[8]{64}=2^{\frac{1}{2}}\times(2^3)^{\frac{1}{4}}\times(2^6)^{\frac{1}{8}}=2^{\frac{1}{2}+\frac{3}{4}+\frac{6}{8}}=2^2=4$

(4) $\dfrac{a^2\cdot\sqrt[5]{a^3}}{\sqrt{a}\cdot\sqrt[10]{a^7}}=\dfrac{a^2\cdot a^{\frac{3}{5}}}{a^{\frac{1}{2}}\cdot a^{\frac{7}{10}}}=a^{2+\frac{3}{5}-\frac{1}{2}-\frac{7}{10}}=a^{\frac{7}{5}}$

练习 7-15

1.计算

(1) $a^2\cdot\sqrt[3]{a^2}$；　　　　(2) $\sqrt[3]{3}\times\sqrt[3]{1.5}\times\sqrt[6]{12}$.

2.化简下列各式

(1) $(2a^{\frac{2}{3}}b^{\frac{1}{2}})(-6a^{\frac{1}{2}}b^{\frac{1}{3}})\div(-3a^{\frac{1}{6}}b^{\frac{5}{6}})$；　(2) $\dfrac{m^2}{\sqrt{m}\cdot\sqrt[3]{m}}$.

习题 7-4

1.求下列各式的值

(1) $\sqrt[5]{(-0.5)^5}$；　　　　(2) $\sqrt[3]{\dfrac{b^2}{a^2}}\cdot\sqrt[3]{a}\cdot\sqrt[3]{a^2b}\,(a>0,b>0)$.

2.用分数指数幂表示下列各式(其中 $a>0$)

(1) $a^4\cdot\sqrt[4]{a^3}$；　　　　(2) $\sqrt{a\sqrt[3]{a\cdot\sqrt{a}}}$.

3.若 $(x-5)^0+(x-4)^{-\frac{1}{4}}$ 有意义,则 x 的取值范围是________.

4.已知 $xy\neq0$ 且 $\sqrt{4x^2y^2}=-2xy$,则有________；

5.(1) 已知 $a^{\frac{1}{2}}+a^{-\frac{1}{2}}=2$,求下列各式的值.

$a+a^{-1}$；　a^2+a^{-2}

(2) 已知 $(1,+\infty)$,求下列各式的值.

$[2,+\infty)$ $(-\infty,2]$；　$[1,+\infty)$；　$x^2+mx+1>0$.

5.计算 $(0.027)^{\frac{1}{3}}-\left(6\dfrac{1}{4}\right)^{\frac{1}{2}}+(2\sqrt{2})^{-\frac{2}{3}}+\pi^0-3^{-1}$.

6.已知 $x+y=12,xy=9$,且 $x<y$,求 $\dfrac{x^{\frac{1}{2}}-y^{\frac{1}{2}}}{x^{\frac{1}{2}}+y^{\frac{1}{2}}}$.

7.5　指数函数

有这样的报告:当生物死后,有机体内原有的碳 14 会按确定的规律衰减,大约经过 5730 年衰减为原来的一半,根据此规律,人们获得了生物体内碳 14 含量 p 与死亡年数 t 之间的关系

$$p=\left(\frac{1}{2}\right)^{\frac{t}{5730}}$$

这是一个指数的自变量,底数是常数的函数.

一般地,函数 $y=a^x$($a>0$ 且 $a\neq1$)叫作指数函数,其中 x 是自变量,a 是常数,定义域为全体实数.

例如:$y=2^x$,$y=\left(\frac{1}{2}\right)^x$,$y=10^x$,$y=\pi^x$ 等都是指数函数.

在同一坐标系中,画出 $y=2^x$,$y=\left(\frac{1}{2}\right)^x$ 的图形.先列出表 7-6 再根据描点法画出它的图形,如图 7-12 所示.

表 7-6

x	…	-3	-2	-1	0	1	2	3	…
$y=2^x$	…	$\frac{1}{8}$	$\frac{1}{4}$	$\frac{1}{2}$	1	2	4	8	…
$y=\left(\frac{1}{2}\right)^x$	…	8	4	2	1	$\frac{1}{2}$	$\frac{1}{4}$	$\frac{1}{8}$	…

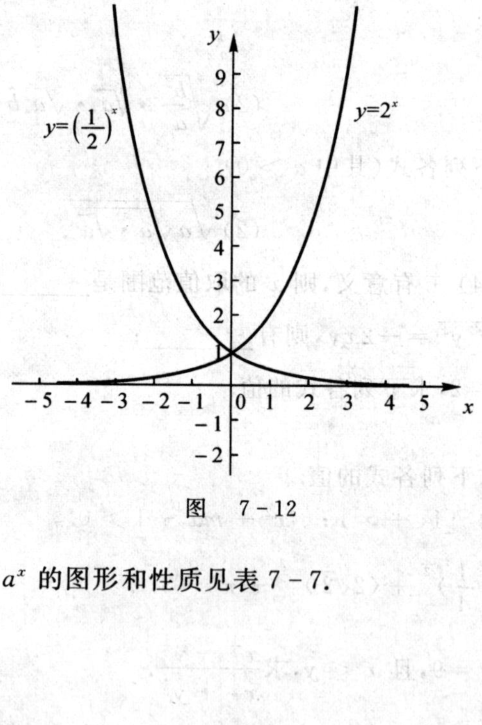

图 7-12

一般地,指数函数 $y=a^x$ 的图形和性质见表 7-7.

表　7-7

$y=a^x$	$a>1$	$0<a<1$
图　像	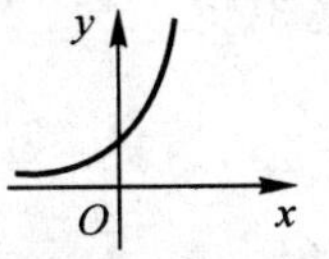	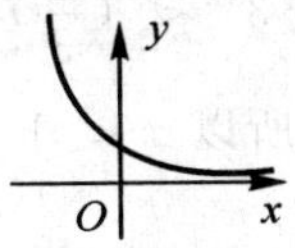
性　质	定义域：**R**(全体实数)	
	值域：$(0,+\infty)$	
	恒过点$(0,1)$	
	当 $x>0$ 时，$y>1$ 当 $x=0$ 时，$y=1$ 当 $x<0$ 时，$0<y<1$	当 $x>0$ 时，$0<y<1$ 当 $x=0$ 时，$y=1$ 当 $x<0$ 时，$y>1$
	定义域上是增函数	定义域上是减函数

【例 7-17】　比较下列各题中两个值的大小.

(1) $1.8^{2.4}$ 与 1.8^3；　　(2) $0.7^{-0.1}$ 与 $0.7^{-0.2}$；　　(3) $1.7^{0.2}$ 与 $0.8^{3.1}$.

解　(1) 考察指数函数 $y=1.8^x$，由于 $1.8>1$，所以指数函数 $y=1.8^x$ 在 **R** 上是增函数.
因为 $2.4<3$，所以　$1.8^{2.4}<1.8^3$

(2) 考察指数函数 $y=0.7^x$，由于 $0<0.7<1$，所以指数函数 $y=0.7^x$ 在 **R** 上是减函数.
因为 $-0.1>-0$，所以　$0.7^{-0.1}<0.7^{-0.2}$

(3) 由指数函数的性质可知：$1.7^{0.2}>1.7^0=1$，　$0.8^{3.1}<0.8^0=1$

所以　$1.7^{0.2}>0.8^{3.1}$

练习 7-16

1. 比较下列各组数中两个值的大小.

(1) $3^{0.8}, 3^{0.7}$；　　(2) $0.85^{-0.1}, 0.85^{0.1}$.

2. 在同一坐标系中画出下列函数的图形.

(1) $y=\left(\frac{1}{3}\right)^x$；　　(2) $y=3^x$.

3. $0<a<1, b<-1$，则函数 $f(x)=a^x+b$ 的图形不经过第________象限.

【例 7-18】　已知指数函数 $f(x)=a^x(a>0, a\neq 0)$ 的图形经过点 $(3,\pi)$，求 $f(0)$，$f(1)$ 与 $f(-1)$.

解　因为 $f(x)=a^x$ 的图形经过点 $(3,\pi)$，所以 $f(3)=\pi$ 即 $a^3=\pi$ 解得 $a=\pi^{\frac{1}{3}}$，于是 $f(x)=\pi^{\frac{x}{3}}$，则 $f(0)=\pi^0=1$，$f(1)=\pi^{\frac{1}{3}}=\sqrt[3]{\pi}$，$f(-1)=\pi^{-\frac{1}{3}}=\frac{1}{\sqrt[3]{\pi}}$.

【例 7-19】　解下列不等式.

(1) $\left(\frac{1}{2}\right)^{2x-5}<\left(\frac{1}{2}\right)^{x+2}$；　　(2) $3^{3x}<\left(\frac{1}{3}\right)^{-x-2}$.

解　(1) 由 $\left(\frac{1}{2}\right)^{2x-5} < \left(\frac{1}{2}\right)^{x+2}$ 得 $2x-5 > x+2$　所以 $x < 7$

(2) 不等式 $3^{3x} < (\frac{1}{3})^{-x-2}$ 可化为 $3^{3x} < 3^{x+2}$

即 $3x < x+2$ 所以 $x < 1$

练习 7－17

1. 已知 $f(x)=a^x(a>0$ 且 $a\neq 1)$，且 $f(-1)=9$，求 $f(3)$，$f\left(-\frac{1}{2}\right)$.

2. 已知下列不等式，比较 m,n 的大小.

(1) $2^m < 2^n$；　(2) $0.2^m > 0.2^n$；　(3) $a^m < a^n(0<a<1)$；　(4) $a^m > a^n$.

3. 若 $a>0$，且 $a\neq 1$，则函数 $y=a^{x-2}+1$ 的图象一定过定点________.

习题 7－5

1. 某厂 2004 年的产值为万元，预计产值每年以 5% 递增，该厂到 2016 年的产值是________.

2. 函数 $y=2^{\sqrt{x}}$ 的定义域是________，值域是________.

3. 函数 $f(x)=(a^2-1)^x$ 是 R 上的减函数，则 a 的取值范围是________.

4. 下列函数中哪些是单调递增的函数，哪些是单调递减的函数？

(1) $y=6^x$；　　(2) $y=(\frac{2}{3})^x$.

5. 比较下列各组中两个数的大小

(1) $\left(\frac{5}{4}\right)^{\frac{2}{3}}$ 和 1；　　(2) $3^{0.7}$ 和 $3^{-0.8}$；　　(3) $\left(\frac{1}{4}\right)^{1.2}$ 和 $\left(\frac{1}{4}\right)^{0.2}$.

6. 求下列函数定义域.

(1) $y=(\frac{1}{4})^x$；　　(2) $y=6^{\sqrt{x-1}}$.

7. 某工厂今年 1 月、2 月、3 月生产某产品分别为 1 万件、1.2 件、1.3 万件，为了估测以后每个月的产量，以这三个月的产品数量为依据，用一个函数模拟该产品的月产量 y 与月份数 x 的关系，模拟函数可以选用二次函数或函数 $y=ab^x+c$（其中 a,b,c 为常数），已知四月份该产品的产量为 1.37 万件，请问用以上哪个函数作为模拟函数较好？请说明理由.

7.6　对　数

一、对数的概念

我国经济近年来仍然保持高速增长，假设 2015 年我国国内生产总值为 a 亿元，如果每年平均增长 7.5%，那么经过多少年生产总值是 2015 年的 2 倍？

解　设经过 x 年国内生产总值为 2015 年的 2 倍，根据题意有

$$a(1+7.5\%)^x=2a$$

即

$$1.075^x=2$$

这是已知底数和幂的值，求指数问题，也就是我们接下来要学习的对数问题.

一般地，如果 $a(a>0,a\neq 1)$ 的 b 次幂等于 N，就是 $a^b=N$，那么数 b 叫作以 a 为底数 N，记作 $\log_a N=b$，其中 a 叫作对数的底数，N 叫作真数.

二、对数的性质

因为 $a>0$，所以不论 b 是什么实数，都有 $a^b>0$，这就是说，N 恒为正数，因此零和负数没有对数.

因为 $a^0=1$，所以 $\log_a 1=0$，即真数为1的对数等于0.

因为 $a^1=a$，所以 $\log_a a=1$，即真数为底数的对数等于1.

三、两种对数

通常将以10为底的对数叫作常用对数，N 的常用对数 $\log_{10}N$ 简记作 $\lg N$. 例如 $\log_{10}3$ 简记作 $\lg 3$. 在科学技术中常常使用以无理数 $e=2.71828\cdots$ 为底的对数，以 e 为底的对数叫自然对数，为了简便，N 的自然对数 $\log_e N$ 简记作 $\ln N$. 例如，自然对数 $\log_e 5$ 简记作 $\ln 5$.

【例 7-20】　将下列指数式化为对数式，对数式化为指数式.

(1) $2^{-5}=\frac{1}{32}$；　　(2) $3^a=27$；

(3) $\log_{\frac{1}{2}}16=-4$；　　(4) $\log_a 4=8$.

解　(1) $\log_2\frac{1}{32}=-5$　　(2) $\log_3 27=a$

(3) $\left(\frac{1}{2}\right)^{-4}=16$　　(4) $a^8=4$

【例 7-21】　求下列各式中的值.

(1) $\log_{81}x=-\frac{3}{4}$；　　(2) $\log_x 16=8$.

解　(1) 因为 $\log_{81}x=-\frac{3}{4}$，所以 $x=81^{-\frac{3}{4}}=(3^4)^{-\frac{3}{4}}=3^{-3}=\frac{1}{27}$

(2) 因为 $\log_x 16=8$，所以 $x^8=16$，又因为 $x>0$，所以 $x=16^{\frac{1}{8}}=(2^4)^{\frac{1}{8}}=2^{\frac{1}{2}}=\sqrt{2}$

练习 7-18

1. 把下列指数式写成对数式，对数式写成指数式.

(1) $27^{-\frac{1}{3}}=\frac{1}{3}$；　　(2) $2^6=64$；

(3) $\log_3 =9$；　　(4) $\log_3\frac{1}{81}=-4$.

2. 求下列各式的值.

(1) $\log_5 25$；　　(2) $\log_2\frac{1}{16}$；

(3) $\log_{15}15$；　　(4) $\log_3 243$.

3. 已知 $3^a=2$，那么 $\log_3 8-2\log_3 6$ 用 y_1 表示是________.

4. $2\log_a(M-2N)=\log_a M+\log_a N$，则 $\frac{M}{N}$ 的值为________.

四、对数的运算

根据对数的定义可对式

$$\log_a N = b\ (a>0, a\neq 1, N>0)$$

写成指数式 $a^b=N$，即$\log_a N=b \Leftrightarrow a^b=N\ (a>0,a\neq 1,N>0)$ 于是，我们可以得到对数的运算性质.

如果 $a>0,a\neq 1,M>0,N>0$，那么

(1) $\log_a(MN)=\log_a M+\log_a N$

(2) $\log_a \dfrac{M}{N}=\log_a M-\log_a N$

(3) $\log_a M^n = n\log_a M(n\in \mathbf{R})$

【例 7－22】 计算下列各式的值.

(1) $\log_2(32\times 4^5)$；　(2) $\log_5\sqrt{125}-\log_5 1$；　(3)$\lg\sqrt[5]{100}$.

解　(1) $\log_2(32\times 4^5)=\log_2 32+\log_2 4^5=\log_2 2^5+\log_2 2^{10}=$

$$5\log_2 2+10\log_2 2=5+10=15$$

(2) $\log_5\sqrt{125}-\log_5 1=\dfrac{1}{2}\log_5 5^3-0=\dfrac{3}{2}$

(3)$\lg\sqrt[5]{100}=\dfrac{1}{5}\lg 10^2=\dfrac{2}{5}\lg 10=\dfrac{2}{5}$

【例 7－23】 用$\log_a x,\log_a y,\log_a z$ 表示下列各式.

(1) $\log_a\dfrac{xy}{z}$；　(2) $\log_a\dfrac{x^2\sqrt{y}}{\sqrt[3]{z}}$.

解　(1) $\log_a\dfrac{xy}{z}=\log_a(xy)-\log_a z=\log_a x+\log_a y-\log_a z$

(2) $\log_a\dfrac{x^2\sqrt{y}}{\sqrt[3]{z}}=\log_a(x^2\sqrt{y})-\log_a\sqrt[3]{z}=\log_a x^2+\log_a\sqrt{y}-\log_a\sqrt[3]{z}=$

$$2\log_a x+\frac{1}{2}\log_a y-\frac{1}{3}\log_a z$$

练习 7－19

1. 计算

(1) $\log_3(27\times 9^2)$；　(2)$\lg 100^2$；

(3) $\log_5 3+\log_5\dfrac{1}{3}$；　(4) $\log_3 5-\log_3 15$.

2. 用 $\lg x,\lg y,\lg z$ 表示下列各式.

(1)$\lg(xyz)$；　(2)$\lg\dfrac{xy^2}{z}$.

3. 如果方程$\lg^2 x+(\lg 5+\lg 7)\lg x+\lg 5\cdot\lg 7=0$ 的两根是 α,β，求 $\alpha\cdot\beta$ 的值.

习题 7－6

1. 填空

(1) 若$\log_a 2=m,\log_a 3=n,a^{2m+n}=$________.

(2) 函数 $y=\log_{(x-1)}(3-x)$ 的定义域是________.

(3) $\lg 25+\lg 2\cdot\lg 50+(\lg 2)^2=$________.

2. 把下列各题的指数式写成对数式.

(1) $5^x=6$；　(2) $4^x=\frac{1}{6}$；　(3) $3^x=81$；　(4) $10^x=25$.

2. 把下列各题的对数式写成指数式.

(1) $x=\log_4 3$；　(2) $x=\log_7\frac{1}{3}$；

(2) $x=\lg 5$；　(4) $x=\lg 0.3$.

3. 计算

(1) $\log_a 2+\log_a\frac{1}{2}$；　(2) $\lg\frac{1}{4}-\lg 25$；

(3) $2\log_5 25+3\log_2 64$；　(4) $\log_2(\log_2 16)$.

7.7　对数函数

一、对数函数的概念

某种细胞分裂时，由 1 个分裂成 2 个，2 个分裂成 4 个，……，1 个这样的细胞分裂 x 次后，得到的细胞个数 y 与 x 的函数关系式为 $y=2^x$.

现在来研究相反的问题，如果要求这种细胞经过多少次分裂，大约得到 20000 个、200000 个 …… 细胞，那么，细胞分裂次数 x 就是要得到的细胞个数 y 的函数，则 $x=\log_2 y$.

如果用 x 表示自变量，y 表示函数，这个函数就是 $y=\log_2 x$.

一般地，函数 $y=\log_a x\ (a>0, a\neq 0)$ 叫对数函数，其中 x 是自变量，函数的定义域为 $(0, +\infty)$.

二、对数函数的图形和性质

在同一坐标系中，作出函数 $y=\log_2 x$ 和 $y=\log_{\frac{1}{2}} x$ 的图形，先列表 7-8，再根据表中数据用描点法作图，如图 7-13 所示，对函数的性质见表 7-9.

表　7-8

x	…	$\frac{1}{4}$	$\frac{1}{2}$	1	2	4	…
$y=\log_2 x$	…	-2	-1	0	1	2	…
$y=\log_{\frac{1}{2}} x$	…	2	1	0	-1	-2	…

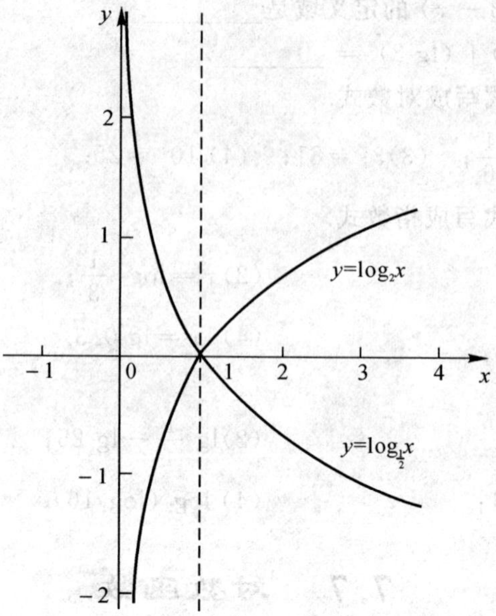

图　7－13

表　7－9

$y=a^x$	$a>1$	$0<a<1$
图　形	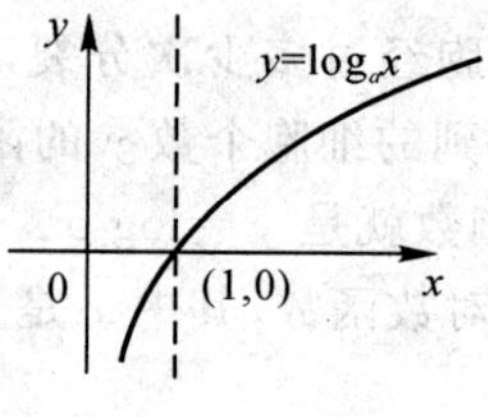	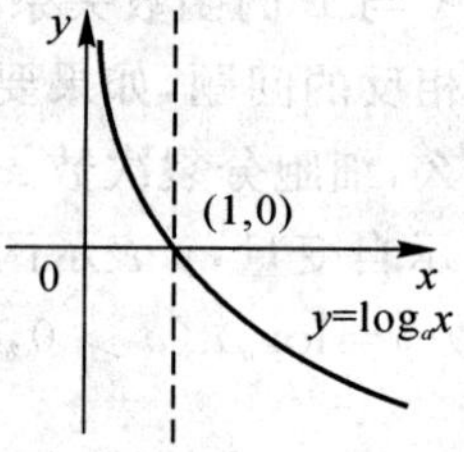
性　质	定义域:$(0,+\infty)$	
	值域:**R**(全体实数)	
	恒过点(1,0)	
	当 $x>1$ 时,$y>0$ 当 $x=1$ 时,$y=0$ 当 $0<x<1$ 时,$y<0$	当 $x>1$ 时,$y<0$ 当 $x=1$ 时,$y=0$ 当 $0<x<1$ 时,$y>0$
	定义域上是增函数	定义域上是减函数

【例 7－24】　下列对数中哪些是正确的,哪些是负数,哪些等于零.

(1) $\log_2 \dfrac{4}{3}$;　　　(2) $\log_{0.3} 2$;　　　(3) $\log_{0.5} 1$.

解　根据 $y=\log_a x$ 在 $a>1$ 和 $0<a<1$ 时的性质有

$\log_2 \dfrac{4}{3}>0$;　　　$\log_{0.3} 2<0$;　　　$\log_{0.5} 1=0$.

【例 7－25】　比较下列各组数中两个数的大小.

(1) $\log_{\frac{1}{3}}4$ 与 $\log_{\frac{1}{3}}\dfrac{9}{2}$；　　(2) $\log_3 2$ 与 $\log_3 3$.

解　(1) 因为 $0<\dfrac{1}{3}<1$，所以 $y=\log_{\frac{1}{3}}x$ 是减函数，而 $4<\dfrac{9}{2}$，所以 $\log_{\frac{1}{3}}4>\log_{\frac{1}{3}}\dfrac{9}{2}$.

(2) 因为 $3>1$，所以 $y=\log_3 x$ $\log_3 2<\log_3 3$.

练习 7－20

1. 比较下列各数中两数的大小.

(1) $\log_{\frac{1}{5}}6$ 和 $\log_{\frac{1}{5}}4$；　　(2) $\lg 7$ 和 $\lg 3$；　　(3) $\log_4 1$ 和 $\log_{\frac{1}{4}}1$.

2. 用“$>$”，“$<$”填空.

$\lg 0.3$ ________ 0；　　$\ln 2$ ________ 0；　　$\log_3 e$ ________ 0.

3. 若 $\log_m 9<\log_n 9<0$，那么 m,n 满足的条件是________.

【例 7－26】　求下列函数的定义域.

(1) $y=\log_a x^2$；　　(2) $y=\log_a(4-x)$.

解　(1) 因为 $x^2>0$，则 $x\neq 0$，即 $\{x\mid x\neq 0\}$

(2) 因为 $4-x>0$，则 $x<4$，即 $\{x\mid x<4\}$

练习 7－21

1. 求下列函数的定义域.

(1) $y=\log_3(x+1)$；　　(2) $y=\dfrac{1}{x-1}+\lg(x+3)$.

习题 7－7

1. 选择题

(1) 已知 $\log_7[\log_3(\log_2 x)]=0$，那么 $x^{-\frac{1}{2}}$ 等于(　　).

A. $\dfrac{1}{3}$　　B. $\dfrac{1}{2\sqrt{3}}$　　C. $\dfrac{1}{2\sqrt{2}}$　　D. $\dfrac{1}{3\sqrt{3}}$

(2) 如果 $x+\lg 25=2x$，则下列式子中正确的是(　　).

A. $x+\lg 25=0$　B. $10^x=\dfrac{1}{5}$　　C. $10^x=5$　　D. $10^x=\dfrac{25}{2}$

(3) 已知 $x^2+y^2=1$，$x>0$，$y>0$，且 $\log_a(1+x)=m$，$\log_a\dfrac{1}{1-x}=n$，则 $\log_a$ 等于(　　).

A. $m+n$　　B. $m-n$　　C. $\dfrac{1}{2}(m+n)$　　D. $\dfrac{1}{2}(m-n)$

2. 比较大小.

(1) $\log_{13}6$ 与 $\log_{13}7$；　　(2) $\log_{0.5}8$ 与 $\log_{0.5}5$；

(3) $\lg\dfrac{1}{2}$ 与 1；　　(4) $\ln\sqrt{2}$ 与 $\ln\sqrt{5}$.

3. 求下列函数的定义域.

(1) $y=\log_{\frac{1}{2}}(1-2x)$；　　(2) $y=\dfrac{1}{\log_2 x}$.

4. 如果 $\log_4 x=0$，则 $x^{\frac{1}{3}}=$________.

5. 已知函数 $f(x)=\log_3 \dfrac{mx^2+8x+n}{x^2+1}$ 的定义域为,值域为$[0,2]$,求 m,n 的值.

第 7 章复习

1. 知识梳理

一元一次函数的图形及性质
二次函数函数的图形及性质
指数及指数函数函数的图形及性质
对数及对数函数的函数的图形及性质

2. 注意事项

(1) 求函数的定义域,要考虑所研究问题的实际意义.

(2) 函数的表示法通常有列表法、图形法和解析式法 3 种,但是并非任何一个函数都可以用上述 3 种方法表示,有些函数甚至可以用语言叙述.

(3) 函数的图形可能是直线或曲线,也可能是一些孤立的点或者线段,曲线段,也可以是几条互不相连的曲线,要根据具体函数正确判断.

(4) $\sqrt[n]{a^m}=a^{\frac{m}{n}}$ 的条件是:m,n 为正整数,当 n 的为偶数时,$a\geqslant 0$;当 n 的为奇数时,a 为全体实数.

(5) 指数式 $a^b=N$ 与对数式$\log_a N=b$ 表示的是 a,b,N 三者之间的同一关系,它们是等价的,即 $a^b=N \Leftrightarrow b=\log_a N(a>0$ 且 $a\neq 1)$.

复习题七

1. 设函数 $f(x)=\begin{cases}-x, x\geqslant 0\\ x^2 \quad x<0\end{cases}$,求 $f(-4)$.

2. 已知 $f(x)=5x+b$,若 $f(-2)=3$,则 $b=$________.

3. 已知函数 $y=(m-3)x+m+3$,当 m ________时,它是一次函数,当 m ________时,它是正比例函数.

4. 函数 $y=\dfrac{1}{x^2-5}$ 中自变量 x 取值范围是________.

5. 已知二次函数 $y=-x^2+bx-8$ 的最大值为 8,则 $b=$________.

6. 已知$\log_a 2=m,\log_a 3=n$,则 $a^{2m-n}=$________.

7. 算下列各题.

(1)$4^{-1}\times(2-\sqrt{2})^0+9^{\frac{1}{2}}\times 2^{-2}+\left(\dfrac{1}{2}\right)^{-\frac{1}{2}}-\sqrt{2}$; (2)$\lg 25+\lg 40$;

(3)$\lg \dfrac{1}{4}-\lg 25+\lg 10$; (4)$\ln e^2+\ln\sqrt{e}$.

8. 距离码头南偏东 60° 的 400km 处有一个台风中心. 已知台风以 40km/h 的速度向正北方向移动，距台风中心 350km 以内都受台风影响. 问从现在起多少小时后，码头将受台风影响，码头受台风影响的时间大约多久？

9. 某公司 2009 年的年利润为 1000 万元，计划 2011 年利润至少要达到 1320 万元，由于将要采用高新技术，预计 2011 年的年利润增长率是 2010 年的 2 倍，问 2010 年的年利润增长率至少确定为多少？

阅读材料

函数概念的发展

函数概念是全部数学概念中最重要的概念之一，纵观 300 年来函数概念的发展，众多数学家从集合、代数、直至对应、集合的角度不断赋予函数概念以新的思想，从而推动了整个数学的发展. 本文拟通过对函数概念的发展与比较的研究，对函数概念的教学进行一些探索.

1. 早期函数概念——几何观念下的函数

17 世纪伽俐略(G. Galileo，意大利，1564—1642)在《两门新科学》一书中，几乎从头到尾包含着函数或称为变量的关系这一概念，用文字和比例的语言表达函数的关系. 1673 年前后笛卡尔(Descartes，法国人，1596—1650)在他的解析几何中，已经注意到了一个变量对于另一个变量的依赖关系，但由于当时尚未意识到需要提炼一般的函数概念，因此直到 17 世纪后期牛顿、莱布尼兹建立微积分的时候，数学家还没有明确函数的一般意义，绝大部分函数是被当作曲线来研究的.

2. 18 世纪函数概念——代数观念下的函数

1718 年约翰·贝努利(BernoulliJohann，瑞士人，1667—1748)才在莱布尼兹函数概念的基础上，对函数概念进行了明确定义：由任一变量和常数的任一形式所构成的量. 贝努利把变量 x 和常量按任何方式构成的量叫“x 的函数”，表示为 $f(x)$，其在函数概念中所说的任一形式，包括代数式子和超越式子. 18 世纪中叶欧拉(L. Euler，瑞士人，1707—1783)就给出了非常形象的、一直沿用至今的函数符号. 欧拉给出的定义是：一个变量的函数是由这个变量和一些数即常数以任何方式组成的解析表达式. 他把约翰·贝努利给出的函数定义称为解析函数，并进一步把它区分为代数函数(只有自变量间的代数运算)和超越函数(三角函数、对数函数以及变量的无理数幂所表示的函数)，还考虑了“随意函数”(表示任意画出曲线的函数)，不难看出，欧拉给出的函数定义比约翰·贝努利的定义更普遍、更具有广泛意义.

3. 19 世纪函数概念——对应关系下的函数

1822 年傅里叶(Fourier，法国人，1768—1830)发现某些函数可用曲线表示，也可用一个式子表示，或用多个式子表示，从而结束了函数概念是否以唯一一个式子表示的争论，把对函数的认识又推进了一个新的层次. 1823 年柯西(Cauchy，法国人，1789—1857)从定义变量开始给出了函数的定义，同时指出，虽然无穷级数是规定函数的一种有效方法，但是对函数来说不一定要有解析表达式，不过他仍然认为函数关系可以用多个解析式来表示，这是一个很大的局限，突破这一局限的是杰出数学家狄利克雷. 1837 年狄利克雷(Dirichlet，德国人，1805—1859)认为怎样去建立 x 与 y 之间的关系无关紧要，他拓宽了函数概念，指出：“对于在某区间上的每一个确定的 x 值，y 都有一个或多个确定的值，那么 y 叫作 x 的函数.”狄利克雷的函数定义，出色地避免了以往函数定义中所有的关于依赖关系的描述，简明精确，以完全清晰的方式为所有数学家无条件地接受. 至此，我们已可以说，函数概念、函数的本质定义已经形成，这就是人们常说的经典函数定义. 等到康托尔(Cantor，德国人，1845—1918)创立的集合论在数学中占有重要地位之后，维布伦(Veblen，美国人，1880—1960)用“集合”和“对应”的概念给出了近代函数定义，通过集合概念，把函数的对应关系、定义域及值域进一步具体化了，且打破了“变量是数”的极限，变量可以是数，也可以是其他对象(点、线、面、体、向量、矩阵等).

4. 现代函数概念——集合论下的函数

1914 年豪斯道夫(F. Hausdorff)在《集合论纲要》中用“序偶”来定义函数. 其优点是避开了意义不明确的“变量”、“对应”概念，其不足之处是又引入了不明确的概念“序偶”. 库拉托夫斯基(Kuratowski)于 1921 年用集合概念来定义“序偶”，即序偶(a,b)为集合$\{\{a\},\{b\}\}$，这样，就使豪斯道夫的定义很严谨了. 1930 年新的现代函数定义为，若对集合 M 的任意元素 x，总有集合 N 确定的元素 y 与之对应，则称在集合 M 上定义一个函数，记为 $y=f(x)$. 元素 x 称为自变元，元素 y 称为因变元.

函数概念的定义经过 300 多年的锤炼、变革，形成了函数的现代定义形式，但这并不意味着函数概念发展的历史终结，20 世纪 40 年代，物理学研究的需要发现了一种叫作 Dirac－δ 函数，它只在一点处不为零，而它在全直线上的积分却等于 1，这在原来的函数和积分的定义下是不可思议的，但由于广义函数概念的引入，把函数、测度及以上所述的 Dirac－δ 函数等概念统一了起来. 因此，随着以数学为基础的其他学科的发展，函数的概念还会继续扩展.

第8章 不 等 式

不等式分为严格不等式与非严格不等式.一般地,用纯粹的大于号、小于号“>”“<”连接的不等式称为严格不等式;用不小于号(大于或等于号)、不大于号(小于或等于号)连接的不等式称为非严格等式0.

本章介绍不等式的性质,讲解一元一次不等式、一元一次不等式组、二元一次不等式和含绝对值的不等式等几种常用的不等式及其解法.并介绍不等式在日常应用——简单的线性规划,用不等式的知识解决日常生活中的一些规划问题.

8.1　不等式的性质

小英加工 10 个零件,小敏加工 8 个零件,你能用“$>$”或“$<$”号连接它们加工的零件吗?

10 个________8 个

我们用不等号“$>$”(或“$<$”,“$\geqslant$”,“$\leqslant$”) 连接的式子叫作不等式.一般来说,不等式具有以下基本性质:

性质 1　不等式的两边都加上(或都减去)同一个数或同一个代数式,不等号的方向不变,即若 $a>b$,那么 $a+c>b+c$,且 $a-c>b-c$.

【例 8-1】　用“$>$”或“$<$”号填空.

(1) 已知 $a>b$,$a+4$ ________ $b+4$;

(2) 已知 $a>b$,$a-6$ ________ $b-6$.

解　(1) 因为 $a>b$,两边都加上 4,由不等式性质 1,得 $a+4>b+4$

(2) 因为 $a>b$,两边都减去 6,由不等式性质 1,得 $a-6>b-6$

练习 8-1

1.把下列不等式化为 $x>a$ 或 $x<a$ 的形式.

(1)$x+6>5$;　　　　(2)$3x>2x-2$.

2.用“$>$”或“$<$”号填空.

(1) 如果 $1+x>3$,则 x ________ $3-1$,即 x ________ 2.

(2) 如果 $2x<x+6$,则 $2x-x$ ________ 6,即 x ________ 6.

性质 2　不等式的两边都乘(或除以) 同一个正数,不等号的方向不变.

即:若 $a>b,c>0$,那么 $ac>bc$,且$\frac{a}{c}>\frac{b}{c}$.

性质 3　不等式的两边都乘(或除以) 同一个负数,不等号的方向改变.

即:若 $a>b,c<0$,那么 $ac<bc$,且$\frac{a}{c}<\frac{b}{c}$.

性质 4　如果 $a>b,b>c$,那么 $a>c$.

【例 8-2】　用“$>$”或“$<$”号填空.

(1) 已知 $a>b$,则 $4a$ ________ $4b$.

(2) 已知 $a>b$,则 $-2a$ ________ $-2b$.

(3) 已知 $a>b$,则 $-2a+2$ ________ $-2b+2$.

解　(1) 因为 $a>b$,两边同时乘 4,由不等式性质 2 得,$4a>4b$

(2) 因为 $a>b$,两边同时乘 -2,由不等式性质 3 得,$-2a<-2b$

(3) 因为 $a>b$,两边同时乘 -2,由不等式性质 3 得,$-2a>-2b$

因为 $-2a<-2b$,两边同时加 2,由不等式性质 1 得,$-2a+2<-2b+2$

练习 8-2

1.已知 $a>b$,用不等号填空.

(1)$8a$ ________ $8b$;　　(2)$-5a$ ________ $-5b$;　　(3)$-\frac{1}{3}a+5$ ________ $-\frac{1}{3}b+5$.

2. 将不足 40 只鸡放入若干个笼中，若每个笼里放 4 只，则有一只鸡无笼可放；若每个笼里放 5 只，则有一笼无鸡可放，且最后一笼不足 3 只. 问有笼多少个？有鸡多少只？

习题 8－1

1. 用“$>$”或“$<$”号填空.

(1) $x+5$ ________ $x+2$；　　(2) $a+6$ ________ $b+6(a>b)$；

(3) $-5a$ ________ $-5b(a<b)$；　　(4) $\frac{1}{a}$ ________ $\frac{1}{b}(a>b>0)$.

2. 判断下列说法是否正确.

(1) 如果 $a>b$，那么 $ac^2>bc^2$.　（　　）

(2) 如果 $a>b$，那么 $a^2>b^2$.　（　　）

(3) 如果 $a>b, c>d$，那么 $a+c>b+d$.　（　　）

(4) 如果 $a>b, c>d$，那么 $a-c>b-d$.　（　　）

3. 把下列不等式化为 $x>a$ 或 $x<a$ 的形式.

(1) $2x+6>3$；　　(2) $7x-6<0$；

(3) $-\frac{1}{3}x+4>\frac{1}{6}$；　　(4) $3x-2<10x$.

4. 现在有住宿生若干名，分住若干间宿舍，若每间住 4 人，则还有 19 人无宿舍住；若每间住 6 人，则有一间宿舍不空也不满，求住宿人数和宿舍间数？

5. 我市移动通讯公司开设了两种通讯业务，A 类是固定用户：先缴 20 元月租，然后每通话 1min 再付话费 0.15 元；B 类是“神州行”用户：使用者不缴月租费，每通话 1min 会话费 0.2 元（这里均指市内通话）. 若果一个月内通话时间为 $x$min，分别设 A 类和 B 类两种通讯方式的费用为 y_1 元和 y_2 元表示.

(1) 写出 y_1, y_2 与 x 之间的函数关系式.

(2) 一个月内通话多少分钟，用户选择 A 类合算？B 类呢？

(3) 若某人预计使用话费 60 元，他应选择哪种方式合算？

8.2　一元一次不等式的解法

问：小明家的客厅长 12m，宽 4m；现在想购买边长为 80cm 的正方形地板砖把地面铺满，至少需要购买多少块这样的地板砖？

解　设需要 x 块这样的地板砖，每块地板砖的面积为 0.64m^2，客厅面积为 48m^2；所以有 $0.64x\geqslant 48$.

这里遇到了含有未知数的不等式，像这种含有一个未知数，且未知数的次数是 1 的不等式，称为一元一次不等式. 形如 $ax>b$（或 $ax\geqslant b, ax<b, ax\leqslant b$，$a, b$ 为已知数，且 $a\neq 0$）的不等式叫作标准形式的一元一次不等式.

满足一个不等式的未知数的一个值称为不等式的一个解. 一个不等式的解的全体称为这个不等式的解集.

求一个不等式的解集的过程称为解不等式.

在解一元一次不等式时，利用不等式的性质 1、2、3 最后化成形如 $x>a$（$x\geqslant a, x<a, x\leqslant$

a）的不等式，就是不等式的解集.

【例 8-3】 解下列不等式.

(1) $2-5x<8-6x$；　　(2) $\frac{x-5}{2}+1\leqslant\frac{2}{3}x$.

解　(1) 移项，得 $-5x+6x<8-2$，即 $x<6$.

不等式的解集为 $\{x \mid x<6\}$，如图 8-1 所示

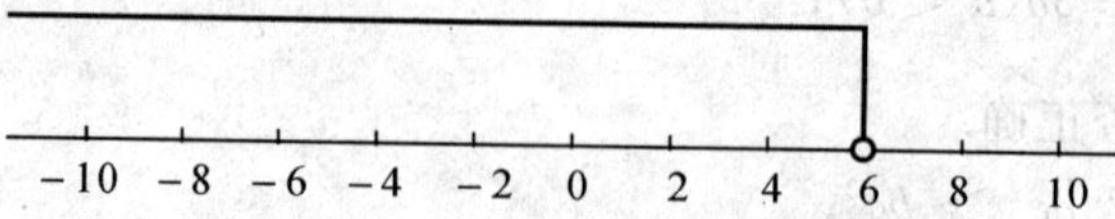

图　8-1

(2) 去分母，得 $3(x-5)+6\leqslant 4x$，去括号，得 $3x-15+6\leqslant 4x$

移项，得 $3x-4x\leqslant 15-6$，即 $-x\leqslant 9$

两边同时除以 -1（将 x 的系数化为 1），得 $x\geqslant -9$

不等式的解集为 $\{x \mid x\geqslant -9\}$，如图 8-2 所示。

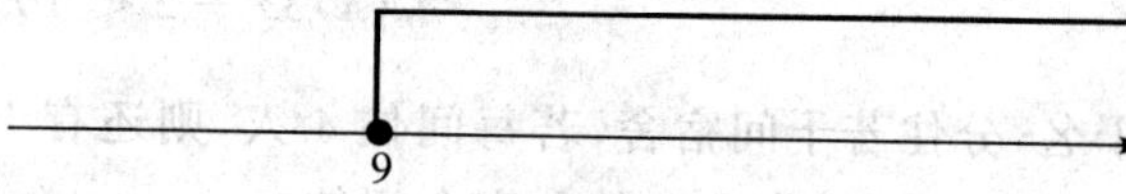

图　8-2

一元一次不等式的解法：

(1) 先去分母，后去括号，再移项，化简为标准形式.

(2) 两边同时除以未知数的系数.

(3) 写出不等式的解集.

练习 8-3

解下列不等式

(1) $3x-1>2(2-5x)$；　　(2) $\frac{x-2}{3}\geqslant\frac{2x-3}{2}+1$.

【例 8-4】 当 x 取什么值时，代数式 $-\frac{1}{3}x+2$ 的值大于或等于 0？先把它的解集在数轴上表示出来，然后求它的正整数解.

解　根据题意，得 $-\frac{1}{3}x+2\geqslant 0$

解这个不等式，得 $x\leqslant 6$

所以，当 $x\leqslant 6$ 时，代数式 $-\frac{1}{3}x+2$ 的值大于或等于 0

解集在数轴上表示如图 8-3 所示。

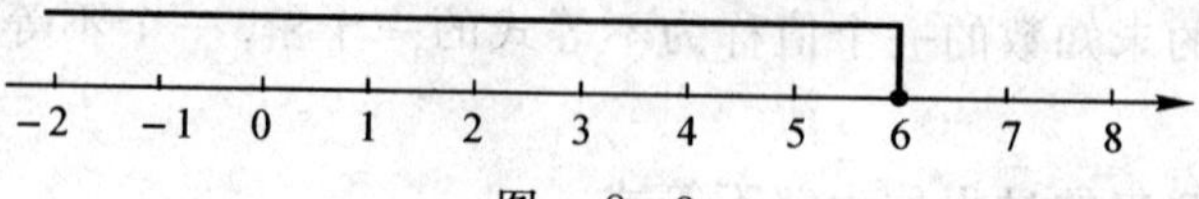

图　8-3

由图可知,满足条件的正整数解为 1,2,3,4,5,6.

练习 8-4

1.解不等式,并把它的解集在数轴上表示出来

(1)$3x-5<-2x+7$;　　(2) $\frac{x-3}{3}>\frac{3x+5}{2}$.

2.先用不等式表示下列语句,然后求出它们的解集,并在数轴上表示出解集.

(1)a 的$\frac{1}{3}$ 大于等于 3;　　(2)a 与 3 的和不小于 4;

(3)b 与 4 的差不大于 0;　　(4)b 与 7 的差大于 -3.

习题 8-2

1.解下列不等式,并把它们的解集在数轴上表示出来

(1)$5x+1\leqslant 8x+5$;　　(2)$1-3x>6x+7$;

(3) $\frac{3x+2}{2}+1>\frac{5+x}{2}$;　　(4) $\frac{4(1+x)}{3}-1\leqslant\frac{4+x}{2}$.

2.当 x 取什么值时,代数式$\frac{3-x}{2}$ 的值小于 3? 并求出满足条件的负整数解.

3.当 x 取什么值时,代数式$\frac{3x-5}{7}-\frac{x+4}{3}$ 的值不小于 1?

4.某饮料厂开发了 A,B 两种新型饮料,主要原料均为甲和乙,每瓶饮料中甲,乙的含量见表 8-1,现用甲原料和乙原料各 2 800g 进行试生产,计划生产 A,B 两种饮料共 100 瓶.

原料 / 饮料	甲	乙
A	20 克	40 克
B	30 克	20 克

设生产 A 种饮料 x 瓶,解答下列问题.

(1) 有几种符合题意的生产方案? 写出解答过程;

(2) 如果A种饮料每瓶的成本为2.60元,B种饮料每瓶的成本为2.80元,这两种饮料成本总额为 y 元,请写出 y 与 x 之间的关系式,并说明 x 取何值会使成本总额最低.

8.3 一元一次不等式组

一、一元一次不等式组的概念

问:15 级数控一班的男生分配他们住若干宿舍,如果每间住 4 人,则 19 个人没有房间住;如果每间住 6 人,则有一间住不满;问可能有多少宿舍和多少男生?

解:设有 x 间宿舍:

$$\begin{cases}4x+19\geqslant 6(x-1)-1\\4x+19\leqslant 6(x-1)+5\end{cases}$$

像$\begin{cases}4x+19\geqslant 6(x-1)-1\\4x+19\leqslant 6(x-1)+5\end{cases}$这样，把含有相同未知数的几个一元一次不等式合在一起，就组成了一个一元一次不等式组. 这几个一元一次不等式的解集的公共部分，叫作由它们所组成的一元一次不等式组的解集.

练习 8－5

1. 根据题设条件列不等式组

(1)x 的 4 倍与 6 的差大于并且小于 12.

(2)x 的 6 倍与 3 的差是非负数，x 与 1 的和是正数.

2. (1) 将不等式 $x<0$ 和 $x+2<0$ 的解集在数轴上表示出来；

(2)x 取什么值时，不等式 $x<0$ 和 $x+2<0$ 都成立？

二、一元一次不等组的解法

解一元一次不等式组时，先解不等式组中的各个不等式，然后求各个不等式解集的公共部分，即求出了这个不等式组的解集. 如果没有公共部分，就是这个不等式组无解. 我们把求不等式组解集的过程，叫作解不等式组.

【例 8－5】 解不等式组 $\begin{cases}-5x<10 & ①\\3x-12\leqslant 0 & ②\end{cases}$

解 解不等式 ①，得 $x>-2$

解不等式 ②，得 $x\leqslant 4$

所以不等式的解集为$\{x\mid -2<x\leqslant 4\}$，如图 8－4 所示.

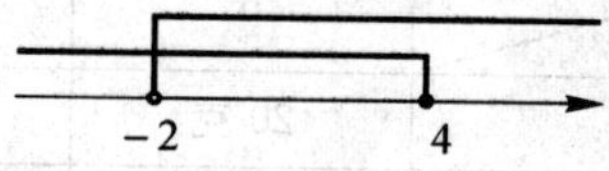

图 8－4

【例 8－6】 解不等式组 $\begin{cases}4x-7<5(x-1) & ①\\\dfrac{x}{3}>4-\dfrac{x-2}{2} & ②\end{cases}$

解 解不等式 ①，得 $x>-2$

解不等式 ②，得 $x>6$

所以不等式的解集为$\{x\mid x>6\}$，如图 8－5 所示.

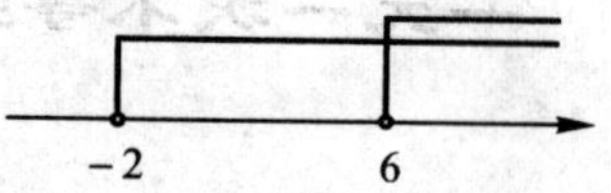

图 8－5

【例 8－7】 解不等式组 $\begin{cases}x+8<1 & ①\\x+7<5x-5 & ②\end{cases}$

解 解不等式 ①，得 $x<-7$

解不等式 ②，得 $x>3$

可以看出这两个不等式的解集没有公共部分，这时，我们说这个不等式组无解，如图 8-6 所示.

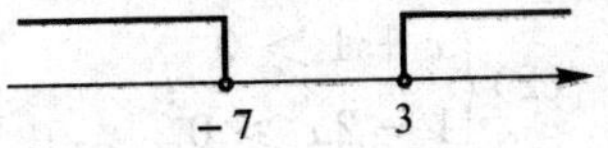

图　8-6

练习 8-6

1. 填空

不等式组	$\begin{cases}x\geqslant -8\\x>2\end{cases}$	$\begin{cases}x<-6\\x\leqslant -2\end{cases}$	$\begin{cases}x<5\\x>-5\end{cases}$	$\begin{cases}x>6\\x<-6\end{cases}$
不等式组的解集				

2. 解不等式组

(1) $\begin{cases}2x+8>3x\\3x-2<4x\end{cases}$；　(2) $\begin{cases}3x-4>12\\5(x+1)>3x\end{cases}$.

【例 8-8】　某工厂现有甲种原料 360kg，乙原料 290kg，计划利用这两种原料生产 A，B 两种产品共 50 件. 已知生产一件 A 种产品需要甲种原料 9kg，乙种原料 3kg；生产一件 B 种类产品需要甲种原料 4kg，乙种原料 10kg. 请你根据要求，设计出 A，B 两种产品的生产方案.

解　设安排生产 A 种产品 x 件，则生产 B 种产品 $(50-x)$ 件，根据题意得

$$\begin{cases}9x+4(50-x)\leqslant 360 & ①\\3x+10(50-x)\leqslant 290 & ②\end{cases}$$

解不等式 ①，得 $x\leqslant 32$

解不等式 ②，得 $x\geqslant 30$

所以，不等式组的解集是 $30\leqslant x\leqslant 32$

因为 x 是整数，所以 x 取 30，31，32，于是有三种设计方案；

方案一：生产 A 种产品 30 件，B 种产品 20 件；

方案二：生产 A 种产品 31 件，B 种产品 19 件；

方案三：生产 A 种产品 32 件，B 种产品 18 件.

练习 8-7

我校为丰富学生的校园生活，准备一次性购买若干个足球和篮球（每个足球的价格相同，每个篮球的价格相同），若购买 3 个足球和 2 个篮球共需 310 元，购买 2 个足球和 5 个篮球共需 500 元.

(1) 购买一个足球，一个篮球各需要多少元？

(2) 若一次性购买足球和篮球共 96 个，要求购买足球和篮球的总费用不超过 570 元，那么最多可以购买多少个篮球？

习题 8.3

1. 解不等式组

(1)$\begin{cases}1-\frac{1}{2}x\geqslant 0\\3x+2>-1\end{cases}$；　(2)$\begin{cases}x+1>0\\1-2x>0\end{cases}$；　(3)$\begin{cases}2x-1\geqslant x+1\\x+8\leqslant 4x-1\end{cases}$.

2. 求不等式组$\begin{cases}2x+3>3x\\\frac{x+3}{3}-\frac{x-1}{6}\geqslant\frac{1}{2}\end{cases}$的整式解.

3. 当 x 取什么值时，代数式$\frac{x-3}{2}$的值既小于代数式$\frac{x-5}{3}$的值又小于代数$\frac{2-3x}{5}$的值.

4. 把 30 个零件加工的任务分给若干个学生，如果每人分 4 个，那么有剩余；如果每人 5 个，却又不够，问共有多少名学生？

5. 某汽车租赁公司要购买轿车和面包车共 10 辆，其中轿车至少要购买 3 辆，轿车每辆 7 万元，面包车每辆 4 万元，公司可投入的购车款不超过 55 万元；

(1) 符合公司要求的购买方案有几种？请说明理由；

(2) 如果每辆轿车的日租金为 200 元，每辆面包车的日租金为 110 元，假设新购买的这 10 辆车每日都可租出，要使这 10 辆车的日租金不低于 1500 元，那么应选择以上那种购买方案？

8.4　一元二次不等式

考察不等式：$6x^2+24x-1>0$，　$-\frac{1}{2}x^2-3x>2$.

这两个不等式有两个共同的特点：

(1) 含有一个未知数；

(2) 未知数的最高次数为 2.

一般地，形如 $ax^2+bx+c>0$ 或 $ax^2+bx+c<0$(其中 a,b,c 为常数，且 $a\neq 0$) 的不等式，叫作一元二次不等式？

练习 8－8

下列哪些不等式是一元二次不等式

(1)$ax^2+5x>3$；　(2)$t^2+\frac{3}{x}>5$；

(3)$x^2+\frac{1}{x}-6<0$；　(4)$\sqrt{x}+5x^2\geqslant 0$；

(5)$x^2-4x>x(x-3)$；　(6)$t^2-3t>0$

【例 8－9】　解不等式 $x^2-x-6>0$.

解　原不等式左边分解因式，得$(x+2)(x-3)>0$

可化为(Ⅰ)$\begin{cases}x+2>0\\x-3>0\end{cases}$或(Ⅱ)$\begin{cases}x+2<0\\x-3<0\end{cases}$

解不等式组(Ⅰ)，得 $x>3$

解不等式组（Ⅱ），得 $x<-2$

故，原不等式的解集为为 $(-\infty,-2)\cup(3,+\infty)$

练习 8-9　解下列不等式

(1) $2x^2-3x>0$；　　(2) $x^2+12x+35>0$.

【例 8-10】　解不等式 $x^2+x-6\leqslant 0$.

解　原不等式左边分解因式，得 $(x-2)(x+3)\leqslant 0$

可化为（Ⅰ）$\begin{cases}x-2\geqslant 0\\x+3\leqslant 0\end{cases}$ 或（Ⅱ）$\begin{cases}x-2\leqslant 0\\x+3\geqslant 0\end{cases}$

不等式组（Ⅰ）的解集是 $\varnothing$

不等式组（Ⅱ）的解集是 $[-3,2]$

故，原不等式的解集为 $[-3,2]$.

练习 8-10　解下列不等式

(1) $x^2-3x\leqslant 0$；　　(2) $x^2-x-42\leqslant 0$

【例 8-11】　解不等式 $4x^2-4x+2>0$.

解　原不等式化为 $(2x-1)^2+1>0$

所以，原不等式的解集 $(-\infty,+\infty)$

【例 8-12】　解不等式 $x^2+4x+10<0$.

解　原不等式可化为 $(x+2)^2+6<0$，

因为 x 取任何实数，都不能使上述不等式成立.

所以，原不等式的解集为 $\varnothing$

由例 8-11、例 8-12 可知：对于一元二次不等式 $ax^2+bx+c>0$ 或 $ax^2+bx+c<0(a\neq 0)$，如果方程 $ax^2+bx+c=0$ 的判别式 $\Delta=b^2-4ac<0$，则左端在实数范围内不能分解因式；如果方程 $ax^2+bx+c=0$ 的判别式 $\Delta=b^2-4ac=0$，则右端是一个完全平方式，把 ax^2+bx+c 配方后，即可以确定原不等式的解集.

练习 8-11　解下列不等式

(1) $9x^2+6x+1>0$；　　(2) $-x^2+2x+3<0$；

(3) $x^2-3x+12>0$；　　(4) $x^2+4x+17<0$.

【例 8-13】　解不等式 $\dfrac{x+2}{x-5}>0$.

解：原不等式可化为下列不等式组

（Ⅰ）$\begin{cases}x+2>0\\x-5>0\end{cases}$ 或（Ⅱ）$\begin{cases}x+2<0\\x-5<0\end{cases}$

不等式组（Ⅰ）的解集是 $(5,+\infty)$

不等式组（Ⅱ）的解集是 $(-\infty,-2)$

所以，原不等式的解集是 $(-\infty,-2)\cup(5,+\infty)$.

练习 8-12

1. 解不等式.

(1) $\dfrac{x+2}{3x+4}<0$；　　(2) $\dfrac{2x+3}{x-1}\geqslant 1$.

2. 若 $a > b > 0$，则 $(a-bx)(ax-b) \leqslant 0$ 的解集是________.

3. $(k-1)x^2-6x+8<0$ 的解集是 $\left\{x \middle| x<-2 \text{ 或 } x>\frac{4}{5}\right\}$，则 $k=$________.

4. 已知不等式 $x^2+px+q<0$ 的解集是 $\{x|-3<x<2\}$，则 $p+q=$________.

3. 已知集合 $A=\{x|x^2-9\leqslant 0\}$，$B=\{x|x^2-4x+3>0\}$，求 $A\cup B, A\cap B$.

习题 8-4

1. 选择题

(1) 设集合 $A=\{x \mid 1\leqslant x\leqslant 2\}$，$B=\{x \mid x-a<0\}$，若 $A\cap B\neq\varnothing$，那么实数 a 的取值范围是(　　).

A. $(1,+\infty)$　　B. $[2,+\infty)$　　C. $(-\infty,2]$　　D. $[1,+\infty)$

(2) 若不等式 $x^2+mx+1>0$ 的解集为 R，则 m 的取值范围是(　　).

A. $\mathbf{R}$　　B. $(-2,2)$

C. $(-\infty,-2)\cup(2,+\infty)$　　D. $[-2,2]$

(3) 设 $f(x)=x^2+bx+1$，且 $f(-1)=f(3)$，则 $f(x)>0$ 的解集是(　　).

A. $(-\infty,-1)\cup(3,+\infty)$　　B. $\mathbf{R}$

C. $\{x \mid x\neq 1\}$　　D. $\{x|x=1\}$

(4) 若 $0<a<1$，则不等式 $(a-x)\left(x-\frac{1}{a}\right)>0$ 的解是(　　).

A. $a<x<\frac{1}{a}$　　B. $\frac{1}{a}<x<a$　　C. $x<a$ 或 $x>\frac{1}{a}$　　D. $x<\frac{1}{a}$ 或 $x>a$

2. 解不等式

(1) $x^2-2x-3>0$；　　(2) $-2x^2+x+1<0$；

(3) $16-x^2\leqslant 0$；　　(4) $-x^2+4x-4>0$

3. 解下列不等式

(1) $\frac{x-5}{x+8}<0$；　　(2) $\frac{3x-4}{3x+5}\geqslant 0$

4. 当实数 a 为________时，关于 x 的方程 $ax^2-(2a+1)x+a=0$ 有两个不相等的实根.

5. 某服装公司生产的衬衫，每件定价 80 元，在某城市销售 8 万件，现该公司在该市设立代理商来销售衬衫. 代理商要收取代销费，代销费为销售金额的 $r\%$（即每销售 100 元收取 r 元）. 为此，该衬衫每件价格要提高到 $80\div(1-r\%)$ 元才能保证公司利润，由于提价每年将少销售 $0.62r$ 万件. 如果代理商每年收取的代理费不小于 16 万，求 r 的取值范围.

注：销售额 = 每件衬衫价格 × 销售衬衫的数量；　代理费 = 销售额 × 代销费的百分比.

8.5　含绝对值的不等式

$|x|=5$ 的几何意义？不等式 $|x|>3$ 与 $|x|<3$ 的解集在数轴上如何表示呢？

根据绝对值的意义可知，方程 $|x|=5$ 的解是 $x_1=5, x_2=-5$. $|x|$ 表示实数 x 到原点的距离；不等式 $|x|<3$ 的解集是 $(-3,3)$，如图 8-7 所示.

不等式 $|x|>3$ 的解集是 $\{x \mid x>3 \text{ 或 } x<3\}$，如图 8-8 所示.

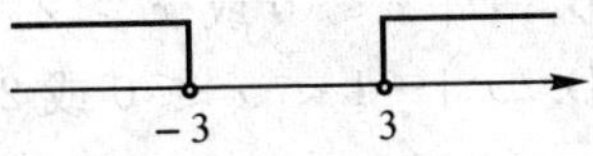

图 8-7

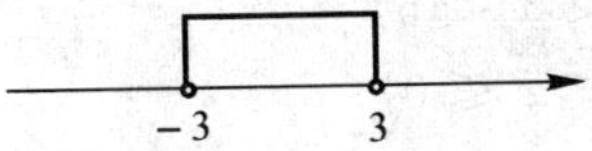

图 8-8

一般地，不等式 $|x|<a(a>0)$ 的解集是 $(-a,a)$，不等式 $|x|>a(a>0)$ 的解集是 $(-\infty,-a)\cup(a,+\infty)$

【例 8-14】 解下列不等式

(1) $5|x|-15>0$； (2) $4|x|\leqslant 8$.

解 (1) 由不等式 $5|x|-15>0$，得 $|x|>3$，所以原不等式的解集为 $(-\infty,-3)\cup(3,+\infty)$.

(2) 由不等式 $4|x|\leqslant 8$，得 $|x|\leqslant 2$，原不等式的解集为 $[-2,2]$.

练习 8-13 解下列不等式

(1) $2|x|\geqslant 8$； (2) $|x|<2.6$； (3) $|x|-5>0$.

【例 8-15】 解不等式 $|2x-1|\leqslant 3$

解 由原不等式可得 $-3\leqslant 2x-1\leqslant 3$

于是 $-2\leqslant 2x\leqslant 4$，即 $-1\leqslant x\leqslant 2$，所以原不等式的解集是 $[-1,2]$

练习 8-14 解不等式.

(1) $|1-3x|\leqslant 5$； (2) $|4x-5|\leqslant 9$

【例 8-16】 解不等式 $|3x+4|>8$.

解 由原不等式得 $3x+4<-8$ 或 $3x+4>8$

解不等式得 $x<-4$ 或 $x>\dfrac{4}{3}$

所以，原不等式的解集为 $(-\infty,-4)\cup\left(\dfrac{4}{3},+\infty\right)$.

练习 8-15

1. 解不等式

(1) $|5x-4|<7$； (2) $\left|\dfrac{1}{2}x+1\right|\geqslant 2$.

2. 不等式 $|x+2|<3$ 的解集是________，不等式 $|2x-1|\geqslant 3$ 的解集是________.

3. 不等式 $\left|1-\dfrac{1}{2}x\right|<1$ 的解集是________.

4. 根据数轴表示 a,b,c 三个数的点的位置(见图 8-9)，化简 $|a+b|+|a+c|-|b-c|=$ ________.

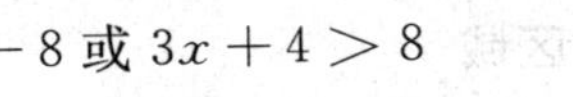

图 8-9

习题 8.5

1. 选择题

(1) 设 $A=\{x\mid |x-2|<3\}$，$B=\{x\mid |x-1|\geqslant 1\}$，则 $A\cap B$ 等于(　　).

A. $\{x \mid -1 < x < 5\}$

B. $\{x \mid x \leqslant 0$ 或 $x \geqslant 2\}$

C. $\{x \mid -1 < x \leqslant 0\}$

D. $\{x \mid -1 < x \leqslant 0$ 或 $2 \leqslant x < 5\}$

(2) 绝对值大于 2 且不大于 5 的最小整数是(　　).

A. 3　　B. 2　　C. -2　　D. -5

(3) 设集合 $A=\{x \mid x \in Z$ 且 $-10 \leqslant x \leqslant -1\}$,$B=\{x \mid x \in Z$ 且 $|x| \leqslant 5\}$,则 $A \cup B$ 中的元素个数是(　　).

A. 11　　B. 10　　C. 16　　D. 15

2. 解下列不等式

(1) $\left|\frac{1}{4}x\right| \geqslant 9$;

(2) $\left|\frac{1}{2}x+1\right| \geqslant 2$;

(3) $|x-5| < 0.1$;

(4) $|8-x| \geqslant 3$;

(5) $|2x+4| < 6$;

(6) $|4x-1| \geqslant 9$.

3. 解下列关于 x 的不等式.

(1) $|x-a| < b(b>0)$;

(2) $|x+a| \geqslant b \quad (b>0)$;

(3) $0 < |x-3| < 10$;

(4) $|x| > -5$;

(5) $2|x| < -6$.

8.6　二元一次不等式组与简单的线性规划问题

一、二元一次不等式组与平面区域

一家投资公司计划年初投入 35 000 000 元用于企业和个人贷款,希望这笔资金至少可带来 35 000 元的收益,其中从企业贷款中获益 15%,从个人贷款中获益 10%,那么,投资公司应该如何分配资金呢?

设用于企业贷款的资金为 x 元,用于个人贷款的资金为 y 元. 由资金总数为 35 000 000 元,得到

$$x+y \leqslant 35\,000\,000 \qquad ①$$

由于预计企业贷款创收 15%,个人贷款创收 10%,共创收 35 000 元以上,所以

$$(15\%)x+(10\%)y \geqslant 35\,000 \qquad ②$$

最后考虑到用于企业贷款和个人贷款的资金数额都不能是负值,于是 $x \geqslant 0, y \geqslant 0$　③

将 ①②③ 合在一起,得到分配资金应该满足的条件为

$$\begin{cases} x+y \leqslant 35\,000\,000 \\ (15\%)x+(10\%)y \geqslant 35\,000 \\ x \geqslant 0, \quad y \geqslant 0 \end{cases}$$

含有两个未知数,并且未知数的次数是 1 的不等式叫作二元一次不等式. 由几个二元一次不等式组成的不等式叫作二元一次不等式组. 满足二元一次不等式(组)的 x 和 y 的取值构成的有序数对 (x,y) 构成的集合称为二元一次不等式(组)的解集. 有序数对可以看成直角坐标系平面的点的坐标. 于是,二元一次不等式(组)的解集就可以看成直角坐标系内的点构成的集合. 一元一次不等式(组)解集可以表示为数轴上的区间,那么,在直角坐标系内,二元一次

不等式(组)的解集表示什么图形呢?

我们来研究二元一次不等式 $x-y<8$ 的解集表示的图形

如图 8-10 所示,在平面直角坐标系中,$x-y=8$ 表示一条直线,平面内所有的点被直线 $x-y=8$ 分三类,在直线 $x-y=8$ 上的点;在直线 $x-y=8$ 左上方的区域内的点;在直线 $x-y=8$ 右下方的区域内的点.

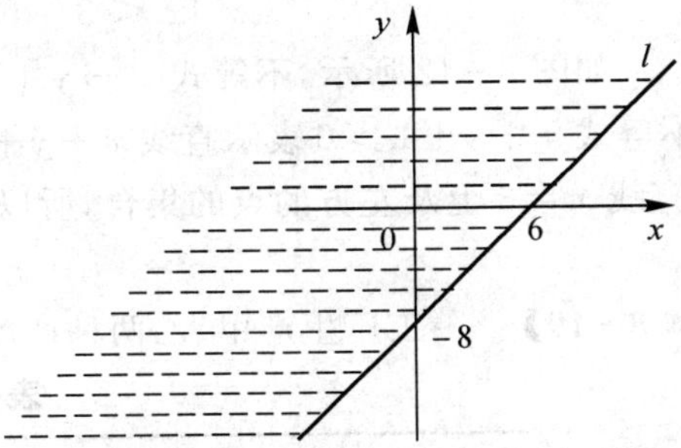

图 8-10

可以发现,在平面直角坐标系中,以二元一次不等式 $x-y<8$ 的解为坐标的点都在直线 l 的左上方;反过来,直线 l 在上方的点坐标都满足不等式 $x-y<8$. 因此,在平面直角坐标系中,不等式 $x-y<8$ 表示直线 $x-y=8$ 左上方的平面区域,类似地,二元一次不等式 $x-y>8$ 表示直线 $x-y=8$ 右下方平面区域,直线 $x-y=8$ 叫这两个区域的边界,把直线 $x-y=6$ 画成虚线,以表示区域不包括边界.

一般地,在平面直角坐标系中,二元一次不等式 $Ax+By+C>0$ 表示直线 $Ax+By+C=0$ 某一侧所有点组成的平面区域,我们把直线画成虚线,以表示区域不包括边界.

不等式 $Ax+By+C\geqslant 0$ 表示平面区域包括边界,把边界画出实线.

对于直线 $Ax+By+C=0$ 同一侧的所有点把它的坐标(x,y)代入 $Ax+By+C$,所得的符号都相同,因此,只需要在直线 $Ax+By+C=0$ 的同一侧取某个特殊的点(x_0,y_0)作为测试点,由 Ax_0+By_0+C 的符号就可以断定 $Ax+By+C>0$ 表示的是直线的 $Ax+By+C=0$ 哪一侧的平面区域.

【例 8-17】 画出不等式 $x+y-1>0$ 表示的平面区域.

解 画出直线 $x+y-1=0$,如图 8-11 所示直线边界组成虚线,当 $x=0$,$y=0$,$0+0-1<0$,所以$(0,0)$不在 $x+y-1>0$ 表示的平面区域内,因此不等式 $x+y-1>0$ 表示的区域是直线 $x+y-1=0$ 的右上方区域.

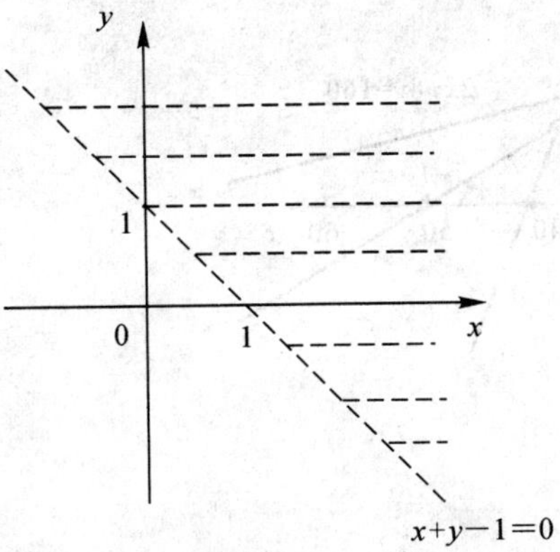

图 8-11

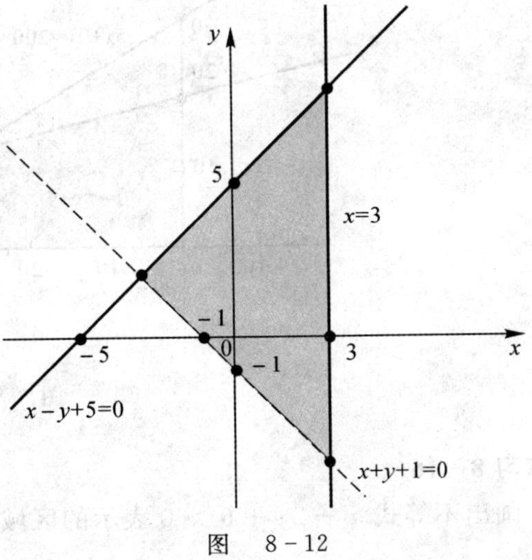

图 8-12

【例 8-18】 画出不等式组$\begin{cases}x-y+5\geqslant 0\\x+y+1>0\\x\leqslant 3\end{cases}$,表示的平面区域.

解　如图 8-12 所示,不等式 $x-y+5\geqslant 0$ 表示直线 $x-y+5=0$ 上及右下方的点的集合,不等式 $x+y+1>0$ 表示直线 $x+y+1=0$ 右上方的点的集合(包含边界),不等式 $x\leqslant 3$ 表示直线 $x=3$ 上及左方的点的集合,所以不等式组表示上述平面区域的公共部分(阴影部分).

【例 8-19】 一工厂生产甲、乙两种产品,生产每吨产品的资源需要见表 8-1.

表 8-1

品　种	电力 /(kW·h)	煤 /t	工人 / 人
甲	2	3	5
乙	8	5	2

该厂有工人 200 人,每天中能保证 160kW·h的用电额度,每天用煤不得超过 150t,请在平面直角坐标系中画出每天甲、乙两种产品的允许的产量范围.

解　设每天生产甲、乙两种产品分别为 x(t) 和 y(t),生产 x(t) 甲产品和 y(t) 乙产品的用电是$(2x+8y)$kW·h,根据条件有 $2x+8y\leqslant 160$;用煤为$(3x+5y)t$,根据条件有 $3x+5y\leqslant 150$;用工人数为$(5x+2y)$ 人,根据条件有 $5x+2y\leqslant 200$;另外,还有 $x\geqslant 0, y\geqslant 0$. 纵上所述,$x,y$ 应满足以下不等式组$\begin{cases}2x+8y\leqslant 160\\3x+5y\leqslant 150\\5x+2y\leqslant 200\\x\geqslant 0,\quad y\geqslant 0\end{cases}$. 甲、乙两种产品的产品,范围是这个不等式组所表示的平面区域即所示的阴影部分(含边界),如图 8-13 所示.

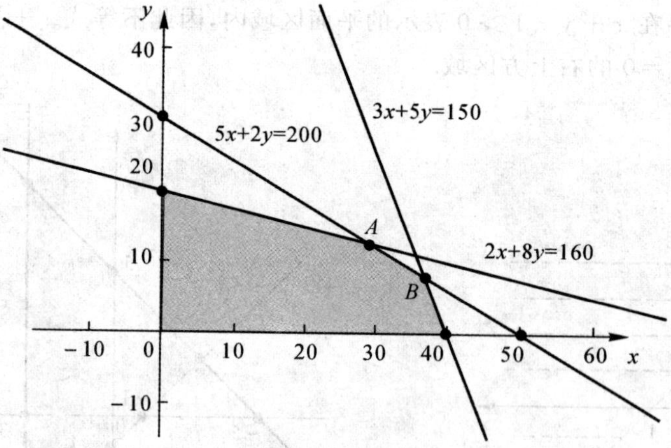

图　8-13

练习 8-16

1. 画出不等式 $x-2y+6>0$ 表示的区域.

2. 画出不等式组$\begin{cases} x-3y+6\geqslant 0 \\ x-y+2<0 \end{cases}$表示的平面区域.

3. 一个化肥厂生产甲、乙两种混合肥料，生产 1 车皮甲种肥料的主要原料是磷酸盐 4t，硝酸盐 18t；生产 1 车皮乙种肥料需要的主要原料磷酸盐 1t，硝酸盐 15t. 现库存磷酸盐 10t，硝酸盐 66t，在此基础上生产这两种混合肥料. 列出满足生产条件的数学关系式，并画出相应的平面区域.

二、简单的线性规划问题

在现实生产、生活中，经常会遇到资源利用，人力调配，生产安排等问题.

例如，某工厂用 A，B 两种配件生产甲、乙两种产品，每生产一件甲产品使用 4 个 A 配件耗时 1h，每生产一件乙产品使用 4 个 B 配件耗时 2h，该厂每天最多可以配件厂获得 16 个 A 配件和 12 个 B 配件，按每天工作 $8h$，计算，该厂所有可能的日生产安排是什么？若生产一件甲产品获刑 3 万元，生产一件乙产品获利 5 万元，采用哪种生产安排利润最大？

设甲、乙两种产品分别生产 x，y 件，则$\begin{cases} x+2y\leqslant 8 \\ 4x\leqslant 16 \\ 4y\leqslant 12 \\ x\geqslant 0,\quad y\geqslant 0 \end{cases}$

将上述不等式组表示成平面上的区域（见图 8－14），图 8－14 中阴影部分的整点（坐标为整数的点）就代表所有可能的日生产安排.

设工厂获利润为 z，则 $z=3x+5y$，这样，上述问题就转化为 x，y 满足不等式组并且为非负整数时，z 的最大值是多少？

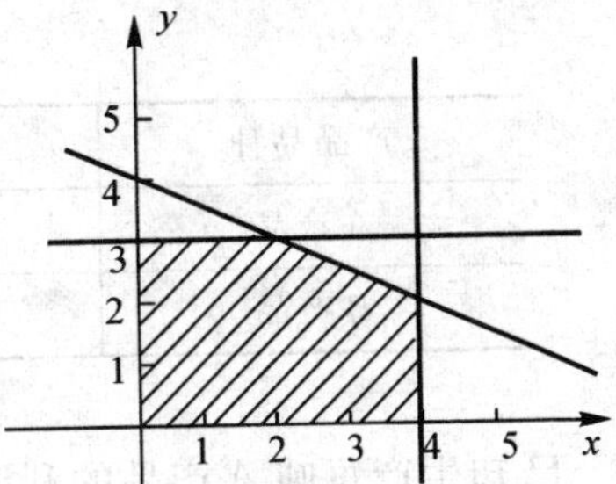

图　8－14

在上述问题中，不等式组是一组变量为 x，y 的约束条件，这组约束条件都是关于 x，y 的一次不等式，所以又称为线性约束条件，我们把要求最大的函数 $z=3x+5y$ 称为目标函数，又因为 $z=3x+5y$ 是关于 x，y 的一次解析式，所以又称为线性目标函数. 目标函数中的变量要满足的线性约束条件，除了一次不等式外，有时也用一次方程表示. 一般地，在线性约束条件下求线性目标函数的最大值或最小值问题，统称为线性规划问题，满足线性约束条件的解 (x,y) 叫作可行解，由所有可行性解组成的集合叫作可行域，其中目标函数取得最大值或最小值的可行性解叫作这个问题的最优解，在线性约束条件下求线性目标函数的最小值或最大值问题叫作线性规划问题.

求线性目标函数 $z=Ax+By+C$ 的（A，B 不全为 0）方法：当 $B\neq 0$ 时，由 $z=Ax+By+C$ 得 $y=-\dfrac{A}{B}x+\dfrac{z-C}{B}$，这种二元一次函数就可视为 y 轴上截距$\dfrac{z-C}{B}$，且随着 z 变化的一组平行线. 于是，就把求 z 最大值和最小值的问题转化为直线与可行域有公共点时，直线在 y 轴上截距的最大值或最小值的问题. 当 $B>0$ 时，z 的值随着直线在 y 轴上截距的增大而增大；当 $B<0$ 时，z 的值随着直线在 y 轴上截距的增大而减小.

注意，y 轴上截距是指直线与 y 轴的交点的纵坐标.

【例 8-20】 设变量 x,y 满足约束条件 $\begin{cases}x+y\geqslant 3\\x-y\geqslant -1\\2x-y\leqslant 3\end{cases}$，则目标函数 $z=2x+3y$ 的最小值为( ).

A. 6　　B. 7　　C. 8　　D. 23

解 由题意可知，满足二元一次不等式组的可行域如图 8-15 所示.

由 $z=2x+3y\Rightarrow y=-\dfrac{2}{3}x+\dfrac{z}{3}$，要求 z 的最小值，可求 $\dfrac{z}{3}$ 的最小值，即求斜率为 $-\dfrac{2}{3}$ 的直线在可行域内在 y 轴上截距的最小值. 如图，显然直线 $z=2x+3y$ 过 A 时，在 y 轴上截距的最小.

由 $\begin{cases}x+y=3\\2x-y=3\end{cases}$，得 $\begin{cases}x=2\\y=1\end{cases}$

所以 $A(2,1)$，$z_{\min}=2\times 2+3\times 1=7$

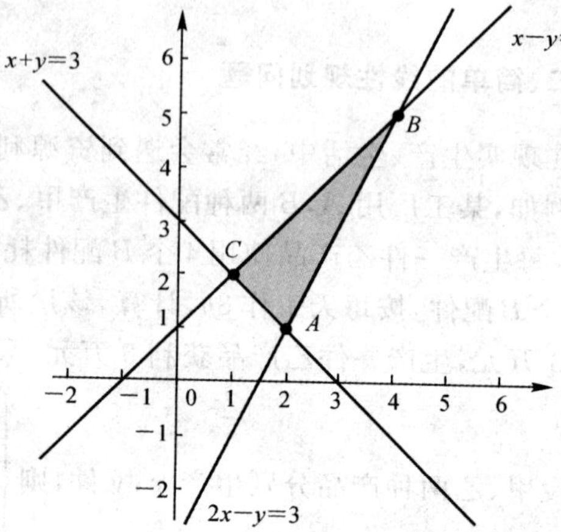

图 8-15

【例 8-21】 某企业生产 A,B 两种产品，每生产一吨产品所需的劳动力和煤、耗电量见表8-2.

表 8-2

产品品种	劳动力 / 个	煤 /t	电 /kW
A 产品	3	9	4
B 产品	10	4	5

已知生产每吨 A 产品的利润是 7 万元，生产每吨 B 产品的利润是 12 万元，现因条件限制，该企业仅有劳动力 300 个，煤 360 t，并且供电局只能供电 200 kW，试问该企业生产 A,B 两种产品各多少吨时，才能获得最大利润？最大利润为多少？

解 设生产 A,B 两种产品各 x,y 吨，利润为 z 万元.

由题意得 $\begin{cases}3x+10y\leqslant 300,\\9x+4y\leqslant 360,\\4x+5y\leqslant 200,\\x\geqslant 0,y\geqslant 0.\end{cases}$　$z=7x+12y$

作出不等式组表示的平面区域如图 8-16 所示.

将目标函数 $z=7x+12y$ 转化为直线 $l:y=-\dfrac{7}{12}x+\dfrac{z}{12}$，这是一条斜率为 $-\dfrac{7}{12}$，在 y 轴上的截距为 $\dfrac{z}{12}$ 的直线，当 z 变化时可以得到一簇平行直线. 直线与阴影部分的交点满足不等式组，且当截距最大时，目标函数取得最大值.

由图可知，当直线 l 经过点 A 时，在 y 轴上的截距最大，此时 z 取得最大值.

由 $\begin{cases}3x+10y=300\\4x+5y=200\end{cases}$，得 $\begin{cases}x=20\\y=24\end{cases}$

故 $z_{\max}=20\times7+12\times24=428$ 万元

即该企业生产 A 产品 20t，B 产品 24t 时，可以获得最大利润，最大利润为 428 万元.

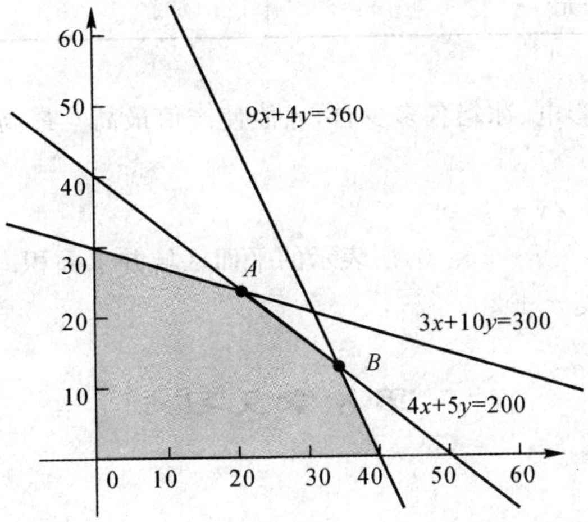

图 8-16

练习 8-17

解下列线性规划问题

(1) 求 $z=2x+y$ 的最大值，使 x,y 满足约束条件 $\begin{cases}y\leqslant x\\x+y\leqslant 1\\y\geqslant 1\end{cases}$.

(2) 求 $z=3x+5y$ 的最大值和最小值，使 x,y 满足约束条件 $\begin{cases}5x+3y\leqslant 15\\y\leqslant 1+x\\x-5y\leqslant 3\end{cases}$.

习题 8-6

1. 画出下列不等式表示的平面区域

(1) $x+y\leqslant 3$；　　(2) $3x-4y>2$；

(3) $y\leqslant -5$；　　(2) $x\geqslant 4$.

2. 画出不等式组 $\begin{cases}2x+3y\leqslant 12\\2x+3y>-6\\x\geqslant 0,\quad y\geqslant 0\end{cases}$ 所表示的平面区域.

3. 某运输公司向某地区运送物资，每天至少运送 180t，该公司有 8 辆载重为 6t 的 A 型卡车与 4 辆载重为 10t 的 B 型卡车，有 10 名驾驶员，每辆卡车每天往返的次数为 A 型车 4 次，B 型车 3 次，每辆卡车每天往返的成本费用为 A 型车 320 元，B 型车 504 元，若要使公司在运输上花费的成本最低，每天应调出 A 型车、B 型车各多少辆？

4. 某家电生产企业根据市场调查分析，决定调整生产方案，准备每周(按 40 个工时计算)生产空调器、彩电、冰箱共 120 台，且冰箱至少生产 20 台，已知生产这些家电产品每台所需工时和每台产值见表 8－3.

表　8－3

家电名称	空调器	彩电	冰箱
工时	$\frac{1}{2}$	$\frac{1}{3}$	$\frac{1}{4}$
产值 / 千元	4	3	2

问每天生产空调器、彩电、冰箱各多少台，才能使产值最高？最高产值是多少？（以千元为单位）.

5. 画出不等式组 $\begin{cases} x+2y-1\geqslant 0 \\ 2x+y-5\leqslant 0 \\ y\leqslant x+2 \end{cases}$ ，所表示的平面区域并求面积.

第 8 章复习

知识网络

- 不等式
  - 不等式性质
    - 性质 1：若 $a>b$，则 $a\pm c>b\pm c$
    - 性质 2：若 $a>b$ 且 $c>0$，则 $a\cdot c>b\cdot c$ 或 $\frac{a}{c}>\frac{b}{c}$
    - 性质 3：若 $a>b$ 且 $c<0$，则 $a\cdot c<b\cdot c$ 或 $\frac{a}{c}<\frac{b}{c}$
  - 一元一次不等式
    - 概念
    - 解法
    - 应用
  - 一元一次不等式组
    - 概念
    - 解法
    - 应用
  - 一元二次不等式
    - 概念
    - 解法
    - 简单分式不等式
  - 含绝对值不等式
    - 概念
    - 解法
    - 应用
  - 简单的线性规划

复习题八

1. 用不等式表示下列数量关系.

(1) x 的 5 倍小于 6；　　(2) a 的 5 倍与 4 的差小于或等于 -2；

(3) y 的一半与7和不大于5.

2.解下列不等式,并把它们的解集在数轴上表示出来

(1) $3x+5>2+5x$;　　(2) $3-5x\geqslant 7-6x$;

(3) $\frac{2x-3}{2}>\frac{x+6}{5}$;　　(4) $\frac{5(x+2)}{4}>2x-3$.

3.求不等式 $3(x+1)>5x-9$ 的正整数解.

4.解下列不等式组

(1) $\begin{cases}-(x-1)>3\\2x+9<3\end{cases}$;　　(2) $\begin{cases}\frac{2}{3}x+5>1-x\\x-1<\frac{3}{4}x-\frac{1}{8}\end{cases}$;

(3) $\begin{cases}2x+3<5\\x\geqslant -2\end{cases}$;　　(4) $\begin{cases}8-3x>0\\6-x<3\end{cases}$.

5.解下列各不等式.

(1) $2x^2-4x+2>0$;　　(2) $-x^2+3x+10\geqslant 0$;

(3) $\frac{x-8}{x+5}<0$;　　(4) $|x+\frac{1}{4}|\leqslant\frac{1}{2}$

(5) $|\frac{1}{3}x+2|\geqslant 3$.

6.画出不等式组 $\begin{cases}x-3y+6\geqslant 0\\x-y+2<0\end{cases}$ 表示的平面区域.

7.学校安排模具一班学生在6周内完成170个模具的设计工作,第一周完成20个,现在要比原计划至少提前两周完成任务.问以后几周平均至少要完成多少个模具的设计工作?

8.我校服装班实习车间有 A 种布料70m,B 种布料52m,现计划用这两种布料生产甲、乙两种型号的服装共80套,已知制作一套甲型号的服装需要用 A 布料0.6m,B 种布料0.9m;一套乙型号的服装需要用 A 布料1.1m,B 种布料0.4m;问要完成生产任务有几种方案?

9.某企业生产甲、乙两种产品,要用 A,B,C 3种不同的原料,从工艺原料知道,每生产一件产品甲需要3种原料分别为1,1,0单位,生产一件产品乙需要3种原料分别为1,2,1单位.每天原料 A,B,C 的供应分别为6,8,3单位;又知道每生产一件产品甲,企业利润收入300元,每生产一件产品乙,企业利润收入400元;企业如何安排计划使一天利润最大?

10.国家为了加强对烟酒生产的宏观管理,实现征收附加税政策,现知某种酒每瓶80元,不加收附加税时,每年大约产销100万瓶,若政府征收附加税,每销售100元要征税 R 元(叫作税率 $R\%$),则每年的产销量将减少 $10R$ 万瓶,要使每年在此项经营中所收取附加税金不少于128万元,问 R 应怎样确定?

阅读材料

一块钱到哪里去?

M:一个唱片商店里,卖30张老式硬唱片、一块钱卖两张,另外30张唱片是一块钱卖3张.那天,这60张唱片全卖完了.

M:30 张一块钱两张的唱片收入 15 元,30 张一块钱 3 张的唱片收入 10 元,总共是 25 元.

M:第二天商店老板又拿出 60 张唱片放到柜台上.

老板:何必要自找麻烦来分唱片?如果 30 张唱片是一块钱卖两张,30 张是一块钱卖 3 张,何不把 60 张唱片放在一起,按两块钱 5 张来卖?这是一样的.

M:商店关门时,60 张唱片全按两块钱 5 张卖出去了.可是,商店老板点钱时发现只卖得 24 元,不是 25 元,这使他很吃惊.

M:你认为这一块钱到哪里去了?是不是某个伙计偷了?是不是给顾客找错了钱.

这条悖论是建立等式和不等式性质的极好例子.正如上面的故事所表明的,那个老板觉得把两种唱片放在一起,每 5 张卖两块钱,和分开来一种卖两张一块钱,一种卖 3 张一块钱是"同样的",这就搞错了.没有任何道理能说明两种卖法应该收入同样的钱数.上面的例子中两者之间的差很小,以致于看上去好像那一块钱是不留意造成的,或者是遗失了.

现在,我们对此悖论作一下代数分析.假设价格较高的唱片是每 a 张卖 b 元,价格较低的唱片每 c 张卖 d 元.若所有唱片都各以两种不同的价格卖,则一张唱片的平均价格是 b/a 和 d/c 之和的一半.如果两种唱片合起来,按一个价格卖,那么 $a+c$ 张唱片就卖 $b+d$ 元钱,一张唱片的平均价格就是 $(b+d)/(a+c)$ 显然,两套唱片合起来要收入同样多的钱数就必须是 $(b/a+d/c)/2=(b+d)/(a+c)$ 但令人吃惊的是,这个等式只有在 $a=c$ 时成立,而与 b 和 d 的值无关.如 $a>c$,则两套唱片合起来卖可得的钱多一些(如我们这个说明中的例子,这里 $a=3,c=2$);如果 $a<c$,则合起来卖就要赔钱(如上面所举的唱片例子).

基础模块习题

第 1 章 有理数

练习一 （数轴、相反数、绝对值）

一、填空题

1. 数轴上离开原点 3 个单位的点有________，正数都________ 0，负数都________ 0，正数________一切负数.

2. ________相反数是 6，$-(-2)$ 是________的相反数.

3. a 的相反数是________，$a+1$，的相反数是________.

4. 若 $a=+4$，$b=+7$，则 $a+b$ 的相反数是________.

5. ________的相反数等于本身.

6. $|-9|=$________，$|7|=$________，$|-0.46|=$________.

7. $-\frac{3}{7}$ 的符号是________，绝对值是________，相反数是________.

8. 若 $a=-4$，$|a|=$________；若 $|a|=8$，$a=$________.

9. 绝对值最小的数是________，绝对值小于 5 的整数是________.

10. 若 $a>0$，那么 $\frac{|a|}{a}=$________，若 $a<0$，那么 $\frac{|a|}{a}=$________.

二、选择题

1. 下列说法正确的是（　　）.

A. 有原点、正方向的直线是数轴

B. 数轴上两个不同的点可以表示同一个有理数

C. 有些有理数不能在数轴上表示出来

D. 任何一个有理数都可以用数轴上的点表示

2. 若 a 为有理数，则 $-a$ 与 a 在数轴上的位置为（　　）.

A. 表示 a 的点在原点左边，表示 $-a$ 的点在原点右边

B. 表示 a 的点在原点右边，表示 $-a$ 的点在原点左边

C. a 与 $-a$ 表示 0，所以表示 a 与 $-a$ 的点就是原点

D. 以上说法都不对

3. 下面大小关系中，错误的是（　　）.

A. $0.01>-|0|$　　B. $-0.375>-\frac{3}{8}$　　C. $\frac{5}{6}>\frac{7}{8}$　　D. $-\frac{5}{6}<-\frac{5}{7}$

4. 若 m 是整数，且 $|m|\leqslant 3$，那么 m 的所有值的和是（　　）.

A.　　B. 6　　C. 0　　D. 12

5. 如果 $|m|+|n|=0$,那么(　　).

A. m 和 n 互为相反数　　B. $m=n=0$

C. m 和 n 的符号相反　　D. m,n 的值不存在

6. 下列语句正确的是(　　).

A. $-a$ 是相反数　　B. a 是相反数

C. $-a$ 和 a 都是相反数　　D. $-a$ 和 a 互为相反数

三、列式计算

1. $\frac{1}{3}$ 与 $\frac{1}{5}$ 的差的相反数.

2. $-\frac{1}{2}$ 的相反数与 2 的倒数之和.

四、画一个数轴,并在数轴标出下列各点.

-1,　$-2\frac{1}{2}$,　2.5,　3.

五、判断题

1. 正数与负数互为相反数.　(　　)

2. 所有的有理数都有相反数.　(　　)

3. 一个数的相反数一定比原数小.　(　　)

4. 相反数大于 -2 的自然数只有一个.　(　　)

5. 只有两个数相等时它们的绝对值才相等.　(　　)

练习二　(有理数的加法与减法)

一、填空题

(1) $(-18)+(\quad)=-5$;　(2) $(-17)+(\quad)=1$;

(3) $0-58=$ ________;　(4) $-121-21=$ ________.

二、选择题

1. 下列计算结果,错误的是(　　).

A. $3+(-5)=-8$　　B. $(-5)+(-3)=-8$

C. $(-3)+5=2$　　D. $3+(-5)$

2. 下面说法正确的是(　　).

A. 两数之和为正,则两数均为正　　B. 两数之和为负,则两数均为负

C. 两数之和为零,则这两个数互为相反数　　D. 两数之和一定大于每一个加数

3. 两数相减,差是(　　).

A. 正数　　B. 负数　　C. 零　　D. 以上都有可能

4. 下列叙述正确的是(　　).

A. 正有理数减去负有理数,结果一定是正数

B. 负有理数减去负有理数,结果一定是负数

C. 零减去一个数仍得这个数

D. 被减去一定大于减数和差

三、计算题

(1) $\left(-\frac{2}{3}\right)+\left(-\frac{1}{2}\right)$；

(2) $\left(-2\frac{3}{4}\right)+\frac{1}{2}$；

(3) $(-365)-0-(635)$；

(4) $(-7.3)-(5.6-1.6)$；

(5) $|+10|+|-4|$；

(6) $(2-7)-(3-8)$.

练习三 （有理数的乘法与除法）

一、填空题

1. $(-1)\times(-|-3|)=$________.

2. 奇数个负数相乘，积的符号为________.

3. $(-7.5)\times\left(-7\frac{3}{5}\right)\times 0=$________.

4. 若 $m\neq 0$，那么 m 的相反数是________，倒数是________.

5. $-\frac{5}{6}\div(-7)=$________.

二、选择题

1. n 个有理数的积为正数，则一定是（　　）.

A. 所有的因数都是正数　　B. 所有的因数都是负数

C. 负数的个数是奇数　　D. 负数的个数是偶数

2. 下列语句中错误的是（　　）.

A. 任何数乘以 $+1$ 都是原数　　B. 任何数乘以 -1 都得原数的相反数

C. 任何数乘以零都得零　　D. 负数乘以负数得负数

3. 两个数的积为负数，则这两个数的和是（　　）.

A. 正数　　B. 负数

C. 零　　D. 以上情况都有可能

4. 若 $1\frac{3}{5}=(-4)x$，则 $x=$（　　）.

A. $\frac{2}{5}$　　B. $-\frac{2}{5}$　　C. $\frac{5}{2}$　　D. $-\frac{5}{2}$

5. 如果一个数的倒数是它自己，那么这个数是（　　）.

A. 0　　B. 1　　C. -1　　D. ± 1

三、计算题

1. $5+(-8)\times(-4)$；

2. $(-2)-(-1)\times(-5)$

3. $\left(-3\frac{2}{3}\right)\div\left(-5\frac{1}{2}\right)$；

4. $\left(\frac{3}{4}+\frac{7}{8}\right)\div\left(-\frac{13}{32}\right)$

四. 已知 $a=-1, b=-2, c=-3$，求下列各式的值.

(1) $ab-c$；　　(2) $(a-b)(c-d)$；　　(3) $\frac{a+b}{c}$.

练习四 （有理数的乘方，科学计数法）

一、判断题

1. $-7^2=(-7)^2$ （ ）

2. $\frac{2^2}{3}=\frac{4}{9}$ （ ）

3. $\left(\frac{1}{2}\right)^3+\left(-\frac{1}{2}\right)^3=0$ （ ）

4. $1^{101}+(-1)^{102}=203$ （ ）

5. $(2+3)^2=2^2+3^2$ （ ）

二、选择题

1. 若 $x^2=-x$，则（ ）.

A. $x>0$　　B. $x\geqslant 0$　　C. $x<0$　　D. $x\leqslant 0$

2. $(-2\times 5)^3=$（ ）.

A. 1000　　B. -1000　　C. 30　　D. -30

3. $-|(-1)^{100}|$ 等于（ ）.

A. -100　　B. 100　　C. -1　　D. 1

4. 下列各式中，正确的是（ ）.

A. $(-4)^2=-4^2$　　B. $-\frac{6}{5}>-\frac{5}{4}$　　C. $\left(1-\frac{1}{2}\right)^2=1\frac{1}{4}$　　D. $(-3)^2=9$

5. 比较 -3^2 和 $(-2)^3$ 的大小，正确的是（ ）

A. $-3^2>(-2)^3$　　B. $-3^2=(-2)^3$　　C. $-3^2<(-2)^3$　　D. $-3^2\leqslant(-2)^3$

6. 用科学记数法表示 3141600000 得（ ）

A. 3.1416×10^8　　B. 3.1416×10^9　　C. 3.1416×10^{10}　　D. 3.1416×10^4

7. 下列各对数中，数值相等的是（ ）.

A. 3^2 和 2^3　　B. -2^3 与 $(-2)^3$

C. -3^2 和 $(-3)^2$　　D. $(-3\times 2)^2$ 与 -3×2^2

8. 下列计算错误的有（ ）个.

(1) $\left(\frac{1}{2}\right)^2=\frac{1}{4}$； (2) $-5^2=25$； (3) $\frac{4^2}{5}=\frac{16}{25}$； (4) $-\left(-\frac{1}{7}\right)^2=\frac{1}{49}$； (5) $(-1)^5=-1$； (6) $-(-0.1)^3=0.001$.

A. 1 个　　B. 2 个　　C. 3 个　　D. 4 个

三、用科学计数法表示下列各数

(1)1.60000；　(2)2.4300000；　(3)5.30400.

四、计算

(1) $-2^2\times(-2)^2$；　(2) $(-1)^5\div(-3)^2$.

第 1 章自测题

一、填空

1. 若一个数的相反数是 -5，则这个数的倒数是（ ）.

2. 绝对值等于$\frac{2}{3}$的数是(　　).

3. 若 a 与 b 互为相反数,则 $la^3+b^3=$(　　).

4. 若 a 与 b 互为倒数,则 $-\frac{ab}{b}=$(　　).

5. 如果 $x-y=5$,那么 $-x+y=$(　　).

6. 化简 $+[-(+5)]=$(　　).

7. 把 6590000 用科学计数法表示为(　　).

8. 最小的正整数是(　　),最大的正整数是(　　).

二、选择题

1. 下面各对数中,成为互为相反数的一对是(　　).

A. $|+3|$ 与 $|-3|$　　B. $-|+3|$ 与 $+|-3|$

C. $-(+3)$ 与 $+(-3)$　　D. $-(-3)$ 与 $+(+3)$

2. 计算 $-2^2+(-2)^2-2^3+(-2)^3$ 的结果是(　　).

A. -8　　B. -16　　C. -24　　D. 0

3. 两数的商为正,那么这两个数(　　).

A. 和为正　　B. 差为正　　C. 积为正　　D. 以上都不对

4. 计算 $(-2)^{101}\div 2^{100}$ 的结果为(　　).

A. 2　　B. $-\frac{101}{100}$　　C. -2　　D、-1

5. a,b 在数轴上的位置如题图 1 所示,则(　　).

A. $b^2>a^2$　　B. $|a|>|b|$　　C. $-a>-b$　　D. $\frac{1}{a}<\frac{1}{b}$

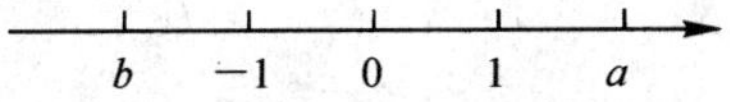

题图　1

6. a 是负有理数,则$\frac{a+|a|}{1+|a|}\cdot\frac{|a|}{a}$的值是(　　).

A. 0　　B. 1　　C. -1　　D. 2

7. 已知 $|x|=3$, $|y|=4$,那么 x^2+y^2 的值是(　　).

三、计算题

1. $-2\frac{1}{2}+2\frac{1}{2}\div(-2)\times\left(-\frac{2}{3}\right)$

2. $\left(-\frac{1}{2}+\frac{3}{4}-\frac{5}{8}\right)\times(-16)$

3. $(-2)^4\div\left(-2\frac{2}{3}\right)^2+5\frac{1}{2}\times\left(-\frac{1}{11}-0.25\right)$

4. $(-24)\times 48+(-24)\times 52+(-24)+96\times(-16)-(-16)\times 4$

5. $\left[(-5)^4\times(-\frac{2}{5})+150\right]\times 10\div 5-(-1)^{365}$

四、若 a,b 互为相反数，c,d 互为倒数，$|m|=1$，求 $\frac{(a+b)^2+m^3}{cd}$ 的值.

第 2 章　整式

练习一　（整式）

一、指出下列各式中哪些是单项式，哪些是多项式，哪些是整式

$\frac{5}{2}x^2-3x$；$2\pi x^2y$；a；abc；$2x^3$；$x+y$；-12；$1+a$；$-\frac{5}{a}$

单项式有____________________________

多项式有____________________________

整式有____________________________

二、填表

单项式	$-x^2$	$-\frac{1}{2}a^2b^3$	0.75mn	$-\frac{xyz}{3}$	x^2	$-ab^3c^4$
系数						
次数						

三、选择题

1. 下列各式中，不是单项式的有（　　）.

A. $\frac{1}{5}xy^2$　　B. $-\frac{x}{y}$　　C. $-\frac{3a^2b}{7}$　　D. -6

2. 下列语句中正确的是（　　）.

A. x^2+1 是二次单项式　　B. $-\frac{2xy}{3}$ 的系数是 $-\frac{2}{3}$

C. 2 不是单项式　　D. x^2y^2 是二次单项式

3. 下列数量关系中，用代数式表示结果是单项式的为（　　）.

A. a 与 b 的平方差　　B. a 与 x 和的 2 倍的相反数

C. 比 a 的倒数大 11 的数　　D. a 的 2 倍的相反数

4. 下列各项中次数是 5，系数是 -3 的单项式为（　　）.

A. $-3x^3y^2$　　B. $\frac{-3x^5y}{11}$　　C. $3x^5y^5$　　D. $\frac{-3x^5}{y}$

5. 下列代数式中，3 次单项式的个数是（　　）.

$$a^2+b,\ xy^2,\ -2abc,\ 0.3m^3n,\ 3a^3b^3$$

A. 1 个　　B. 2 个　　C. 3 个　　D. 4 个

6. 下列多项式中是 5 次 4 项式的是（　　）.

A. $3xy^5+4x^4y-3x^2y+1$　　B. $6x^2y^3-\frac{3xy^2-x^3}{2}+y^2$

C. $-x^5+3x^4y^2+6x^3+y^3$　　D. $x^2y^3-3xy^2+7$

7. 两个 5 次多项式相加，其结果(　　).

A. 一定是 5 次多项式　　B. 可能是 10 次多项式

C. 一定是大于 0 次的多项式　　D. 一定是小于或等于 5 的多项式

8. 多项式 $x^3y-xy^4+3x^2y^2+x^3$ 按 y 的降幂排列正确的是(　　).

A. $-xy^4+x^3+3x^2y^2+x^3y$　　B. $x^3+x^3y+3x^2y^2-xy^4$

C. $-xy^4+3x^2y^2+x^3y+x^3$　　D. $xy^4+3x^2y^2+x^3y+x^4$

四、当 $x=2\frac{1}{2}$，$y=-1$，计算下列各式的值.

(1) $3xy$；　　(2) $-\frac{3}{5}xy^5$.

五、1. $(m-1)xy^{-n}$ 是关于 x,y 到的 5 次单项式，则 m,n 应满足什么条件？

2. 写出一个含有 x 的二次 3 项式，它的二次项系数是 2，一次项系数是 $-1\frac{1}{2}$，常数项是 3.

练习二　(整式的加法和减法)

一、选择题

1. 下列语句中正确的是(　　)

A. $0.3abc$ 与 $0.5ab$ 是同类项　　B. $\frac{1}{2}$ 与 0 不是同类项

C. $-5x^3y^2$ 与 $\frac{2}{3}x^2y^3$ 是同类项　　D. $\frac{1}{2}m^2n$ 与 $-4nm^2$ 是同类项

2. 下列式子正确的是(　　).

A. $5a+2b=7ab$　　B. $7ab-7ba=0$

C. $4x^2y-5xy^2=-x^2y$　　D. $3x^2+5x^3=8x^5$

3. 如果 $2a^3b^{n+2}$ 与 $a^{m+1}b^{6-n}$ 是同类项，则 m^n 的值为(　　).

A. 8　　B. 16　　C. 9　　D. 以上都不对

4. 三角形一边等于 $2a+b$，第二边比第一边大 $a-3$，第三边等于 $2b$，则这个三角形的周长是(　　).

A. $3a+4b-3$　　B. $5a+4b-3$　　C. $6a+4b-3$　　D. $6a+b-3$

二、合并下列各式中的同类项

(1) $15x+4x-8x$；　　(2) $-6ab+6a+18ab$；

(3) $9m^2-7.8m^2-6.3m$；　　(4) $-m^2x-2m^2x+7m^2x$.

三、化简求值

1. $2x^2-5x+x^2+4x-3x^2-2$，其中 $x=\frac{1}{2}$.

2. $4xy-3x^2-xy+y^2+x^2-4xy+2x^2$，其中 $x=1\frac{1}{2}$，$y=-1$.

练习三　(整式的乘法)

一、选择题

1. 化简 $(-2a)\cdot a-(-2a)^2$ 的结果是(　　).

A. 0　　B. $2a^2$　　C. $-6a^2$　　D. $-4a^2$

2. $-\frac{7}{6}a^3b\cdot(\frac{6}{5}abc)$ 的结果是(　　).

A. $-\frac{7}{5}a^4b^2$　　B. $\frac{7}{5}a^4b^2$　　C. $-\frac{7}{5}a^4b^2c$　　D. $\frac{7}{5}a^4b^2c$

3. 一个长方体的长、宽、高分别为 $3x-4, 2x, x$，那么它的体积为(　　).

A. $3x^2-4x^2$　　B. $6x^3-8x^2$　　C. x^2　　D. $6x^2-8x$

4. 已知 $a-b=5, ab=3$，则 $(a+1)(b-1)$ 的值为(　　).

A. 3　　B. -3　　C. 7　　D. -7

5. 如果多项式 $(x+q)$ 与 $(x+8)$ 的积中不含 x 的一次项，那么 q 等于(　　).

A. 8　　B. -8　　C. 24　　D. -24

6. 用平方差公式计算 $(x-1)(x+1)(x^2+1)$ 结果正确的有(　　).

A. x^4-1　　B. x^4+1　　C. $(x-1)^4$　　D. $(x+1)^4$

7. 计算 $(x^m+x^n)(x^m-x^n)$ 的结果为(　　).

A. $x^{2m}+x^{2n}$　　B. $x^{m^2}-x^{n^2}$　　C. $x^{n^2}-x^{m^2}$　　D. $x^{2m}-x^{2n}$

8. 已知 $x^2+y^2=25, x+y=7$. 且 $x>y$，那么 $x-y$ 的值等于(　　).

A. ±1　　B. ±7　　C. 1　　D. 7

9. 若 $x^2+kx+25$ 是一个完全平方式，则常数 $k=$(　　).

A. 10　　B. -10　　C. ±10　　D. 无法确定

二、计算

(1) $-3a^2b)\cdot(ab^2)^3$；　　(2) $\frac{1}{12}x^3\cdot(-2xy)^2\cdot(x-y)^3\cdot(y-x)^2$；

(3) $-\frac{3}{2}x\cdot(1-x+4x^2-2x^3)$；　　(4) $-3x^2y^3\cdot(x^2-1)-(x^2+1)\cdot5x^2y^3$；

(5) $(3x-1)(4x+1)$；　　(6) $3x(x+4)-(2x-1)(2x+3)$

三、利用简便方法计算

(1) $20\frac{1}{3}\times19\frac{2}{3}$；　　(2) 13.2×12.8.

四、已知 $(x+y)^2=25, (x-y)^2=9$. 求 xy 与 x^2+y^2 的值.

练习四　(整式的除法)

一、判断题

(1) $a^8\div a^4=a^2$　　(　　)

(2) $(-a)^9\div(-a)^5=a^4$　　(　　)

(3) $x^{10}\div x^5\cdot x^2=x^3$　　(　　)

(4) $(x-y)^3\div(y-x)^3\cdot(x-4)^4=(x-y)^3$　　(　　)

(5) $a^6\div(-a)\div a^2=a^0=0$　　(　　)

二、计算题

(1) $(a^5)^3\div a^6$；　　(2) $\left(-\frac{1}{2}\right)^8\div\left[\left(-\frac{1}{2}\right)^3\times\left(-\frac{1}{2}\right)^2\right]$；

(3)$4xy\cdot(-x)^2\div(-x^2y)$；　　(4)$(3abc)^2\cdot\frac{1}{2}a^2b^2\div(-3ab^2c)^2$；

(5)$(9x^3y^4-6x^4y^3+3x^2y^3)\div(-3xy^2)$；(6)$(18^2b-9a^3b^2)\div(-3ab)$.

三、观看燃放烟花时，常常是“先见烟花，后闻响声”，这是由于光速比声速快的缘故．已知光在空气中的传播速度约为 3×10^8 m/s，它是声音在空气中传播速度的 8.82×10^5 倍．求声音在空气中的传播速度(结果精确到个位)．

练习五　(分解因式)

一、选择题

1.下列由左到右的变形，属于因式分解的是(　　)

A. $3xy^2(x-4xy)=3x^2y^2-12x^2y^3$

B. $ax^2+bx+c=x(ax+b)+c$

C. $a^2b+a=a^2\left(b+\frac{1}{a}\right)$

D. $21xy^2-14xy+7x^2y^3=7xy(3y+xy^2-2)$

2.用提公因式法分解因式，下列各式正确的是(　　)．

A. $3x^2-6xy+x=x(3x-6y)$

B. $2mx+4m^2y+6mxy=m(2x+4my+6xy)$

C. $-36n^4-18n^3+9n^2=-9n^2(4n^2+2n-1)$

D. $-\frac{1}{2}x^2+2x^2y^2-4x^2y=-\frac{1}{2}x^2(1-y^2+2y)$

3.在多项式 a^2+b^2，m^2-n^2，$-x^4-16$，$-4x^2+y^2$ 中，能应用平方差公式分解因式的多项式的个数有(　　)．

A. 1 个　　B. 2 个　　C. 3 个　　D. 4 个

4.下列因式分解正确的是(　　)．

A. $x^2+1=(x+1)(x-1)$．　　B. $m^2+(-n)^2=(m+n)(m-n)$．

C. $2a^2-b^2=(2a+b)(2a-b)$．　　D. $-x^2+y^2=(x+y)(y-x)$．

5.将 $(2x-y)^2-(2x+y)^2$ 分解因式，得(　　)．

A. $8xy$　　B. $-8xy$　　C. $-4xy$　　D. $(4x-2y)(4x+2y)$

6.下列分解因式的结果正确的是(　　)．

A. $x^4-9y^2=(x^2-3y)^2$．　　B. $8x-4x^2-4=-4(x+1)^2$．

C. $\frac{1}{4}x^2+2xy-4y^2=\left(\frac{1}{2}x-2y\right)^2$．　　D. $4x^2-\frac{4}{3}xy+\frac{1}{9}y^2=\left(2x-\frac{1}{3}y\right)^2$．

7.如果 $\frac{1}{16}a^2-kab+b^2$ 可以用完全平方公式分解因式，则 k 等于(　　)．

A. $\frac{1}{8}$　　B. $\frac{1}{4}$ 或 $-\frac{1}{4}$　　C. $\frac{1}{2}$ 或 $-\frac{1}{2}$　　D. 2 或 -2

8.下列各式中，不能用完全平方公式分解因式的是(　　)．

A. $m^2-m+\frac{1}{4}$　　B. $-4x^2+4x+1$

C. $-4a^2-4a-1$　　D. $-4n^2+2n-\frac{1}{4}$

二、把下列各式分解因式

1. $4a^2(m-1)-2a(1-m)^2$　　2. $2ny^2-y+(1-2ny)$

3. $(x^2+y^2)-x^2y^2$　　4. $25(a-2b)^2-64(b+2a)^2$

5. x^3-4x^2+4x　　6. $(x^2-2x)^2-2x(2-x)+1$

三、用简便方法计算

1. $37^2+26\times37+13^2$　　2. 99^2-101^2

四、计算 $2(3+1)(3^2+1)\cdots(3^{32}+1)$

第3章　方程

练习一　(一元一次方程)

一、下列各式中，哪些是方程？

1. $3x-x+2x$　　(　　)

2. $4+p>p+1$　　(　　)

3. $5(x+1)=3+x$　　(　　)

4. $y^2-5y+6=0$　　(　　)

5. $3x-2$　　(　　)

6. $3x=1$　　(　　)

7. $3+2=5$　　(　　)

8. $\frac{2}{x}+3=8$　　(　　)

二、用方程表示下列数量关系

1. x 的 $\frac{2}{3}$ 与 5 的和等于 7.

2. x 的 2 倍比它多 3.

3. x 的 3 倍加上 5 等于 x 的 6 倍减去 4.

4. y 的 10% 与 1 的差的绝对值加上 2 等于 14.

三、选择

1. -1 是下列方程中(　　)的解.

A. $\frac{1}{x}+5=6$　　B. $3x+5=1$　　C. $x^2+x=3x+3$　　D. $\frac{x-1}{x+2}=3x-5$

2. 以 $x=2$ 为解的方程是(　　).

A. $3x+2=7$　　B. $|x|=-x$　　C. $\frac{1}{x}+x=4$　　D. $\frac{1}{2}x-3=x-4$

3. 以 $y=-2, y=4$ 为解的方程是(　　).

A. $y^2-2y-8=0$　　B. $y^2-2y+8=0$　　C. $y^2+2y-8=0$　　D. $y^2+2y+8=0$

4. 若 $x=-3$ 是方程 $x+a=4$ 的解，则 a 的值是(　　).

A. 7　　B. 1　　C. -1　　D. -7

5. 方程 $y^3-7y+6=0$，且 $y_1=1, y_2=2, y_3=-3$，那么（　　）.

A. 只有 y_1 是方程的解　　B. y_1, y_2 和 y_3 不都是方程的解

C. y_1, y_2, y_3 都是方程的解　　D. 只有 y_1, y_2 是方程的解

四、解下列方程

1. $\frac{1}{3}x+5=-\frac{4}{3}x-1$　　2. $\frac{3}{4}x+1=-\frac{2}{3}$

3. $\frac{5x-3}{2}=\frac{2}{3}$　　4. $\frac{x+3}{4}-\frac{1-3x}{3}=\frac{5}{2}$

五、m 为何值时，代数式 $\frac{2}{3}m-\frac{2(m-7)}{7}$ 的值等于 m?

六、1. 某车间共 28 名工人，生产螺母和螺栓，没人每天生产螺栓 12 个或螺母 18 个，怎样分配生产螺母和螺栓的人数，才能恰好使每天生产的螺母和螺栓按 1:2 配套?

2. 某人把 720cm 长的铁丝分成两段，分别做成两个正方形的教学模型，已知两个正方形边长的比是 4 : 5，求两个正方形的边长.

练习二　（二元一次方程组）

一、选择题

1. 在下面方程组中，是二元一次方程组的有（　　）.

① $\begin{cases}y=3x-1\\2x+y=5\end{cases}$　② $\begin{cases}x+y=3\\xy=1\end{cases}$　③ $\begin{cases}y=3x-1\\\frac{x}{3}+\frac{y}{2}=1\end{cases}$　④ $\begin{cases}y=3x\\x=4z-1\end{cases}$

A. 1 个　　B. 2 个　　C. 3 个　　D. 4 个

2. 方程 $2x-3y=5$ 的解（　　）.

A. 只有 1 个　　B. 只有 2 个　　C. 无数个　　D. 无解

3. 下面 4 对数值中，是方程组 $\begin{cases}2x-y-7=0\\x+2y+4=0\end{cases}$ 的解是（　　）.

A. $\begin{cases}x=-3\\y=2\end{cases}$　　B. $\begin{cases}x=2\\y=-3\end{cases}$　　C. $\begin{cases}x=1\\y=-5\end{cases}$　　D. $\begin{cases}x=-2\\y=3\end{cases}$

4. 用代入法解方程组 $\begin{cases}3x+4y=2①\\2x-y=5②\end{cases}$ 使得代入后化简比较容易的变形是（　　）.

A. 由 ① 得 $x=\frac{2-4y}{3}$　　B. 由 ① 得 $y=\frac{2-3x}{4}$

C. 由 ② 得 $x=\frac{y+5}{2}$　　D. 由 ② 得 $y=2x-5$

5. 解方程组 $\begin{cases}2x+3y=13①\\3x+4y=18②\end{cases}$ 为了计算简便，最好是（　　）.

A. ① × 4 − ② × 3　　B. ① × $\left(-\frac{3}{2}\right)$ + ②

C. ① × 3 − ② × 2　　D. ② × 2 − ① × 3

二、填空题

1. 如果单项式 $2a^{m+2n}b^{n-2m+2}$ 与 a^5b^7 是同类项，那么 $m^n=$________.

2. 方程组 $\begin{cases}x=2y\\3x-4y=4\end{cases}$ 的解是________.

3. 在方程 $2x-3y=5$ 中，用含 x 的式子表示 y 为________，用含 y 的式子表示 x，则有________.

4. 若 $|3x-y+5|+|2x-y+3|=0$，则 $x=$________，$y=$________.

三、用代入法解方程组

1. $\begin{cases}y-x=3\\7x+5y=6\end{cases}$　　2. $\begin{cases}3x+4y=18\\5x+8y=34\end{cases}$

四、用加减法解下列方程

(1) $\begin{cases}2x+3y=-1\\4x-9y=8\end{cases}$　　(2) $\begin{cases}\dfrac{x+y}{2}+\dfrac{x-y}{3}=6\\(x+y)+5(x-y)=38\end{cases}$

五、应用题

1. 有两袋大米，第二代比第一袋大米多 40kg，如果从第二袋中取出大米 5kg 倒入第一袋，这时第二袋大米的重量正好是第一袋大米的重量的 3 倍，原来两袋大米的重量各是多少？

2. 有 30 个工人，若每人每小时能生产甲种零件 30 个，或生产乙种零件 25 个，或生产丙种零件 20 个，现在用甲种零件 3 个，乙种零件 5 个，丙种零件 4 个装配成某种机件，问如何安排劳动力，才能使每小时生产的零件刚好配套？

练习三　（一元二次方程）

一、选择题

1. 下列各方程中，一定是关于 x 的一元二次方程的是(　　)

A. $\dfrac{1}{2}x^2+\dfrac{1}{x}-2=0$　　B. $ax^2+bx+c=0$

C. $(n^2+1)x^2+n=0$　　D. $mx^2+3x+12=0$

2. 关于 x 的方程 $3x^2-(2m-1)x-2=0$ 有一个根是 $x=1$，m 的值是(　　).

A. $m=1$　　B. $m=-1$　　C. $m=\pm1$　　D. 以上答案都不对

3. 将方程 $\dfrac{(2x-1)^2}{2}-\dfrac{(x+1)^2}{3}=1$ 化为一般形式后，它的二次项系数、一次项系数、常数项分别是(　　).

A. 10，16，5　　B. 10，16，−5　　C. 10，−16，−5　　D. 10，−16，5

4. 对于方程 $(x+2)(x-3)=0$，下面的判断中，正确的是(　　).

A. 仅为 $x=-2$ 时，方程成立　　B. 方程的解是 $x=3$

C. 方程的解是 $x=-2$　　D. $x_1=-2$，$x_2=3$ 都是方程的解

二、用直接开平方法解下列方程

1. $x^2=25$　　2. $\dfrac{1}{2}(3x-1)^2-8=0$

三、用配方法解下列方程

1. $x^2-6x+5=0$

2. $x^2+7x-23=0$

四、用公式法解下列方程

1. $4x^2-5x+1=0$

2. $5x^2-7x=-1$

五、用因式分解法解下列方程

1. $2x^2-5x=0$

2. $7x(x-3)=2(x-3)$

六、若方程 $(k-1)x^2+2(k+2)x+k+1=0$ 有两个不相等的实根，求 k 的值.

七、(1) 若方程 $3x-5x-7=0$ 的两根为 x_1, x_2，求 $(x_1+x_2)^2+(x_1-x_2)^2$

(2) 已知 $x+7x-10=0$ 的两根是 α 和 β，求 $\alpha^2\beta+\alpha\beta^2$ 的值.

八、已知 ΔABC 的三边分别为 a,b,c，且 $x^2-2bx-ab+bc+ac=0$ 有两个相等的实根，求证：ΔABC 是等腰三角形.

练习四 （分式①）

一、选择题

1. 下列判断正确的是(　　).

A. 分式的分子中一定含有分母

B. 分数一定是分式

C. 整式和分式都是有理式

D. $\frac{1}{x}$ 不是分式

2. 下列各式：$\frac{1}{5}(1-x)$，$\frac{4x}{\pi-3}$，$\frac{1}{2}x^2-\frac{1}{2}y^2$，$\frac{1}{x}+x$，$\frac{a}{2}+\frac{b}{a}+4$，其中分式共有(　　).

A. 2 个　　B. 3 个　　C. 4 个　　D. 5 个

3. 当 x 为任意实数时，下列分式中一定有意义的是(　　).

A. $\frac{x^2+1}{x^2}$　　B. $\frac{x-1}{x^2-1}$　　C. $\frac{x+1}{x^2+1}$　　D. $\frac{x-1}{x+1}$

4. 要使分式 $\frac{1}{1-2x}$ 的值大于零，则(　　).

A. $x>-\frac{1}{2}$　　B. $x<-\frac{1}{2}$　　C. $x>\frac{1}{2}$　　D. $x<\frac{1}{2}$

5. 下列各式正确的是(　　).

A. $\frac{a+x}{b+x}=\frac{a+1}{b+1}$

B. $\frac{y}{x}=\frac{y^2}{x^2}$

C. $\frac{n}{m}=\frac{na}{ma},(a\neq 0)$

D. $\frac{n}{m}=\frac{n-a}{m-a}$

6. 如果把分式 $\frac{xy}{x+y}$ 中的 x, y 都扩大到 2 倍，那么分式的值为(　　).

A. 扩大 2 倍　　B. 不变　　C. 缩小 2 倍　　D. 缩小 4 倍

7. 若 $M\neq 0$，则下列各式中一定正确的是(　　).

A. $\frac{A\times M}{B\div M}=\frac{A\div M}{B\times M}$

B. $\frac{A+M}{B+M}=\frac{A}{B}$

C. $\frac{A\times M}{B\times M}=\frac{A\div M}{B\div M}$

D. $\frac{A\div M}{B\div M}=\frac{B}{A}$

8. 下列各式中，错误的是(　　).

A. $\frac{2x^2y}{5x-1}=\frac{2x^2y^2}{5xy-y}(y\neq 0)$

B. $\frac{(x+y)^2}{x^2-y^2}=\frac{x+y}{x-y}$

C. $\frac{1}{x+1}=\frac{x-4}{x^2+3x-4}$

D. $\frac{y-1}{x-1}=\frac{1-y}{1-x}$

9. 把下列各式表示成分式，其中错误的是(　　).

A. $5\div(a-b)=\frac{5}{a-b}$

B. $-5(a+b)\div(a-b)=\frac{-5(a+b)}{a-b}$

C. $a-b\div 5a=\frac{a-b}{5a}$

D. $m\div a-b=\frac{m}{a}-b$

10. 下列计算正确的是(　　).

A. $\frac{3y}{x}\div 3xy=x^2$

B. $\frac{3y}{x^2}\div\frac{x}{3y}=\frac{1}{x}$

C. $x\div y\cdot\frac{1}{y}=x$

D. $\frac{a}{a^2-1}\cdot\frac{a-1}{a}=\frac{1}{a+1}$

11. 下列各式的运算(其中 n 为正整数)，错误的是(　　).

A. $\left(\frac{1}{a}\right)^n=\frac{1}{a^n}$

B. $\left(\frac{b}{a}\right)^n\cdot a^n\cdot b^n=1$

C. $\left(\frac{-x}{n}\right)^n=\frac{(-x)^n}{n^n}$

D. $\left(\frac{b^2}{a}\right)^{2n}=\frac{b^{4n}}{a^{2n}}$

12. 分式 $\left(\frac{3x}{x+y}\right)^3$ 等于(　　).

A. $\frac{9x^3}{x^3+y^3}$　　B. $\frac{27x^3}{x^3+y^3}$　　C. $\frac{9x^3}{(x+y)^3}$　　D. $\frac{27x^3}{(x+y)^3}$

二、计算或化简

1. $\frac{2x^2}{5y}\cdot\frac{-y^2}{x^3}$

2. $\frac{4x^2}{1-x}\div\frac{2x}{x-1}$

3. $\frac{x^2-3x+2}{-4x+4}\div(x^2-2x)$

4. $\frac{x+3}{x+2}\cdot\frac{x^2-4}{x^2-9}\div\frac{x^2-4x+4}{x^2-6x+9}$

5. $\left(\frac{a^2b}{-c}\right)^3\cdot\left(\frac{c^2}{-ab}\right)\div\left(\frac{bc}{a}\right)^4$

三、化简求值

$\left(\frac{a+b}{2ab^2}\right)^3\div\left(\frac{a^2-b^{2\,2}}{ab}\right)\div\left[\frac{1}{2(a-b)}\right]^2$，其中 $a=-\frac{1}{2}$，$b=\frac{2}{3}$.

练习五　(分式②)

一、填空题

1. $\frac{x^2}{x-2}-\frac{4}{x-2}=$________.

2. $\frac{a-b}{a}=\frac{1}{2}$，则 $\frac{a}{b}=$________.

3. $\frac{x^2}{(x+y)^2}+\frac{2y^2}{(y+x)^2}-\frac{y^2-2xy}{(-x-y)^2}=$________.

4. $\frac{1}{x^2-x},\frac{x}{x^2+x},\frac{y}{2(x+1)}$ 的最简公分母是________.

二、计算题

1. $\frac{x+1}{x^2-1}+\frac{2x+3}{1-x}+\frac{4x}{x-1}$

2. $\frac{5ab}{(a-b)(a-c)}+\frac{5bc}{(a-b)(c-a)}$

3. $\frac{2b-3c}{2bc}+\frac{2c-3a}{3ac}+\frac{9a-4b}{6ab}$

4. $\frac{a^2}{a-1}-a-1$

5. $\frac{1}{x-3}-\frac{6}{x^2-9}-\frac{x-1}{6+2x}$

6. $\left(\frac{x+2}{x^2-2x}-\frac{x-1}{x^2-4x+4}\right)\div\frac{x-4}{4}$

三、解下列方程

1. $\frac{3x-5}{x-2}=2-\frac{x+1}{x-2}$

2. $\frac{3}{x}+\frac{6}{x-1}=\frac{x+5}{x(x-1)}$

3. $\frac{2}{x+3}+\frac{3}{2}=\frac{7}{2x+6}$

4. $\frac{1-x}{3x-2}+\frac{3x}{2-3x}=5$

四、m 为何值时，关于 x 的方程 $\frac{2}{x-2}+\frac{ax}{x^2-4}=\frac{3}{x+2}$ 会产生增根.

五、某人骑自行车的速度比步行速度每小时多走 8km，已知他步行 12km 所用的时间与骑自行车 36 千米所用的时间相等，求此人的步行速度.

第 3 章自测题

一、选择题

1. 如果代数式 $\frac{3k+5}{7}$ 的值是 2，那么 k 应等于（　　）.

A. -1　　B. $\frac{19}{3}$　　C. $\frac{7}{3}$　　D. 3

2. 若方程 $(ax-y-2)^2+|6x+3|=0$ 的解 x,y 互为相反数，则 a 的值为（　　）.

A. 5　　B. -5　　C. 0　　D. 1

3. 将 $\frac{a}{a-b}$ 中的 a,b 都扩大 2 倍，则分式的值（　　）.

A. 不变　　B. 扩大 2 倍　　C. 缩小 2 倍　　D. 扩大 4 倍

4. 下列各等式成立的是（　　）.

A. $\frac{n}{n-m}=-\frac{n}{n+m}$　　B. $\frac{n}{m-n}=-\frac{n}{n+m}$

C. $\frac{n}{n-m}=\frac{-n}{n+m}$　　D. $\frac{n}{n-m}=-\frac{n}{m-n}$

5. 关于 x 的方程 $\frac{x+2}{x+3}=\frac{m}{x+3}$ 产生增根，则 m 的值及增根 x 的值分别为（　　）.

A. $m=-1,x=-3$　　B. $m=1,x=-3$

C. $m=-1,x=3$　　D. $m=1,x=3$

6. 已知关于 x 的方程 $(a^2-1)x^2+(1-a)x+a-2=0$，下列结论正确的是（　　）.

A. $a\neq\pm1$ 时，原方程是一元二次方程　　B. $a\neq1$ 时，原方程是一元二次方程

C. $a\neq-1$ 时，原方程是一元二次方程　　D. 原方程是一元二次方程

7. 一项工作，甲单独做 x 小时完成，乙单独做 y 小时完成，若甲、乙两人合做，需要的小时数为（　　）.

A. $\frac{1}{x}+\frac{1}{y}$　　B. $\frac{1}{xy}$　　C. $\frac{1}{x+y}$　　D. $\frac{xy}{x+y}$

8. 若分式 $\frac{2}{x-1}$ 有意义，则 x 的取值范围是（　　）.

A. $x\neq 1$　　B. $x>1$　　C. $x=1$　　D. $x<1$

二、计算

1. $\frac{x+2}{x^2-2x}+\frac{8}{4-x^2}$　　2. $\left(1+\frac{4}{a-2}\right)\div\frac{a}{a-2}$

三、解方程式方程组

1. $\frac{2x}{0.3}-\frac{1.4-3x}{0.2}=-2\frac{2}{3}$　　2. $\begin{cases}2x+3y=9\\4x-5y=7\end{cases}$

3. $3x(x+2)=5x+10$　　4. $\frac{5x-7}{x^2-3x+2}=\frac{2}{x-1}+\frac{3}{x-2}$

四、用一块长 80cm，宽 60cm 的薄钢片，在 4 个角上截去 4 个相同的边长为 x cmd 的小正方形. 然后做成底面积为 1500 cm^2 的无盖的长方形盒子，求 x.

第四章　根式

练习一　（平方根）

一、选择题

1. $|-9|$ 的平方根是（　　）.

A. 81　　B. ± 3　　C. 3　　D. -3

2. 下列说法：①4 的平方根是 -2；②-2 是 4 的一个平方根；③2 是 4 的一个平方根；④4 的平方根是 ± 2，其中正确的有（　　）.

A. 1 个　　B. 2 个　　C. 3 个　　D. 4 个

3. 4 的算术平方根是（　　）.

A. 2　　B. 1　　C. 0 和 1　　D. ± 1

4. 下列说法错误的是（　　）.

A. $\sqrt{3}$ 是 3 的一个平方根　　B. $-\sqrt{3}$ 的平方是 3

C. $\sqrt{3}$ 是 3 的算术平方根　　D. 3 的平方根是 3 的算术平方根

二、求下列各式中的 x 的值

(1) $2x^2=8$　　(2) $(x+1)=\sqrt{16}$

三、计算

(1) $-\sqrt{(-2)(-8)}$　　(2) $\sqrt{0.64}-\sqrt{2\frac{1}{4}}+\sqrt{1.44}$

四、若 $\sqrt{x}+\sqrt{-x}+\sqrt{y}-16=0$，求 $\sqrt{x+y}$ 的平方根.

练习二 （立方根）

一、选择题

1. 64 的立方根是(　　).

A. 4　　B. ± 4　　C. 8　　D. ± 8

2. 立方根等于本身的数是(　　).

A. 0　　B. 0 和 1　　C. ± 1　　D. 0 和 ± 1

3. $-\sqrt[3]{27}$ 的立方根是(　　).

A. -3　　B. 3　　C. $\sqrt[3]{3}$　　D. $-\sqrt[3]{3}$

4. 下列等式成立的是(　　).

A. $\sqrt[3]{-2}=-\sqrt[3]{-2}$　　B. $\sqrt[3]{-2}=-\sqrt[3]{2}$　　C. $\sqrt[3]{-2}=\sqrt[3]{2}$　　D. $\sqrt[3]{2}=-\sqrt[3]{2}$

二、求下列各式的值

(1) $\sqrt{1-\frac{63}{64}}$　　(2) $\sqrt{1\frac{7}{9}}+\sqrt[3]{-\frac{1}{27}}$

三、求 x

(1) $x^3=-64$　　(2) $(x+3)^3=8$

四、$\sqrt{2x+y}+|y^3+8|=0$，求 $3x+5y$ 的立方根.

五、有一块体积为 20 cm^3 的正方体木块，求它的棱长大约是多少(精确到 0.01 cm)?

练习三 （二次根式 ①）

一、选择题

1. 要使式子 $\frac{\sqrt{a+2}}{a}$ 有意义，a 的取值范围是(　　).

A. $a\neq 0$　　B. $a>-2$ 且 $a\neq 0$

C. $a>-2$ 或 $a\neq 0$　　D. $a\geqslant -2$ 且 $a\neq 0$

2. 下列式子：① $\sqrt{\frac{1}{2}}$，② $\sqrt{-5}$，③ $\sqrt[3]{8}$，④ $\sqrt{(-1)^2}$，其中是二次根式的有(　　).

A. 1 个　　B. 2 个　　C. 3 个　　D. 4 个

3. 计算 $(-10\sqrt{2})^2$ 等于(　　).

A. 20　　B. -20　　C. 200　　D. -200

4. 计算 $\sqrt{(-3)^2}$ 的结果是(　　).

A. 3　　B. -3　　C. ± 3　　D. 9

5. 若 $|x+2|+\sqrt{y-3}=0$，则 xy 的值是(　　).

A. -8　　B. -6　　C. 5　　D. 6

6. 下列根式中，不是最简二次根式的是(　　).

A. $\sqrt{7}$　　B. $\sqrt{3}$　　C. $\sqrt{\frac{1}{2}}$　　D. $\sqrt{2}$

7. 若 $b<0$。那么化简 $\sqrt{-ab^3}$ 的结果为(　　).

A. $-b\sqrt{ab}$　　B. $b\sqrt{ab}$　　C. $-b\sqrt{-ab}$　　D. $b\sqrt{ab}$

二、化简

(1) $\left(-\frac{1}{3}\sqrt{3}\right)^2+\sqrt{\left(-\frac{5}{3}\right)^2}$　　(2) $-\sqrt{\left(\frac{2}{7}\right)^2}\times\sqrt{\left(-\frac{7}{2}\right)}\times(-\sqrt{\pi})^2$

(3) $\sqrt{(4-\sqrt{7})^2}+\sqrt{(\sqrt{17}-5)^2}$　　(4) $(2+\sqrt{3})^{100}\times(2-\sqrt{3})^{99}$

三、把下列二次根式化为最简二次根式

(1) $\sqrt{54}$　　(2) $\sqrt{\frac{1}{27}}$

(3) $\sqrt{1\frac{4}{5}}$　　(4) $\sqrt{25m^3+50m^2}\ (m>0)$

(5) $\frac{1}{a}\sqrt{\frac{1}{a}+1}$　　(6) $\sqrt{\frac{x^2+25}{5x}-2}\ (x>5)$

四、由小到大的顺序排列下列各式

$3\sqrt{\frac{1}{3}}$；　$2\sqrt{3}$；　$\frac{1}{2}\sqrt{27}$；　$\frac{1}{2}\sqrt{75}$

练习四　(二次根式②)

一、选择题

1. 下列各式中，结果为 1 的是(　　).

A. $\sqrt{5x}\cdot\sqrt{5^{-1}}$　　B. $\sqrt{2a}\cdot\sqrt{2a^{-1}}$

C. $\sqrt{10^3x}\cdot\sqrt{10^{-3}x}$　　D. $\sqrt{a^{-5}}\cdot\sqrt{a^6}\cdot\sqrt{a^{-1}}$

2. 下列计算过程完全正确的是(　　).

A. $\sqrt{m+1}\cdot\sqrt{m}=\sqrt{m^2}+1=m+1$

B. $\sqrt{a+b}\cdot\sqrt{a-b}=\sqrt{a^2}-\sqrt{b^2}=a-b$

C. $\sqrt{x}\cdot\sqrt{3x}\cdot\sqrt{6x}=\sqrt{9x^3}=3x\sqrt{x}$

D. $\sqrt{5xy}\cdot\sqrt{5}\cdot\sqrt{\frac{1}{xy}}=5$

3. 以下各式中，值最大的一个是(　　).

A. $2\sqrt{5}\cdot2\sqrt{10}$　　B. $2\sqrt{11}\cdot\sqrt{33}$　　C. $3\sqrt{7}\cdot\sqrt{21}$　　D. $\sqrt{6}\cdot\sqrt{147}$

4. 下列计算正确的是(　　).

A. $\frac{\sqrt{14}}{\sqrt{56}}=\sqrt{\frac{14}{56}}=\frac{1}{4}$　　B. $\frac{\sqrt{1.53x^3}}{\sqrt{0.17x}}=\sqrt{\frac{1.53x^3}{0.17x}}=3x$

C. $\sqrt{\frac{3}{11}}\div\sqrt{3\frac{2}{3}}=\sqrt{\frac{3}{11}\cdot\frac{11}{3}}=1$　　D. $x\cdot\sqrt{\frac{1}{x}}\div\sqrt{x}=x$

5. $4\sqrt{6x^3}\div2\sqrt{\frac{x}{3}}$ 的计算结果是(　　).

A. $2\sqrt{2}x$　　B. $\frac{2}{3}x$　　C. $6\sqrt{2}x$　　D. $\frac{2\sqrt{2}}{3}x$

6. 与$\sqrt{20}$是同类二次根式的是(　　).

A. $\sqrt{1\frac{4}{5}}$　　B. $\sqrt{40}$　　C. $\sqrt{200}$　　D. $\sqrt{50}$

7. 下列二次根式中，与$\sqrt{\frac{x}{y}}$不是同类二次根式的是(　　).

A. $\sqrt{\frac{xy}{2}}$　　B. $\sqrt{x^3y}$　　C. $\frac{1}{\sqrt{xy}}$　　D. $\sqrt{\frac{y}{x^3}}$

8. 若最简二次根式$\frac{3}{4}\sqrt{4a^2+1}$与$2\sqrt{6a^2-1}$是同类根式，则a的值是(　　).

A. 1　　B. 0　　C. -1　　D. -1或1

二、计算

1. $\sqrt{8}-\frac{1}{8}\sqrt{48}-\left(\frac{2}{3}\sqrt{4\frac{1}{2}}-2\sqrt{\frac{3}{4}}\right)$　　2. $\left(\sqrt{32}+\sqrt{0.5}-2\sqrt{\frac{1}{3}}\right)-\left(\sqrt{\frac{1}{8}}-\sqrt{48}\right)$

3. $\frac{6}{x}\sqrt{\frac{x}{9}}-2x^2\cdot\sqrt{\frac{1}{x}}+3\sqrt{4x}$　　4. $\left(-\frac{2}{3}\sqrt{42}\right)\times(-6\sqrt{56})$

5. $2\sqrt{6}\times\sqrt{42}\times\sqrt{14}$　　6. $\sqrt{45}\div3\sqrt{\frac{1}{5}}\times\frac{3}{2}\sqrt{5}$

7. $\sqrt{3}\times\left(\sqrt{3}+\frac{1}{\sqrt{3}}\right)-\frac{\sqrt{12}-\sqrt{3}}{\sqrt{3}}$

第4章自测题

一、选择题

1. 下列各式中是二次根式的是(　　).

A. $\sqrt{-4}$　　B. $\sqrt[4]{2a}\,(a>0)$　　C. $-\sqrt{a^2+b^2}$　　D. $\sqrt{x-y}\,(x<y)$

2. 下列各式中正确的是(　　).

A. $(-\sqrt{3})^2=-3$　　B. $\sqrt{3^2}=3$　　C. $-(\sqrt{3})^2=3$　　D. $\sqrt{(-3)^2}=-3$

3. 若x为任意实数，下列各式中，一定有意义的是(　　).

A. $\sqrt{-x^2}$　　B. $\sqrt{x^2-1}$　　C. $\sqrt{x^2+1}$　　D. $\sqrt{\frac{1}{x^2}}$

4. 已知x是非负数，则$|x|+\sqrt{x^2}$等于(　　).

A. 0　　B. $-x$　　C. $2x$　　D. $-2x$

5. 已知$|a|+a=0$，则$a-\sqrt{4a^2}$等于(　　).

A. a　　B. $-a$　　C. $3a$　　D. $-3a$

6. 化简$\sqrt{5}\times\sqrt{\frac{9}{20}}$的结果为(　　).

A. $\frac{3}{2}$　　B. $\frac{\sqrt{3}}{2}$　　C. $\frac{5\sqrt{3}}{2}$　　D. $\frac{15}{2}$.

7. 下列计算正确的是(　　).

A. $\sqrt{3a}\cdot\sqrt{a}=3a$　　B. $\sqrt{a}\cdot\sqrt{\frac{2}{a}}=\sqrt{2}$

C. $\sqrt{8a}=4a^2$　　D. $\sqrt{a(a-3)}=\sqrt{a}\cdot\sqrt{a-3}$

8. 计算 $4\sqrt{6x^3}\div3\sqrt{\frac{x}{3}}$ 的结果是(　　).

A. $\frac{3}{2}x$　　B. $4\sqrt{2}x$　　C. $\frac{2}{3}\sqrt{2x}$　　D. $2\sqrt{2x}$

二、填空题

1. 使 $\frac{\sqrt{1-x}}{x}$ 有意义的 x 的值是________.

2. 当 $a=3+2\sqrt{2}$, $b=3-2\sqrt{2}$, $a^2b-ab^2=$________.

3. $(\sqrt{15}+4)^{10}\cdot(\sqrt{15}-4)^{11}=$________.

4. $\sqrt{3}-\sqrt{3}(1-\sqrt{3})=$________.

5. $\frac{\sqrt{18}}{\sqrt{3}}=$________.

6. $\frac{\sqrt{48}}{\sqrt{2.5}}=$________.

三、计算题

1. $(\sqrt{8}-2\sqrt{0.5})-\left(\sqrt{1\frac{1}{8}}+\sqrt{50}+\frac{2}{3}\sqrt{72}\right)$.

2. $\left(\sqrt{12}-\sqrt{\frac{1}{2}}-2\sqrt{\frac{1}{3}}\right)-\left(\sqrt{\frac{1}{8}}-\sqrt{18}\right)$.

3. $2x\sqrt{\frac{x}{4}}-3x\sqrt{\frac{x}{9}}+3x^2\sqrt{\frac{1}{x}}$.

4. $\sqrt{45}\div3\sqrt{\frac{1}{5}}\times\frac{3}{2}\sqrt{5}$.

第5章　平面几何

练习一　(角)

一、选择题

1. 一个角的余角(　　).

A. 一定是钝角　　B. 一定是锐角

C. 可能是锐角,也可能是钝角　　D. 以上答案都不对

2. 一个角等于它的余角的2倍,那么这个角等于它的补角的(　　).

A. 2倍　　B. $\frac{1}{2}$倍　　C. 5　　D. $\frac{1}{5}$倍

3. 周角的四分之一等于(　　).

A. $\frac{90°}{4}$　　B. 25°　　C. 45°　　D. 90°

4. 20°15′ 的一半是(　　).

A. 10°　　B. 10°7′　　C. 10°8′　　D. 10°7′30″

二、填空

1. 45°28′30″ = ________度.

2. 15.5° = ________度________分.

3. 24°46′ 的余角为________.

4. 142°18′ 的补角为________

三、一个角的补角比它的余角的 2 倍的差是平角的 $\frac{1}{3}$,求这个角.

练习二　(三角形 ①)

一、填空题

1. 在 ΔABC,$AB=6$,$BC=11$,则 AC 的长应满足________.

2. 等腰三角形的两条边长分别为 5cm、10cm,则它的周长等于________.

3. 三角形三内角的度数之比为 4:3:2,则最小角为________度.

4. 在 $\triangle ABC$ 中,若任何一个内角都小于其他两个内角之和,则 ΔABC 一定是________三角形.

5. 在 $\triangle ABC$ 中,$\angle A+40°=\angle C-\angle B$,则 $\angle C$ 的度数为________.

二、选择题

1. 在 $\triangle ABC$ 中,$\angle A=\frac{1}{2}\angle B=\frac{1}{3}\angle C$,则(　　)

A. $\angle A=90°$　　B. $\angle B=90°$　　C. $\angle C=90°$　　D. $\angle C=120°$

2. 点 D 在 BC 的延长线上,$DE\perp AB$ 于 E,DE 交 AC 于 F,$\angle B=50°$,$\angle CFD=60°$,见题图-2,则 $\angle ACB$ 的度数为(　　)

A. 110°　　B. 100°　　C. 145°　　D. 120°

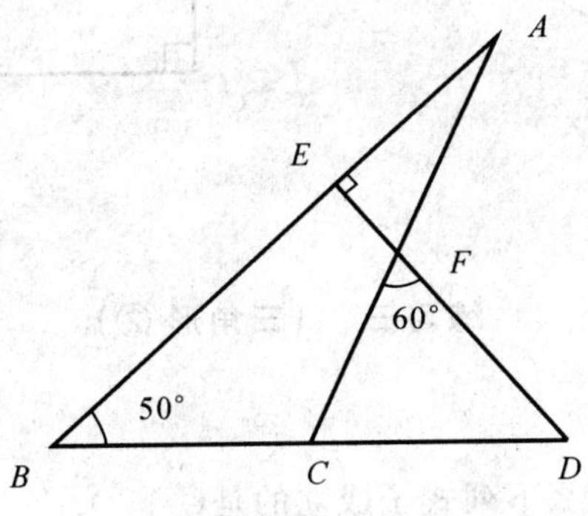

题图　2

3. 在 $\triangle ABC$ 中,$\angle A+\angle B>\angle C$,则一定有(　　)

A. $\angle B<60°$　　B. $\angle A+\angle B<90°$ C. $\angle C<90°$　　D. $\angle C>90°$

4. 在 $\triangle ABC$ 中,$\angle A=70°$,$\angle B=58°$,CD 是 ΔABC 的角平分线,则 $\angle BDC$ 等于(　　)

A. 26°　　　B. 96°　　　C. 52°　　　D. 42°

三. 如题图 3，$AC \parallel BD$，$\angle C = 90°$，$AC = BE$，$AB = DE$，求证：$DE \perp AB$.

四. 如题图 4，AB 与 CD 相交于 O 点，且 $AE = BF$，$OE = OF$，$OC = OD$，求证：$\angle ACE = \angle BDF$.

五. 如题图 5，已知 $AB \perp BD$，$ED \perp BD$，$AB = CD$，$BC = DE$，求证：$AC \perp CE$.

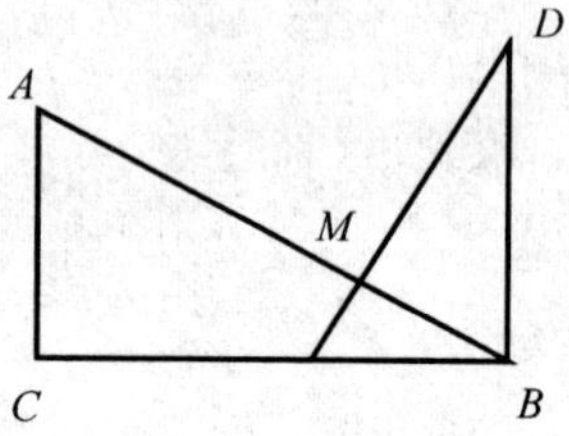

题图　3

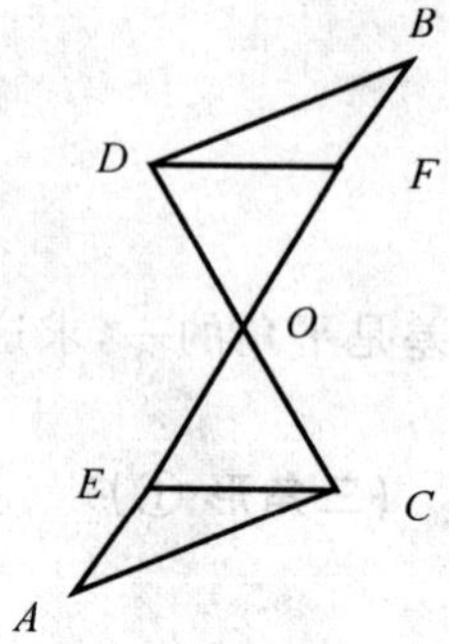

题图　4

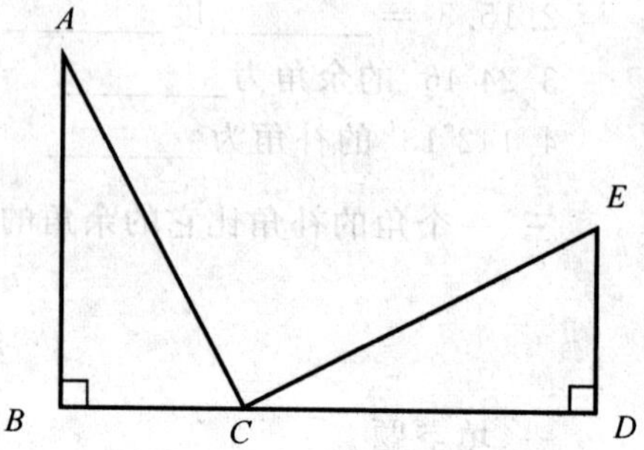

题图　5

六. 如题图 6 所示，已知 $CA = CB$，$AD = BD$，M、N 分别是 CA，CB 的中点，求证：$DM = DN$.

七、如题图 7 所示，在 ΔABC 中，$\angle C = 90°$，D 为 AB 上一点，$DE \perp BC$ 于 E，若 $BE = AC$，且 $BD = 1$，$DE + BC = 2$，求证：$\angle ABC = 30°$.

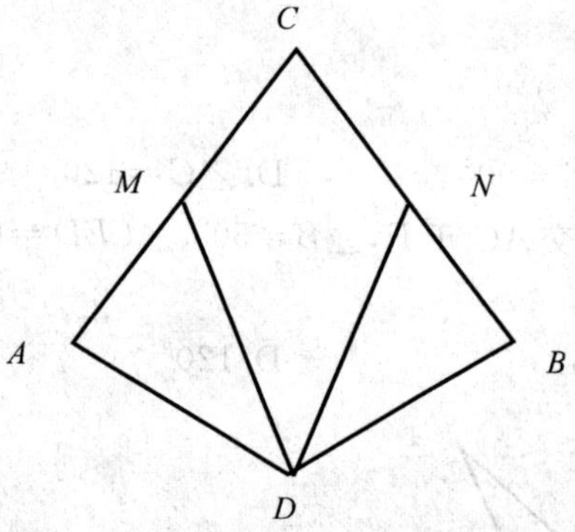

题图　6

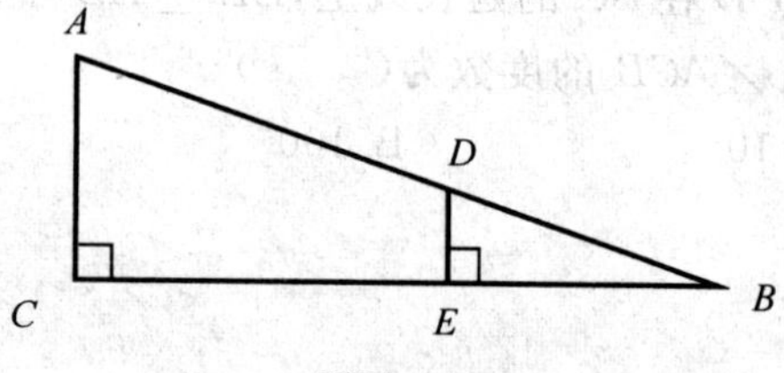

题图　7

练习三　（三角形 ②）

一、选择题

1. 已知 $\frac{a}{b} = \frac{c}{d}$，$m \neq 0$，那么下列式子成立的是（　　）.

A. $\frac{a-2}{b} = \frac{c-2}{d}$　　　B. $\frac{a}{b} = \frac{c+m}{d+m}$

C. $\frac{a-m}{b} = \frac{c}{d-m}$　　　D. $\frac{a-b}{b} = \frac{c-d}{d}$

2. 已知线段 $a=1, b=\frac{\sqrt{5}-1}{2}, c=\frac{3-\sqrt{5}}{2}$，那么下列结论正确的是（　　）.

A. a 是 b, c 的比例中项　　B. b 是 c, a 的比例中项

C. c 是 a, b 的比例中项　　D. 以上结论都不对

3. 下列判断中，正确的是（　　）.

A. 各有一个角是 67° 的两个等腰三角形相似

B. 邻边之比都为 2∶1 的两个等腰三角形相似

C. 各有一个角是 45° 两个等腰三角形相似

D. 邻边之比都为 3∶2 的两个等腰三角形相似

4. 一个直角三角形两直角边之比为 1∶3，则它们在斜边上的摄影之比为（　　）.

A. 1∶3　　B. 1∶9　　C. 1∶10　　D. $1:\sqrt{10}$

5. 如题图 8，矩形 $ABCD$ 中，$\angle AEF=90°$，则有（　　）.

A. $\triangle ABF \sim \triangle AEF$ B. $\triangle ABF \sim \triangle CEF$ C. $\triangle CEF \sim \triangle DAE$　D. $\triangle ADE \sim \triangle AEF$

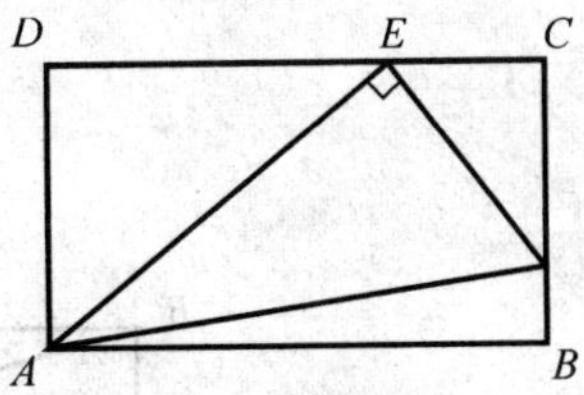

题图　8

二、填空题

1. $\triangle ABC \sim \triangle A'B'C'$，且相似比为 5，则 $\frac{AB}{A'B'}=$________，周长之比为________，面积之比为________.

2. 把一个矩形各边都扩大 4 倍，则其对角线扩大________倍，其面积扩大倍 3. 已知 $x:y:z=4:5:6$，若使等式 $2x+3y-4z=1$ 成立，则 x 的值为________.

4. 已知 $\triangle ABC \sim \triangle A'B'C'$，$\frac{AB+BC}{A'B'+B'C'}=\frac{3}{2}$，若 $S_{\triangle ABC}=54\ \text{cm}^2$，则 $S_{\triangle A'B'C'}=$________.

5. 已知一个梯形被一条对角线分成两个相似三角形，若两腰之比为 1∶4，则两底之比为________.

三、在 Rt$\triangle ABC$ 中 $\angle C=90°$，$CD \perp AB$ 于 D，证明：$AC^2=AD \cdot AB$.

练习四　（四边形）

一、选择题

1. 在 ▱$ABCD$ 中，$\angle B=150°$，$AD=4$cm，则 AB，CD 之间的距离是（　　）.

A. 2cm　　B. 4cm　　C. 8cm　　D. $2\sqrt{3}$ cm

2. 如题图 9，在 $\triangle ABC$ 中，$AB=AC=8$cm；D 是 BC 边上任意一点，过 D 作 AB，AC 的平行线分别交 AC，AB 于 E，F，那么 ▱$AFDE$ 的周长为（　　）.

A. 18cm　　B. 16cm　　C. 14cm　　D. 12cm

3. 下列性质中，菱形具有而一般平行四边形不具有的是(　　).

A. 对角线互相平分　　B. 对边平行且相等

C. 4 条边都相等　　D. 对角相等

4. 一个周长为 28cm 的菱形，有一条对角线长为 $2\sqrt{7}$ cm，则这个菱形的面积是(　　).

A. $14\sqrt{7}\,\text{cm}^2$　　B. $14\sqrt{6}\,\text{cm}^2$　　C. $28\sqrt{6}\,\text{cm}^2$　　D. $28\sqrt{3}\,\text{cm}^2$

5. 已知菱形的一边与两对角线所构成的两角之比为 5 : 4，则该菱形中最大的内角度数是(　　).

A. 80°　　B. 100°　　C. 120°　　D. 160°

6. 正方形具有而菱形不具有的性质是(　　).

A. 对角线互相垂直平分　　B. 各角之和是直角的 4 倍

C. 对角线平分对角　　D. 对角线相等

7. 如题图 10，以正方形 $ABCD$ 的边 AD 为边作等边 $\triangle ADE$，则的度数为 $\angle AEB$(　　).

A. 10°　　B. 15°　　C. 20°　　D. 12.5°

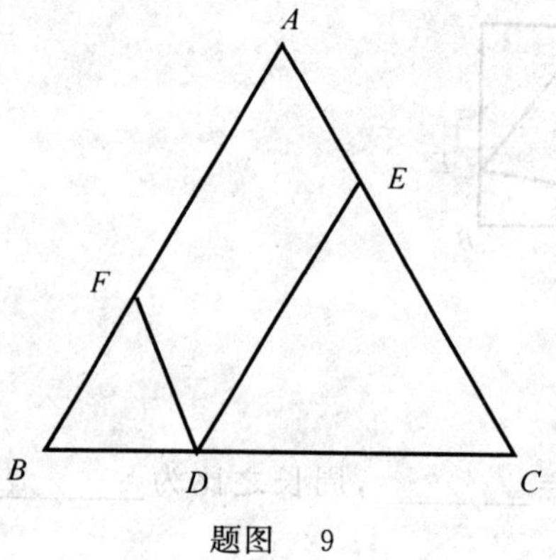

题图　9

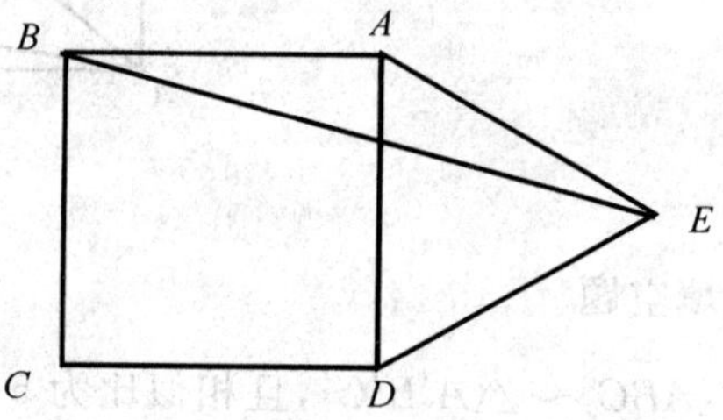

题图　10

二、填空题

1. 一个平行四边形的一内角比它的邻角大24°，则这个平行四边形的四个内角的度数分别为________.

2. 一平行四边形两邻边的长分别为 6 和 8，夹角为30°，则这个平行四边形的面积是________.

3. 已知 ▱$ABCD$ 中，$\angle A$ 的平分线交 BC 于 E，$AB=6$cm，$AD=10$cm，则 $CE=$________

4. 两直角边长分别为 6cm、8cm 的直角三角形中，斜边上的中线长为________.

5. 如题图 11，在矩形 $ABCD$ 中，$BC=2CD$，E 为 AD 上的一点，并且 $BC=BE$，则 $\angle DCE=$________

三、如题图 12，已知 ▱$ABCD$ 中，E，F 分别是 AD、BC 的中点，AF 与 BE 交于 G，CE 与 DF 交于 H，求证：四边形 $EGFH$ 是平行四边形.

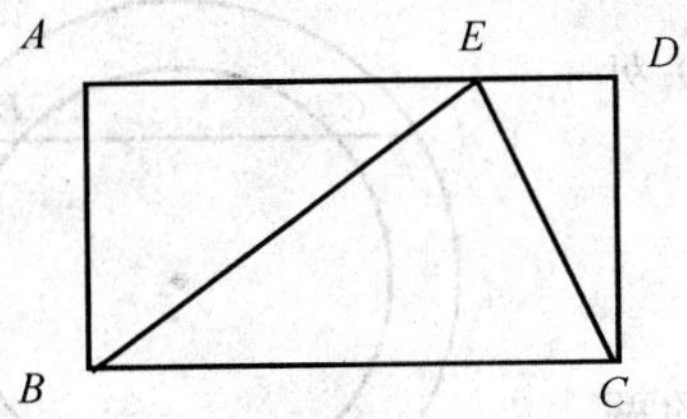

题图 11

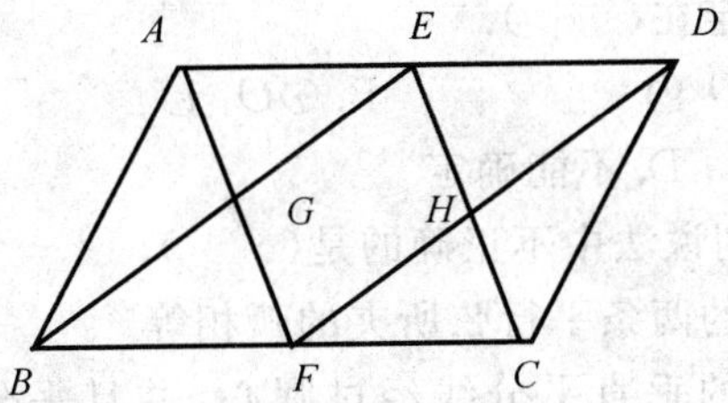

题图 12

四、如题图13，已知矩形 $ABCD$ 中，$AE \perp BD$ 于 E，$\angle DAE = 3\angle EAB$. (1) 求 $\angle EAC$ 的度数；(2) 求证：$\triangle EAO$ 是等腰三角形.

五. 如题图14，在 $\square ABCD$ 中，自顶点 D 向 AB 作中垂线，垂足为 E，且 E 是 AB 的中点，已知 $\square ABCD$ 的周长为 8.6cm，$\triangle ABD$ 的周长为 6cm. 求 AB，BC 的长.

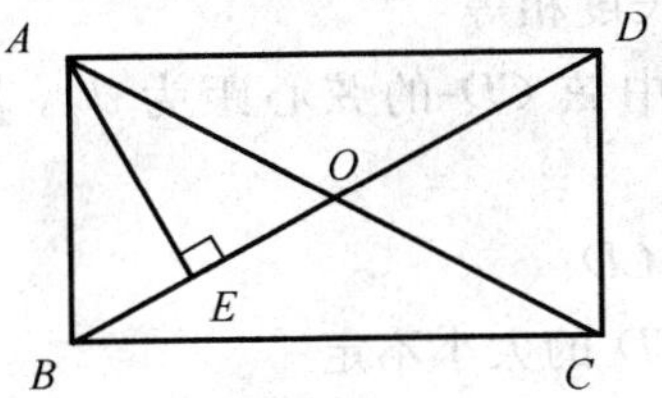

题图 13

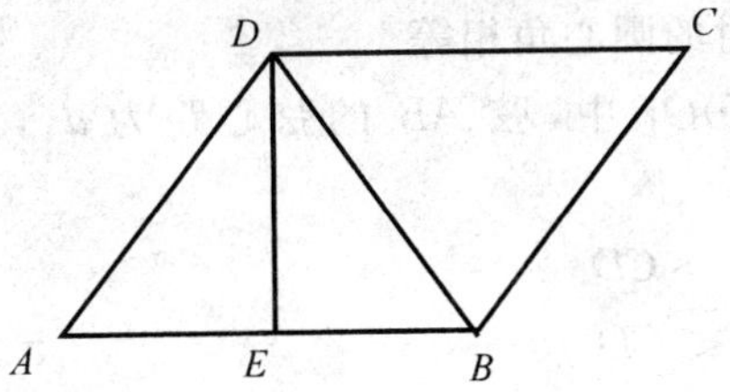

题图 14

练习五　(圆①)

一、选择题

1. 可以作圆，且只可作一个圆的条件(　　).

A. 已知圆心　　B. 已知半径

C. 过3个已知点　　D. 过不在同一直线的3点

2. 已知 ⊙O 的直径为 16cm，线段 $OP = 7$cm，则点 P 与 ⊙O 的位置关系是(　　).

A. 点 P 在 ⊙O 上.　　B. 点 P 在 ⊙O 外.

C. 点 P 在 ⊙O 内.　　D. 不能确定

3. 在直径为 10cm 的 ⊙O 中，有长 5cm 的弦 AB，则 O 到 AB 的距离等于(　　).

A. $5\sqrt{3}$ cm　　B. $\frac{5\sqrt{15}}{2}$ cm　　C. $\frac{5}{4}\sqrt{3}$ cm　　D. $\frac{5}{2}\sqrt{3}$ cm

4. 下列命题中正确的是(　　).

A. 平分弦的直径垂直于弦　　B. 平分弦的直线垂直于弦

C. 垂直于弦的直线通过圆心　　D. 弦的垂直平分弦

5. 如题图15，同心圆中，大圆的弦 AB 交小圆于 C，D，已知 $AB = 4$，$CD = 2$，AB 的弦心距等于1，那么两同心圆的半径之比是(　　).

A. $3:2$　　B. $\sqrt{5}:2$　　C. $\sqrt{5}:\sqrt{2}$　　D. $5:4$

6. 已知 AB 是 ⊙O 的直径，C 是 ⊙O 上一点，作 $CD \perp AB$ 于 D，延长 CD 至 E，使 $DE = CD$，

则点 E 一定在(　　).

A. ⊙O 内　　B. ⊙O 上　　C. ⊙O 外

D. 不能确定

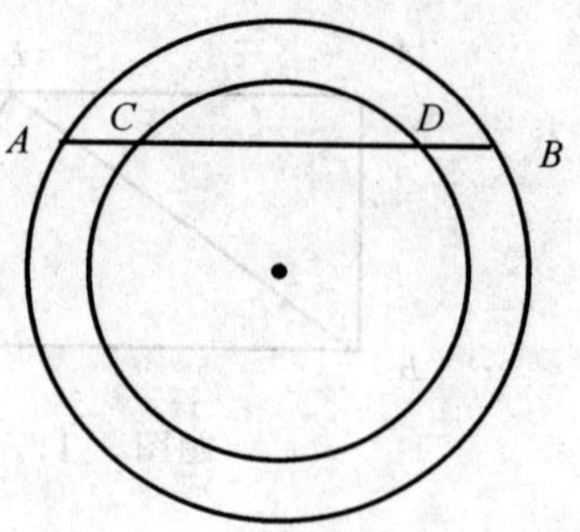

题图　15

7. 下列说法中不正确的是(　　).

A. 圆的两条平行弦所夹的弧相等

B. 弦的垂直平分线经过圆心，并且平分弦所对的两条弧

C. 平分弦所对的一条弧的直径垂直平分弦，并且平分弦所对的另一条弧

D. 平分弦的直线垂直于弦，并且平分弦所对的两条弧

8. 若两条弧的度数相等，则它们(　　).

A. 所对弦相等　　B. 所对弦的弦心距相等

C. 所对的圆心角相等　　D. 弧的长度相等

9. 在 ⊙O_1 中，弦 AB 的弦心距为 d_1，在 ⊙O_2 中弦 CD 的弦心距为 d_2，若 $d_1 = d_2$，则(　　).

A. $AB > CD$　　B. $AB = CD$

C. $AB < CD$　　D. AB, CD 的大小不定

二、若圆的半径为 4cm，一弦中点到所在劣弧长中点的距离为 2cm，求此弧长.

三、如题图 16 已知 AD 为 ⊙O 的直径，AB，AC 为弦，且 AD 平分 $\angle BAC$. 求证：$AB = AC$

四、若题图 17 中某弦长为 a，弦心距为 $\frac{1}{2}a$，求此圆的直径.

五、已知：如图 3，⊙O 的直径 $AB = 12$cm，P 是 AB 上的一点，$AP = 2$cm，弦 CD 经过 P 点，且 $\angle APC = 60°$. 求弦 CD 的长.

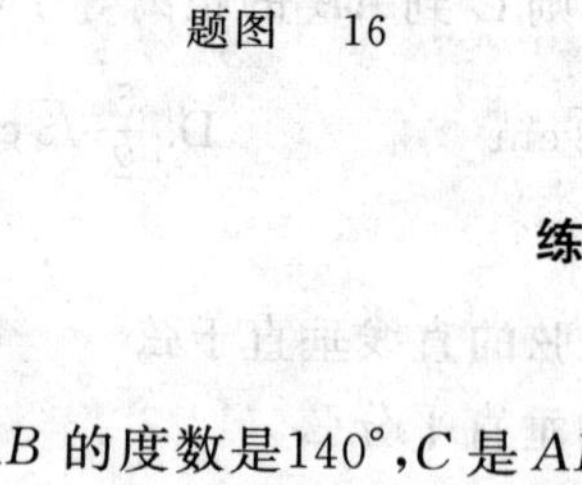

题图　16

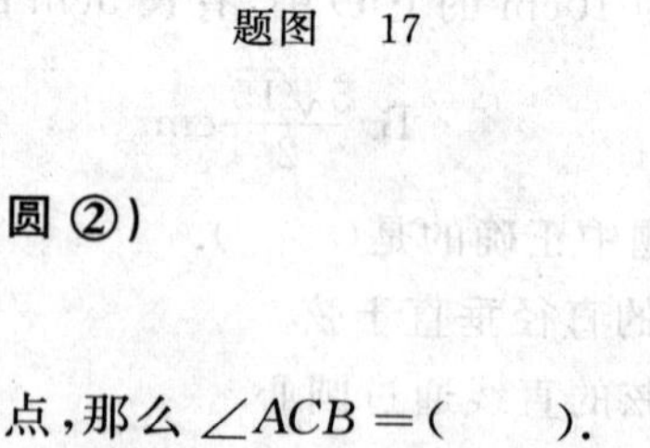

题图　17

练习六　(圆②)

一、选择题

1. ⊙O 中 AB 的度数是 $140°$，C 是 AB 上任一点，那么 $\angle ACB =$ (　　).

A. $110°$　　B. $70°$　　C. $140°$　　D. 不能确定

2. 下列说法不正确的是(　　). A. 顶点在圆上的角是圆周角

B. 同一弧所对的圆心角等于圆周角的 2 倍

C. $60°$ 的圆周角所对弧的度数为 $120°$

D. 80° 的弧所对的圆周角为40°

3. 如题图 18，A,B,C 是 $\odot O$ 上三点，$\overset{\frown}{ACB}\cdot\overset{\frown}{AB}=2:1$，则 $\angle ACB$ 的度数为（　　）.

A. 30°　　B. 120°　　C. 60°　　D. 240°

4. 已知圆的直径是 26cm，一直线和圆心的距离为 8cm，那么这条直线和圆的公共点有（　　）.

A. 1 个　　B. 2 个

C. 3 个　　D. 0 个

5. $\odot O$ 的半径为 $r=6$cm，点 A 在直线 l 上，若 $OA=6$cm，则 l 与 $\odot O$ 的关系是（　　）.

A. 相切　　B. 相交

C. 相离　　D. 不确定

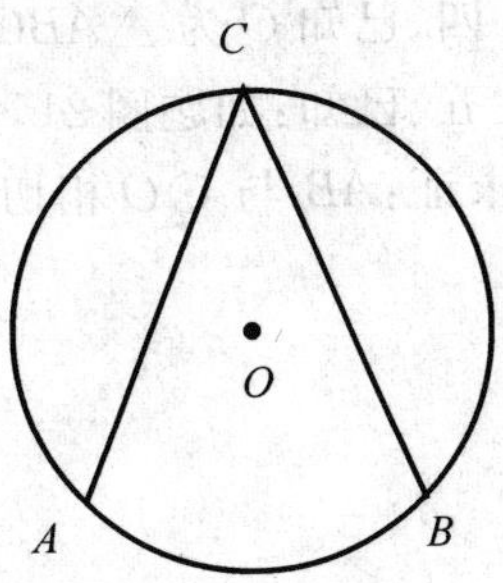

题图　18

6. 下列说法：

(1) 切线和圆有且只有一个公共点；

(2) 圆心到切线的距离等于半径；

(3) 切线垂直于经过切点的半径；

(4) 经过圆心垂直于切线的直线必过切点；

(5) 经过切点垂直于切线的直线必过圆心.

其中，错误说法的个数为（　　）.

A. 0 个　　B. 1 个　　C. 2 个　　D. 4 个

7. 已知：如题图 19，AB 切 $\odot O$ 于点 C，AO 交 $\odot O$ 于 D，AO 的延长线交 $\odot O$ 于 E，弧度（　　）.

A. 40°　　B. 80°　　C. 100°　　D. 130°

8. 已知：如题图 20，EF 切 $\odot O$ 于点 A，BC 是 $\odot O$ 的直径，$\angle B=42°$，则 $\angle EAB$ 的度数为（　　）.

A. 42°　　B. 45°　　C. 48°　　D. 60°

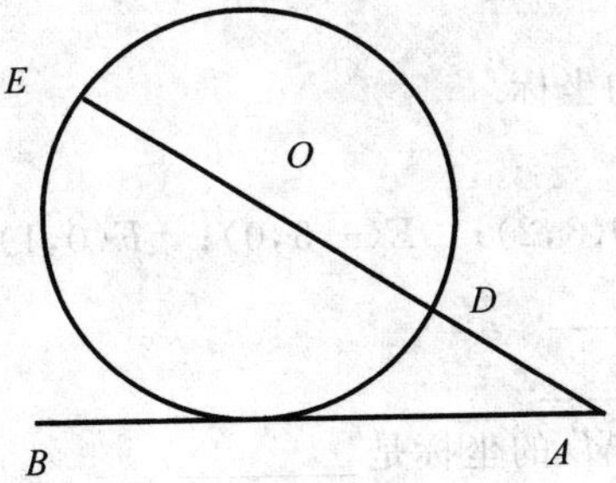

题图　19

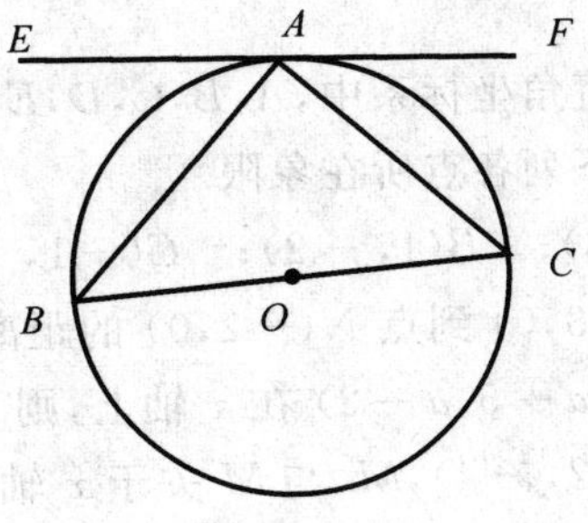

题图　20

二、填空题

1. $\triangle ABC$ 中，$\angle C=90°$，$AB=6$cm，$BC=4$cm，以 A 为圆心 4cm 为半径画圆，则直线 BC 与 $\odot A$ 的位置关系是________.

2. 如果两圆半径分别为 3cm 和 5cm，圆心距为 2cm，那么这两个圆的位置关系为________.

3. $\odot O_1$ 和 $\odot O_2$ 相内切，若 $O_1O_2=3$，$\odot O_1$ 的半径为 7，则 $\odot O_2$ 的半径为________.

三、A,B,C 是 $\odot O$ 上 3 点，$\overset{\frown}{AB}$ 的度数是 $50°$，$\angle OBC=40°$，求 $\angle OAC$.

四、已知 O 为 $\triangle ABC$ 的外接圆圆心，AD 平分 $\angle BAC$，交 $\odot o$ 于 D. 求证：$oD \perp BC$.

五、已知：如题图 21，$\odot O$ 的直径长为 6cm，$OA=OB=5$cm，$AB=8$cm. 求证：AB 与 $\odot O$ 相切. 求证：AB 与 $\odot O$ 相切.

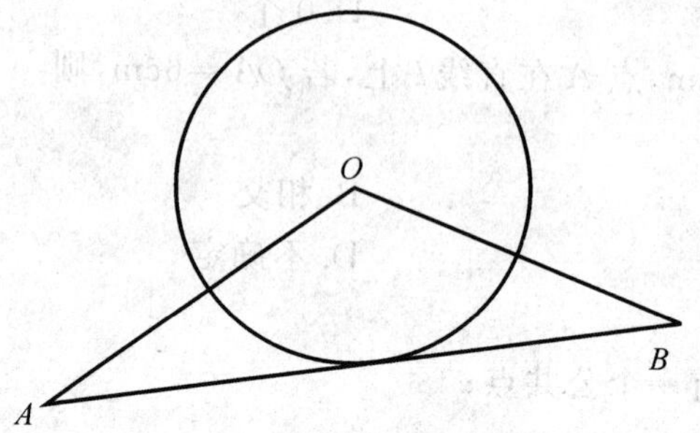

题图　21

练习七　（平面直角坐标系）

1. 根据点坐在位置，用“+”“—”或“0”填空

点的位置	横坐标符号	纵坐标符号
第一象限		
第二象限		
第三象限		
第四象限		
X 轴正半轴		

2. 写出直角坐标系中，A,B,C,D,E,F 各点的坐标.

3. 指出下列各点所在象限.

$A(-2,3)$；　$B(1,-2)$；　$C(-1,-2)$；　$D(3,2)$；　$E(-3,0)$；　$F(0,1)$

4. 点 $M(3,0)$ 到点 $N(-2,0)$ 的距离是________.

5. 点 $M(a+5,a-2)$ 在 x 轴上，则 $a=$________.

6. 点 $M(2,-4)$，M' 与 M 关于 x 轴对称，则 M' 的坐标是________.

7. 建立平面坐标系，在坐标系上描出下列各点

$A(6,3)$；　$B(-1.5,3.5)$；　$C(-4,1)$；　$D(2,-3)$；　$E(3,0)$.

第 5 章自测题

一、填空题

1. 在 $\triangle ABC$ 中，若 $\angle A:\angle B:\angle C=1:2:3$，则 $\angle C=$________.

2. 在 $\triangle ABC$ 中，$\angle C=90°$. 若 $a=2, b=5$. $C=$________.

3. 一个平行四边形两邻边长为 5cm 和 8cm，夹角为 120°，则它的面积是________.

4. 菱形的周长为 16cm，两个相邻的角的度数比为 1∶2，则它的较长的对角线长为________.

5. 在矩形 $ABCD$ 中，$AB=5$cm，$\angle CBD:\angle ABD=2:1$，则 $AC=$________.

6. 已知圆 O 的半径为 5cm，直线 l 与 $\odot O$ 相交，则圆心 O 到直线的距离 d 的取值范围是________.

7. 圆弧桥拱的跨度 AB 是 12m，拱高是 4m，则拱桥所在圆的直径是________.

8. 点 $P(4,-7)$ 到 y 轴距离为________.

二、选择题

1. 下列判断不正确的是（　　）.

A. 两组对角分别相等的四边形是平行四边形

B. 两对对边分别相等的四边形是平行四边形

C. 两条对角线相等的四边形是平行四边形

D. 一组对边平行且相等的四边形是平行四边形

2. 用两个全等的不等边三角形按不同方法拼成四边形，其中平行四边形的个数为（　　）.

A. 2　　B. 3　　C. 4　　D. 5

3. 在相同时刻的物高与影长成比例. 如果一座房子在地面上的影长是 30cm，同时，一位身高 175cm 的人的影长是 1.05m，则这座房子的高是（　　）.

A. 5000m　　B. 500m　　C. 50m　　D. 5m

4. 一个直角三角形有一个锐角为30°，且它的对边是1，则这个三角形的另一条直角边长为（　　）.

A. 1　　B. 2　　C. $\sqrt{3}$　　D. $\sqrt{5}$

5. 在 $\triangle ABC$ 与 $\triangle A'B'C'$ 中，下列条件中可以判定 $\triangle ABC \backsim \triangle A'B'C'$ 的是（　　）.

A. $\angle A=40°, \angle A=70°; \angle A'=40°, \angle C'=80°$

B. $\angle A+\angle B=130°, \angle C'=50°$

C. $\angle A=80°, \angle C=40°; \angle A'+\angle C'=120°, \angle A'-\angle C'=40°$

D. $\angle A=36°, \angle B=54°; \angle C'=90°$

三、如题图 22，在 $\square ABCD$ 中，E, F 是对角线 AC 上的点，且 $AE=CF$，M, N 是 AB, CD 上的点，且 $BM=DN$. 求证：四边形 $MENF$ 是平形四边形.

四、如题图 23，在 $\triangle ABC$ 中，D、E 分别是 AB、AC 上的点，DC 交 BE 于 F，且 $\frac{AD}{AB}=\frac{1}{3}$，$\frac{AE}{EC}=\frac{1}{2}$. 求证：$\triangle DEF \backsim \triangle CBF$.

五、已知：如题图 24 $\triangle ABC$ 中，$AB=AC$，以 AB 为直径作 $\odot O$ 交 BC 于点 D，过 D 点 $DE \perp AC$ 于点 E. 求证：直线 DE 是 $\odot O$ 的切线.

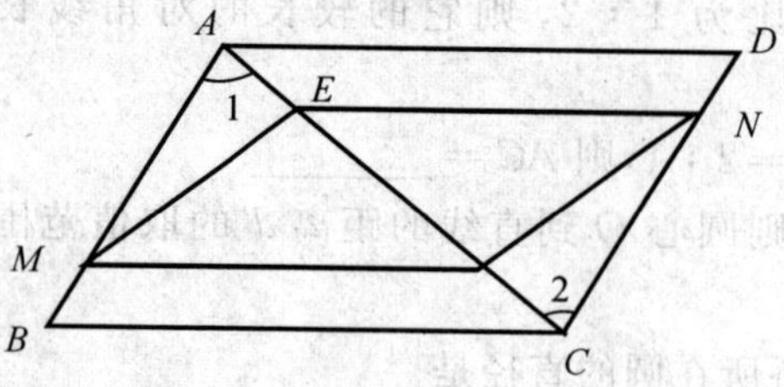

题图 22

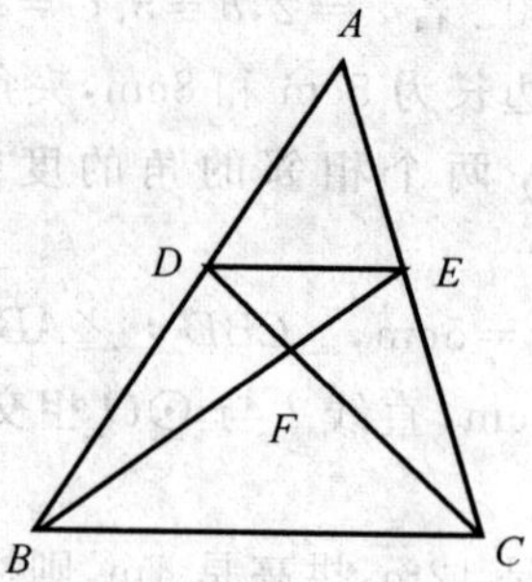

题图 23

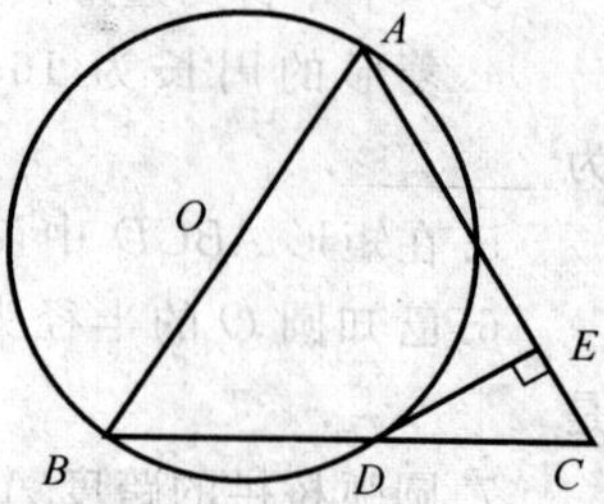

题图 24

第 6 章 集合

练习一 (集合的概念)

一、选择题

1. 给出下面 5 个关系，$\sqrt{3} \in \mathbf{R}$，$0.7 \in \mathbf{Q}$，$0 \in \{0\}$，$0 \in \mathbf{N}$，$3 \in \{(2,3)\}$ 其中正确的个数是( ).

A. 5 B. 4 C. 3 D. 1

2. 下列各组对象中不能形成集合的是( ).

A. 高一年级女生全体 B. 高二(1) 班学生家长全体

C. 高三年级开设的所有课程 D. 高一(6) 班个子较高的学生

3. 给出下列 4 个命题：

①$\{2,3,4,2\}$ 是由 4 个元素组成的集合；

② 集合$\{0\}$ 表示仅由一个“零” 组成的集合；

③ 集合$\{1,2,3\}$ 与$\{3,2,1\}$ 是两个不同的集合；

④ 集合{小于 1 的正有理数} 是一个有限集；

其中正确的命题是( ).

A. 只有 ③④ B. 只有 ②③④ C. 只有 ①② D. 只有 ②

二、填空

1. 5 ______ $\mathbf{N}$； $\sqrt{2}$ ______ $\mathbf{R}$； π ______ $\mathbf{N}$； 0 ______ $\{0\}$； a ______ $\{a,b,c^2\}$.

2. 若 $A=\{x^2=x\}$，则 1 ______ A.

3. 若 $B=\{x^2+5x+6=0\}$，则 1 ______ B.

三、用适当方法表示下列集合

1. 不等式 $4x+6<0$ 的解的集合.

2. 所有偶数的全体.

3. 大于 -7 大于 8 的全体实数.

4. 方程 $x^2-1=0$ 的解集.

练习二　集合之间的关系

一、选择题

1. 设集合 $A=\{x \mid x>-1\}$，$B=\{x \mid x<20\}$，则下列结论正确的是（　　）.

A. $\{-1\} \supseteq B$　　B. $\{-1\} \subsetneqq B$　　C. $A \subsetneqq B$　　D. $B \subsetneqq A$

2. 下列表达式正确的是（　　）.

A. {偶数} $\subseteq \mathbf{Z}$　　B. $Q \supseteq R$

C. {3 的倍数} $=\{x \in \mathbf{Z} \mid x=3n, n \in \mathbf{N}\}$　　D. {梯形} $\subseteq$ {等腰三角形}

3. $A \supseteq B$，$C \subsetneqq B$，则必有（　　）.

A. $A \subsetneqq C$　　B. $A \supseteq C$　　C. $A=C$　　D. 以上都不对

4. 下列命题中正确的是（　　）.

A. 空集没有子集

B. 空集是任何一个集合的真子集

C. 任何一个集合必有两个或两个以上的子集

D. 设集合 $B \subseteq A$，那么，若 $x \notin A$，则 $x \notin B$

二、填空题

1. $\{3\}$ ________ $\{1,2,3\}$；　　3 ________ $\{x \mid x>7\}$；

$\varnothing$ ________ $\{x \mid x \leqslant -2\}$；　　$\{a,b,c\}$ ________ $\{c,b,a\}$.

2. $\mathbf{N}^*$ ________ $\mathbf{N}$；　　$\mathbf{N}$ ________ $\mathbf{Z}$；　　$\mathbf{Z}$ ________ $\mathbf{Q}$；　　$\mathbf{Q}$ ________ $\mathbf{R}$.

3. $\{a,b\}$ 的真子集有________.

三、指出下列各对集合之间的关系

(1) $A=\{x \mid x$ 是两组对边分别平形的四边形$\}$

$B=\{x \mid x$ 是一组对边平行且相等的四边形$\}$

(2) $C=\{x \mid$ 能被 2 整除的整数$\}$

$D=\{x \mid$ 能被 8 整除的整数$\}$

练习三　（集合的运算）

一、填空题

(1) $\{1,2,3,4\} \cap \{2,4,6\}=$________.

(2) $\{1,2,3,4\} \cup \{2,4,6\}=$________.

(3) $\{1,2,3\} \cap \varnothing=$________.

(4) $\{1,2,3\} \cup \varnothing=$________.

(5) 已知 $A=\{x \mid x>2\}$，$B=\{x \mid x \leqslant 8\}$，$A \cap B=$________，$A \cap B=$________.

(6) $Q \cap R=$________，$Q \cup R=$________.

(7) 设全集 $U=\{1,2,3,4,5\}$，$A=\{1,3,4\}$，$B=\{2,4,5\}$，$C_U A \cup C_U B=$________

二、选择题

1. $M=\{x \mid x$ 是平行四边形$\}$，$N=\{x \mid x$ 是矩形$\}$，则 $M \cup N$ 是（　　）.

A. $\{x \mid x$ 是平行四边形$\}$　　B. $\{x \mid x$ 是矩形$\}$

C. $\{x \mid x$ 是正方形$\}$　　D. $\varnothing$

2. 若 $A=\{m,n\}$，则下列结构中正确的是(　　).

A. $m \subsetneqq A$　　B. $\{n\} \in A$　　C. $m \notin A$　　D. $\{n\} \subsetneqq A$

3. 下列结论正确的是(　　).

A. $\varnothing \in \varnothing$　　B. $\varnothing \notin \varnothing$　　C. $\varnothing \subsetneqq \varnothing$　　D. $\varnothing \subseteq \varnothing$

4. 已知 $A=\{a,b\}$，$B=\{b,c\}$，$C=\{a,c\}$，则 $A \cap (B \cap C)=$(　　).

A. $\{a,b,c\}$　　B. $\{a\}$　　C. $\{a,b\}$　　D. $\varnothing$

三、解答题

设 $U=\{$小于10的正整数$\}$，$A=\{1,2,3\}$，$B=\{3,4,5\}$，求 $A \cap B$，$A \cup B$，$\complement_U A$，$\complement_U (A \cap B)$.

练习四　(区间)

一、填空题

1. 用区间表示下列范围

(1) $-2 \leqslant x \leqslant 5$；　　(2) $4 < x \leqslant 7$；

(3) $x > 5$ 且 $x \neq 6$；　　(4) $x \leqslant -1$；

(5) $x \in \mathbf{R}$.

2. 用区间表示下列集合

(1) $\{x \mid x \geqslant 7\}$；　　(2) $\{x \mid x < 4$，且 $x \neq 0\}$；

(3) $\{x \mid x < 5$，或 $x > 8\}$；　　(4) $\{x \mid -1 < x < 8\}$.

二、解答题

设 $A=\{x \mid 0 \leqslant x \leqslant 3\}$，$B=\{x \mid 1 \leqslant x \leqslant 2\}$，用区间表示下列集合：

(1) $A \cap B$；　(2) $A \cup B$.

第6章自测题

一、选择题

(1) 设 $M=\{a\}$，则下列写法正确的是(　　).

A. $a=M$　　B. $a \in M$　　C. $a \subseteq M$　　D. $a \subsetneqq M$

(2) 如果 $A=\{x \mid x \leqslant 1\}$，则(　　).

A. $0 \subseteq A$　　B. $\{0\} \in A$　　C. $\varnothing \in A$　　D. $\{0\} \subseteq A$

(3) 集合 $A=\{2,3,4,5,6\}$，集合 $B=\{2,4,5,8,9\}$，则 $A \cap B=$(　　).

A. $\{2,3,4,5,6,8,9\}$　　B. $\{2,4,5\}$　　C. $\varnothing$　　D. $\{2,3,4,5,6\}$

(4) 集合 $A=\{x \mid -1 < x \leqslant 3\}$，集合 $B=\{x \mid 1 < x < 5\}$，则 $A \cup B=$(　　).

A. $\{x \mid -1 < x < 5\}$　　B. $\{x \mid 3 < x < 5\}$

C. $\{x \mid x > -1$ 或 $x > 5\}$　　D. $\{x \mid 1 < x \leqslant 3\}$

(5) 设全集为 R，集合 $A=\{x \mid -1 < x \leqslant 3\}$，则 $C_U A=$(　　).

A. $\{x \mid x \leqslant -1\}$　　B. $\{x \mid x > 5\}$

C. $\{x \mid x \leqslant -1$ 或 $x > 5\}$　　D. $\{x \mid x \leqslant -1$ 或 $x > 5\}$

(6) 设全集 $U=\{0,1,2,3,4,5,6\}$，集合 $A=\{2,3,4,5,6\}$，则 $C_U A=$(　　).

A. $\{0,2,3,4,5,6\}$　　B. $\{2,3,4,5,6\}$　　C. $\{0,1\}$　　D. $\varnothing$

(7) 已知集合 $A=(2,3]$，集合 $B=(0,5]$，$A \cup B=$(　　).

A. $(-2,5)$　　B. $[-2,3]$　　C. $(-2,5]$　　D. $(0,3)$

二、填空题

1. 设集合 $A=\{x \mid -2<x<3\}$，$B=\{x \mid x>1\}$，则 $A \cap B=$________.

2. 设全集为 $U=R$，$A=\{x \mid x \leqslant 1\}$，则集合 $C_U A=$________.

3. 设 $A=\{x \mid x^2-3x+2=0\}$，$B=\{x \mid 2x^2-3x-2=0\}$，则 $A \cup B=$________.

4. $\{x \mid x \neq 1\} \cap \{x \mid x \geqslant 1\}=$________.

5. $\varnothing \cap \{x \mid 5<x \leqslant 10\}=$________.

6. 方程组 $\begin{cases}2x-3y+1=0\\3x-2y-1=0\end{cases}$ 的解集为________.

7. 设集合 $A=\{x \mid x<-2\}$，$B=\{x \mid x<4\}$，$A \cup B=$________.

三、解答题

1. 设 $S=\{0,1,2,3,4,5,6\}$，$B=\{4,5,6\}$，求 $(C_S A) \cap B$，$A \cup (C_S B)$.

2. 设全集 $U=R$，$A=\{x \mid -4<x<4\}$，$B=\{x \mid 1 \leqslant x<7\}$，求 $C_U A$，$A \cup B$，$A \cap B$.

3. 已知 $\{3,a^2\} \subsetneqq \{1,2,3,a\}$，求 a.

第 7 章　函数

练习一　(函数性质)

一、选择题

1. 函数 $y=\dfrac{\sqrt{x+1}}{x}$ 的定义域是(　　).

A. $[-1,+\infty)$　　B. $(-\infty,0) \cup (0,+\infty)$

C. $[-1,0)$　　D. $(-1,0) \cup (0,+\infty)$

2. 设函数 $f(x)=\begin{cases}x^2+1, & x \geqslant 0\\-x-1, & x<0\end{cases}$，则 $f(-1)=$(　　).

A. 2　　B. -2　　C. 0　　D. -1

3. 函数 $f(x)=\sqrt{4-x^2}-\sqrt{x^2-4}$ 的定义域是(　　).

A. $[-2,2]$　　B. $\{-2,2\}$　　C. $(-\infty,-2) \cup (2,+\infty)$　　D. $(-2,2)$

二、填空题

1. 若 $f(x)=2x-1$，则 $f(2x)=$________.

2. 若 $f(x)=3x+4$，则 $f[f(0)]=$________.

3. 若函数 $f(x)=-3x+a$ 且 $f(1)=7$，则 $f(-4)=$________.

三、解答题

1. 作出下列函数的图形

(1) $f(x)=\dfrac{1}{2}x+1$；　　(2) $f(x)=\begin{cases}x^2, & x \geqslant 0\\x-1, & x<0\end{cases}$.

2. 判断点 $P(2,3)$ 是否在 $f(x)=-\dfrac{1}{2}x^2+2x+1$ 的图形上

3. 求下列函数的定义域

(1) $f(x)=\dfrac{3}{x+1}$；　(2) $f(x)=\sqrt{3+x}$；

(3) $y=\sqrt{\dfrac{x-1}{4-3x}}$；　(4) $y=\dfrac{\sqrt{x+5}}{|x-4|}$.

4. 作出下列函数图形，并指出其单调区间

(1) $f(x)=-3x+2$；　(2) $f(x)=-x^2+2$.

5. 已知函数 $f(x)$ 的定义域为 $(-2,8)$ 上的减函数，且满足 $f(m+1)>f(1)$，试求实数 m 的取值范围.

练习二　(一次函数)

一、填空

1. 已知一个正比例函数的图形经过点 $(-3,4)$，则这个正比例函数的表达式是________.

2. 已知一次函数 $y=kx+6$ 的图形经过 $(1,4)$，则 $k=$________.

3. 一次函数 $y=-\dfrac{1}{4}x+2$ 的图形与 x 轴的交点坐标是________；与 y 轴的交点坐标是________；图形与 x 轴围成的面积是________.

二、选择题

1. 已知 $a<0$，函数 $y=1+ax$ 的图形不经过(　　).

A. 第一象限　B. 第二象限　C. 第三象限　D. 第四象限

2. 已知两点 $(a,3)$，$(-2,b)$ 均在 $3x+2y=12$ 上，则 $a+b=$(　　).

A. -7　B. 11　C. 7　D. -11

3. 点 $A(x_1,y_1)$ 和 $B(x_2,y_2)$ 是一次函数 $y=-\dfrac{1}{2}x+b$ 图形上的两点，若 $x_1<x_2$，则 y_1 和 y_2 的关系是(　　).

A. $y_1<y_2$　B. $y_1\geqslant y_2$　C. $y_1>y_2$　D. 不确定

4. 已知一次函数 $y=ax+4$ 与 $y=bx-2$ 的图形在 x 轴上相交于同一点，则 $\dfrac{b}{a}$ 的值是(　　).

A. -2　B. 4　C. $\dfrac{1}{4}$　D. $-\dfrac{1}{2}$

三、已知函数 $y=(m-3)x-\dfrac{2}{3}$.

(1) 当 m 取何值时，y 随 x 的增大而增大？

(2) 当 m 取何值时，y 随 x 的减小而减小？

练习三　(二次函数)

一、填空题

1. 抛物线 $y=-x^2+4x-5$ 的开口方向是________，顶点坐标为________.

2. 已知 $y=(m-1)x^2+2x+m$，当 $m=$________时，图形为一条直线；当 $m=$________时，

图形是抛物线.

3. 二次函数 $y=ax^2-a^2x+a$ 图形经过$(-2,3)$，且开口向下，则 $a=$________.

4. 抛物线 $y=x^2-2x+m^2$ 的对称轴是直线________，与 y 轴的交点坐标是________，若抛物线与 x 轴有两个交点，则 m 的取值范围是________.

二、选择题

1. 二次函数 $y=ax^2+c$ 的图形经过 $A(1,-1)$，$B(-\sqrt{2},1)$ 两点，则 a,c 的取值为(　　).

A. $a=1,c=-2$　　B. $a=1,c=-1$

C. $a=-\frac{1}{6},c=-\frac{5}{6}$　　D. $a=2,c=-3$

2. 二次函数 $y=ax^2+bx+c$ 的图形的对称轴是 y 轴，则必有(　　).

A. $b^2=4ac$　　B. $b=c=0$　　C. $b=2a$　　D. $b=0$

3. 已知抛物线 $y=ax^2+bx+c$ 经过原点和第一、二、三象限，则(　　).

A. $a>0,b<0,c=0$　　B. $a<0,b<0,c=0$

C. $a<0,b<0,c<0$　　D. $a>0,b>0,c=0$

三、解答题

求满足下列条件的二次函数的解析式

(1) 抛物线的顶点为$(-2,3)$，且经过点$(-1,5)$；

(2) 抛物线与 x 轴交点的横坐标分别为 1,2，且经过点$(-1,3)$.

练习四　（指数运算）

一、填空题

1. $(a^{-2}b^{-1}c)^{-6}=$________(字母均为正数).

2. 化下列根式为指数式$(a,b>0)$

(1) $\sqrt{a\sqrt{a\sqrt{a}}}=$________；　(2) $\sqrt{\frac{a^2}{b}\sqrt{\frac{b^2}{a}\sqrt{\frac{a}{b^3}}}}=$________；

(3) $(5\frac{1}{10})^{-\frac{3}{4}}=$________.

二、选择题

1. 计算$[(-\sqrt{4})^2]^{\frac{1}{2}}$ 的结果是(　　).

A. $\sqrt{2}$　　B. 2　　C. $\frac{1}{2}$　　D. -2

2. 把根式 $a\sqrt{-a}$ 化成分数指数幂是(　　).

A. $(-a)^{\frac{3}{2}}$　　B. $-(-a)^{\frac{3}{2}}$　　C. $a^{\frac{3}{2}}$　　D. $-a^{\frac{3}{2}}$

3. $a+\sqrt[6]{(1-a)^6}$ 的结果是(　　).

A. 1　　B. $2a-1$　　C. 1 或 $2a-1$　　D. $2a$

三、解答题

1. 计算$(2\frac{1}{4})^{\frac{1}{2}}+(100\frac{1}{2})^0-(3\frac{3}{8})^{-\frac{2}{3}}+0.1^{-2}$.

2. 计算

(1)$2\sqrt{2}\cdot\sqrt[4]{2}\cdot\sqrt[8]{2}$；　(2)$\sqrt[3]{3}\cdot\sqrt[4]{3}\cdot\sqrt[4]{27}$；　(3)$a^{3}\cdot a^{-5}$；

(4)$(-3a^{2})$；　(5)$\left(\frac{1}{3}a^{-2}\right)$ $(a>0)$.

3. 用分数指数幂表示下列各式

$\sqrt[3]{x^{2}}$；　$\frac{1}{\sqrt[3]{a^{2}}}$；　$\sqrt[4]{(a+b)^{3}}$.

练习五　(指数函数)

一、填空题

1. 若 $2^{m}>2^{2m-3}$ 成立，则 m 的取值范围是________.

2. 函数 $y=\pi^{x}$，当 $x\in$ ________时，$y>1$；当 $x\in$ ________时，$0<y<1$.

3. $y=2^{\frac{1}{x-5}}$ 的定义域为________.

4. 指数函数经过(1,2)点指数函数的解析式是________.

二、解答题

1. 比较下列各组数的大小

(1) $\left(\frac{2}{3}\right)^{-\frac{1}{2}}$ 与 $\left(\frac{2}{3}\right)^{-\frac{1}{3}}$；　(2) 若 $(\sqrt{5})^{m}<(\sqrt{5})^{n}$，$m$ 与 n；

(3) $\left(\frac{1}{8}\right)^{m}<(0.125)^{n}$，$m$ 与 n.

2. 判断下列各式中的底数是 $a>1$，还是 $0<a<1$？

(1)$a^{\sqrt{2}}>a^{\sqrt{3}}$；　(2)$a^{-\frac{1}{3}}<a^{-\frac{1}{4}}$

3. 求函数 $y=\sqrt{\left(\frac{1}{2}\right)^{x+1}-8}$ 的定义域.

4. 解不等式 $\pi^{x^{2}-2x}<\pi^{x+4}$.

练习六　(对数)

1. 把下列指数式写对数式

(1)$e^{x}=18$；　(2) $0.5^{x}=6$；

(3) $1.012^{x}=1.43$；　(4) $0.9017^{x}=0.5$.

2. 求下列对数值

(1) $\log_{3}1$；　(2) $\log_{\frac{1}{3}}\frac{1}{9}$；　(3) $\log_{3}\frac{1}{3}$；　(4) $\log_{\frac{1}{3}}27$.

3. 计算

(1)$2\lg 3+\lg 7+\lg\frac{25}{7}-\lg\frac{9}{4}+\lg 1$；　(2) $-\frac{1}{2}\log_{\frac{1}{10}}25+\log_{0.1}\frac{1}{2}-\lg\sqrt{0.1}$；

(3) $\log_{2}\frac{1}{25}\cdot\log_{3}\frac{1}{8}\cdot\log_{5}\frac{1}{9}$；　(4)$3^{\log_{3}19.8}$.

4. 求 x

(1) $3^x = \frac{1}{81}$；

(2) $\left(\frac{\sqrt{6}}{6}\right)^x = \frac{1}{6}$；

(3) $\log_2 x = 5$；

(4) $\log_3 x = -1$.

练习七 （对数函数）

一、填空题

1. 在下列各题的横线上填入“>”或“<”.

(1) $\log_2 3$ ________ $\log_3 2$；

(2) $\log_2 0.8$ ________ $\log_{0.5} 0.8$；

(3) $\log_{\frac{1}{3}} 2$ ________ $\log_3 2$；

(4) $\log_3 2$ ________ $\log_4 2$；

(5) $\log_{0.2} 0.3$ ________ $\log_{0.2} 0.4$；

(6) $\ln 4$ ________ $\ln 4.1$.

2. 函数 $y=\sqrt{x^2-1}+\log_3(3x+4)$ 的定义域是________.

二、选择题

1. 关于对数，下列叙述正确的是(　　).

A. 底数可以是任何正数

B. 真数为非负数

C. 0 的对数是 1

D. 1 的对数是 0

2. 函数 $y=\frac{1}{\log_5 x}$ 的定义是(　　).

A. $(0,1)$　　B. $(1,+\infty)$　　C. $(0,+\infty)$　　D. $(0,1)\cup(1,+\infty)$

3. 函数 $y=\log_{\frac{1}{2}}(x-3)>0$，则 x 的取值范围是(　　).

A. $(3,+\infty)$　　B. $(0,4)$　　C. $(3,4)$　　D. $(4,+\infty)$

三、解答题

1. 解不等式 $\log_3(3x-4)<\log_3(2x+5)$.

2. 求 $y=\frac{\sqrt{2-3x}}{3x+1}-\lg(x+1)$ 的定义域.

第 7 章自测题

一、选择题

1. 下列哪个点在函数 $y=2x-5$ 的图形上(　　).

A. $(2,1)$　　B. $\left(\frac{1}{4},-\frac{9}{2}\right)$　　C. $(-5,0)$　　D. $(3,4)$

2. 已知一次函数 $y=kx+b$，y 随 x 的增大而减小，且 $kb<0$，则在直角坐标系内它的大致图形是(　　).

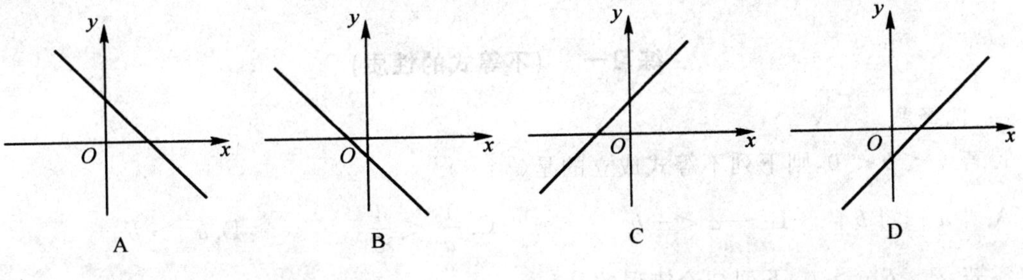

3. 已知二次函数 $y=-x^2+bx+c$ 的最高点 $(-1,-3)$，则 b 与 c 的值是(　　).

A. $b=2,c=4$　　B. $b=2,c=-4$　　C. $b=-2,c=4$　　D. $b=-2,c=-4$

4. 下列各式正确的是(　　).

A. $\log_2\sqrt{2}=2$　　B. $\lg 5+\lg 2=1$　　C. $\frac{\log_2 4}{\log_2 8}=-1$　　D. $\log_5\frac{1}{25}=2$

5. $\log_4 25-2\log_4 10$ 的值是(　　).

A. -1　　B. -2　　C. 1　　D. 2

6. 函数 $y=\frac{1}{\log_2 x}$ 的定义域是(　　).

A. $(0,+\infty)$　　B. $(0,1)\cup(1,+\infty)$　　C. $(1,+\infty)$　　D. $(0,2)\cup(2,+\infty)$

7. 函数 $y=(\frac{1}{3})^x$ 的图形过点(　　).

A. $M(1,0)$　　B. $M(0,0)$　　C. $M(0,1)$　　D. $M(1,1)$

8. 下列式子错误的是(　　).

A. $2^{0.3}>2^{0.2}$　　B. $\left(\frac{1}{2}\right)^{0.4}>\left(\frac{1}{2}\right)^{0.2}$　　C. $\lg 3>\lg 2$　　D. $\log_{0.1}0.3>\log_{0.1}0.4$

二、填空题

1. 已知 $\log_2(5-x)=2$，则 $x=$________.

2. $\lg 1+5^0+64^{\frac{1}{3}}=$________.

3. 已知抛物线 $y=-2(x+7)^2-6$，如果 y 随 x 的增大而减小，那么 x 的取值范围是________.

三、解答题

1. 计算：$27^{\frac{2}{3}}-2^{\log_2 3}-\log_2\frac{1}{8}$.

2. 求函数 $y=\frac{\sqrt{x+1}}{x-1}+\log_2(3-x)$ 的定义域.

3. 求解不等式 $(\frac{1}{3})^{x^2-8}>3^{-2x}$ 的解集.

4. 作出下列函数的图形

(1) $y=2^{-x}$；　　(2) $y=x^2+1$.

第 8 章　不等式

练习一　(不等式的性质)

一、选择题

1. 若 $a<b<0$，则下列不等式成立的是(　　).

A. $|a|<|b|$　　B. $-a<-b$　　C. $\frac{1}{a}<\frac{1}{b}$　　D. $a^2>b^2$

2. 若 $a>b,c>0$，下列结论错误的是(　　).

A. $ac > bc$　　B. $\frac{a}{c} < \frac{b}{c}$　　C. $ac^2 > bc^2$　　D. $\frac{c}{a} < \frac{c}{b}$

3. 如果 $a > b$，则一定有（　　）.

A. $a - b > 2$　　B. $a - 3 < b - 2$　　C. $a + 3 < b + 2$　　D. $\frac{a}{-3} < \frac{b}{-3}$

4. 下列命题中，正确的是（　　）.

A. 若 $a > b$，则 $ac^2 > bc^2$　　B. 若 $a + b > a$，则 $b > 0$

C. 若 $b - a > -a$，则 $b > 0$　　D. 若 $ab > 0$，则 $a > 0$ 且 $b > 0$

5. 下面 4 个式子中，正确的是（　　）.

A. $3a > 2a$　　B. $3 + a > 2 + a$　　C. $3 + a > 3 - a$　　D. $\frac{3}{a} > \frac{2}{a}$

二、填空

1. 用不等号"＞"或"＜"填空

(1) $x + 5$ ________ $x + 4$；　　(2) $a + 5$ ________ $b + 5(a < b)$；

(3) $-4a$ ________ $-4b(a < b)$；　　(4) $\frac{1}{a}$ ________ $\frac{1}{b}(a > b > 0)$.

2. 如果 $a > 0, ab < 0$，则 b ________ 0.

3. 如果 $a > b$ 且 $c > d$，那么 $a + c$ ________ $b + d$.

4. $(x-1)^2 + 5$ ________ 5；　　$-2(x-1)^2$ ________ 0.

三、判断题

1. 如果 $a < b$，则 $a - 7 < b - 7$.（　　）

2. 如果 $a > b$，则 $\frac{a}{c} > \frac{b}{c}$.（　　）

3. 如果 $ac^2 > bc^2$，则 $a > b$.（　　）

4. 如果 $a > b$，则 $ac^2 > bc^2$.（　　）

练习二　（一元一次不等式）

1. 下列不等式中，是一元一次不等式的是（　　）.

A. $x + y < 2$　　B. $x^2 + x > 3$　　C. $x + 3 \leqslant -\frac{2}{x}$　　D. $\frac{x+1}{2} > -3$

2. 下列 x 的值中，不是不等式 $3x + 2 < 10$ 的解的是（　　）.

A. $x = 30$　　B. $x = -3$　　C. $x = 0$　　D. $x = 3$

3. 分别在数轴上表示下列不等式的解集.

(1) $x > -1$；　　(2) $x \leqslant 0$；　　(3) $x \geqslant 3$；　　(4) $x < -2$

4. 解下列不等式

(1) $3(4 - x) > 2(x - 1)$；　　(2) $\frac{2+x}{2} < \frac{4x-1}{3}$；

(3) $\frac{x+5}{2} < \frac{3x+2}{2}$.

5. 已知不等式 $-2x^{3k-2} + 3k < -5$ 是关于 x 的一元一次不等式，求 k 的值.

练习三 （一元一次不等式组）

一、填空题

1. 不等式组$\begin{cases}x>2\\x>-1\end{cases}$的解集是________；$\begin{cases}x<2\\x<-3\end{cases}$的解集是________；$\begin{cases}x<5\\x>1\end{cases}$的解集是________；$\begin{cases}x>6\\x<-2\end{cases}$的解集是________.

2. 不等式$\begin{cases}x\geqslant-2\\x>-3\end{cases}$的负整数解是________.

3. 已知$\dfrac{4a-1}{2}$是负数，$\dfrac{2a+1}{3}$不小于零，则 a 的范围是________.

4. 不等式$\begin{cases}x+8<4x-1\\x>m\end{cases}$的解集是 $x>3$，则 m 的取值范围是________.

二、解不等式组

1. $\begin{cases}3x-15>0\\7x-2<8x\end{cases}$；

2. $\begin{cases}3x-1\leqslant x-2\\-3x+4>x-2\end{cases}$；

3. $\begin{cases}4(x-1)\leqslant x+5\\7+2x\leqslant 3(x+2)\end{cases}$；

4. $\begin{cases}3(x-1)>2(x+1)\\4(x-2)>5(x+2)\end{cases}$；

5. $\begin{cases}3x-2>x+2\\2x+3\leqslant x+9\end{cases}$；

6. $\begin{cases}x-3\geqslant-1-x\\2x-7>2-x\end{cases}$.

练习四 （一元二次不等式）

一、选择题

1. 不等式 $x^2-1>0$ 的解集是(　　).

A. $\{x\mid x>1\}$　B. $\{x\mid x<-1\}$　C. $\{x\mid x>1\}$　D. $\{x\mid x<-1$ 或 $x>1\}$

2. 不等式 $x^2-7\leqslant 0$ 的解集是(　　).

A. $\{x\mid x\leqslant\pm\sqrt{7}\}$　B. $\{x\mid x\leqslant\sqrt{7}\}$

C. $\{x\mid -\sqrt{7}\leqslant x\leqslant\sqrt{7}\}$　D. $\{x\mid x\geqslant\sqrt{7}\}$

3. 不等式 $x^2+x+5<0$ 的解集是(　　).

A. $\varnothing$　B. $\mathbf{R}$　C. $(1,2)$　D. $(-1,2)$

4. 不等式 $16-x^2>0$ 的解集是　(　　).

A. $\{x\mid x<-4$ 或 $x>4\}$　B. $\{x\mid -4<x<4\}$

C. $\{x\mid x>\pm 4\}$　D. $\{x\mid x<\pm 4\}$

二、填空题

1. 不等式$\dfrac{x-3}{x+5}<0$的解集是________.

2. 不等式$\dfrac{1-x}{x+4}\geqslant 0$的解集是________.

3. 不等式$\dfrac{1-x}{x+4}\geqslant 0$的解集是________.

三、解下列不等式

1. $x^2+3x-4<0$

2. $\frac{4-2x}{3-2x}<0$

3. $-x^2+6\geqslant 5x$

4. $\frac{3-2x}{3x-2}<1$

练习五 (含绝对值的不等式)

一、选择题

1. 不等式 $|x-5$ 的解集是( ).

A. $\mathbf{R}$　　B. $\varnothing$　　C. $(-5,5)$　　D. $(-\infty,-5)$

2. 不等式 $|x|>-5$ 的解集是( ).

A. $\mathbf{R}$　　B. $\varnothing$　　C. $(-5,5)$　　D. $(-\infty,-5)$

3. 不等式 $|x|>1$ 的解集是( ).

A. $x>1$　　B. $x>1$ 或 $x<-1$

C. $x<-1$　　D. $(-1,1)$

4. 不等式 $|x|<1$ 的解集是( ).

A. $x>1$　　B. $x>1$ 或 $x<-1$

C. $x<-1$　　D. $(-1,1)$

5. 不等式 $|x|<1$ 的解集与下列不等式的解集相同的是( ).

A. $x^2<3$　　B. $(x-3)(x+3)<0$

C. $x<-1$ 或者 $x>3$　　D. $x^3>3^2$

二、填空题

1. 不等式 $|x-1|-2<0$ 的解集是________.

2. 不等式 $|3x|>3$ 的解集是________.

三、解不等式

1. $|x-4|<3$

2. $|2-5x|\geqslant 1$

3. $|3x-4|-6>0$

4. $|x+1|>9$

练习六 (简单的线性规划)

一、选择题

1. 不等式 $2x+y>0$ 表示平面区域在直线 $2x+y=0$ 的( ).

A. 右上方　　B. 右下方　　C. 左上方　　D. 左下方

2. 下面给出的 4 个点中,位于 $\begin{cases}x+y-1<0\\x-y+1>0\end{cases}$,表示的平面区域内的点是( ).

A. $(0,2)$　　B. $(-2,0)$　　C. $(0,-2)$　　D. $(2,0)$

3. 已知 x,y 满足条件 $\begin{cases}x-4y\leqslant -3\\3x+5y\leqslant 25\\x\geqslant 1\end{cases}$,则 $z=2x+y$ 的最大值是( ).

A. 10　　B. 12　　C. 14　　D. 16

4. 若实数 x,y 满足条件 $\begin{cases} x-y+1\leqslant 0 \\ x>0 \\ y\leqslant 2 \end{cases}$，则 $\dfrac{y}{x}$ 的取值范围是(　　).

A. $(0,2)$　　B. $(0,2]$　　C. $(2,+\infty)$　　D. $[2,+\infty)$

二、已知 x,y 满足约束条件 $\begin{cases} x-2y+7\geqslant 0 \\ 4x-3y-12\leqslant 0 \\ x+2y-3\geqslant 0 \end{cases}$.

求(1)$z=-3x+2y$ 的最值；(2)$z=3x-2y$ 的最值；(3)$t=x^2+y^2$ 的最值.

三、某企业生产甲、乙两种产品，已知生产每吨甲产品要用 A 原料 3t，B 原料 2t；生产每吨乙产品要用 A 原料 1t，B 原料 3t，销售每吨甲产品可获得利润 5 万元，每吨乙产品可获得利润 3 万元. 该企业在一个生产周期内消耗 A 原料不超过 13t，B 原料不超过 18t. 那么该企业可获得最大利润是多少？

第 8 章检测题

一、选择题

1. 下列命题正确的是(　　).

A. 若 $-3a<9$，则 $a<-3$　　B. 若 $a>b$，则 $ac>bc$

C. 若 $a<b,b<c$，则 $a<c$　　D. 若 $a>b$，则 $|a|>|b|$

2. 若 $a<b<0$，则下列式子正确的是(　　).

A. $\dfrac{a}{b}<1$　　B. $b^2<a^2$　　C. $\dfrac{1}{a}<\dfrac{1}{b}$　　D. $\sqrt{-a}<\sqrt{-b}$

3. 不等式 $|x-3|<3$ 的解集是(　　).

A. $(-1,5)$　　B. $(-1,+\infty)$

C. $(-\infty,5)$　　D. $(-\infty,-1)\cup(5,+\infty)$

4. 不等式 $|x-3|>2$ 的解集是(　　).

A. $(-\infty,1)$　　B. $(5,+\infty)$

C. $(-\infty,1)\cup(5,+\infty)$　　D. $(1,5)$

5. 不等式 $x^2-2x<24$ 的解集是(　　).

A. R　　B. $(-4,6)$

C. $(-6,4)$　　D. $(-\infty,-4)\cup(6,+\infty)$

二、填空题

1. $-\dfrac{x}{5}<4$ 的解集是________.

2. $|x|>10$ 的解集是________.

3. 如果 $a>b,b>1$，那么 a ________ 1.

4. 如果 $a\leqslant b$，那么 $-3a$ ________ $3b$.

5. 不等式 $|3x|<5$ 的解集是________.

6. 不等式 $x^2>3$ 的解集是________.

7. 不等式 $x^2-4x+3<0$ 的解集是________.

8. 不等式$\frac{x-2}{2x+3}>0$的解集是________.

三、解答题

1. 解不等式与不等式组

(1)$\begin{cases}x-3\geqslant -1-x\\2x-7>2-x\end{cases}$

(2)$-x^2+2x+3<0$

(3)$\frac{5x+1}{x+1}<4$

(4)$|2x+\frac{1}{5}|\leqslant\frac{1}{2}$

2. 求实数x,y满足$\begin{cases}x+3y-3\leqslant 0\\x\geqslant 0\\y\geqslant 0\end{cases}$表示的区域面积和$z=\frac{y+2}{x-1}$的取值范围.

3. k取何值时,关于x的方程$x^2-(k+2)x+4=0$有两个不相等的实数根.

4. 毕业庆典活动中,某班团支部决定组织班里48名同学去水上公园坐船观赏风景,支部先派一人去了解船只的租金情况,看到的租金价格如下表,那么他们合理设计租船方案后,所付租金最少为多少元?

船型	每只船限载人数	租金/(元·只$^{-1}$)
大船	5	12
小船	3	8